普通高等教育“十二五”电子信息类规划教材

DSP 原理及实践应用

主　编　曹　阳

副主编　王培容　黎　明

参　编　梁　快　包　明　施帮利

主　审　胡顺仁

机 械 工 业 出 版 社

本书内容包括：绪论、TMS320C54x 系列 DSP 的硬件结构、DSP 的集成开发环境 CCS、DSP 程序设计、数字信号处理算法的 DSP 实现、'C54x 系列 DSP 的外设及应用和 DSP 系统的工程应用。编写按由浅入深，先易后难的原则，先介绍 CCS 环境及相关的汇编语言和 C 语言的程序设计，最后结合实例介绍相关的接口。本书强调内容的基础性，注重实践能力的提高，强调和数字信号处理课程的联系，培养学生的工程素养。

本书适合作为高等院校电子信息工程、通信工程、电气及自动化和生物医学工程等本科专业教材，也可作为及相关工程技术人员参考书目。

图书在版编目（CIP）数据

DSP 原理及实践应用/曹阳主编 .—北京：机械工业出版社，2015. 1
普通高等教育“十二五”电子信息类规划教材
ISBN 978-7-111-48518-6

Ⅰ. ①D… Ⅱ. ①曹… Ⅲ. ①数字信号处理—高等学校—教材 Ⅳ. ①TN911. 72

中国版本图书馆 CIP 数据核字（2014）第 265929 号

机械工业出版社（北京市百万庄大街 22 号 邮政编码 100037）
策划编辑：刘丽敏 责任编辑：刘丽敏 王 荣
版式设计：霍永明 责任校对：肖 琳
封面设计：张 静 责任印制：刘 岚
涿州市京南印刷厂印刷
2015 年 2 月第 1 版第 1 次印刷
184mm × 260mm · 14.5 印张 · 349 千字
标准书号：ISBN 978-7-111-48518-6
定价：32.00 元

凡购本书，如有缺页、倒页、脱页，由本社发行部调换

电话服务
服务咨询热线：010-88379833
读者购书热线：010-88379649

网络服务
机 工 官 网：www. cmpbook. com
机 工 官 博：weibo. com/cmp1952
教育服务网：www. cmpedu. com
金 书 网：www. golden-book. com

前　言

数字信号处理（Digital Signal Processing，DSP）是一门涉及许多学科而又广泛应用于许多领域的新兴学科。20世纪60年代以来，随着计算机和信息技术的飞速发展，数字信号处理技术应运而生并得到迅速的发展。数字信号处理作为数字化最重要的技术之一，正以前所未有的速度向前发展，数字信号处理器以其独特的结构和快速实现各种数字信号处理算法的突出优点，在通信、雷达、声呐、语音合成和识别、图像处理、高速控制、医疗设备、家电用器、仪器仪表等众多领域获得广泛的应用。在21世纪，社会进入了数字化时代，DSP应用技术是这个时代的核心技术之一，而DSP正是这场数字化革命的核心。

为了能够适应DSP应用技术的发展，满足教学和产业市场的需要，让更多的本科生、研究生和工程技术人员能尽快入门并掌握DSP应用技术，我们编写了本书。编者认为，选择一种比较典型和先进的DSP芯片，深入了解和掌握其结构、原理和应用，对于DSP入门或者举一反三和掌握其他DSP芯片，不能不说是一种较为行之有效的方法。当前对于DSP技术的迫切需求，从事DSP开发与应用的广大工程技术人员正在大幅的增加，各高校也先后在高年级本科生和研究生教学中开设了相关方面课程。本书以美国TI公司推出的应用广泛的TMS320C54x系列DSP作为本书的描述对象，并且结合多年来编者的教学经验和科研体会编写了本书，用通俗易懂的语言引导读者学习DSP应用技术所设计的软硬件知识，使广大读者掌握TMS320C54x DSP应用技术，拓展读者学习的深度和广度。

本书具有以下特色：

（1）本书的编写根据由浅入深，先易后难的原则。如先介绍CCS环境及相关C语言的程序设计，引发学生兴趣，同时克服学生的畏难情绪，最后结合实例介绍相关的接口部分。

（2）内容注重基础性和实践性，介绍DSP的结构与工作原理，同时介绍应用程序设计的方法，培养学生的工程素养。

（3）强调和数字信号处理课程的联系。

全书共分为7章。第1章介绍DSP的定义、实现方法、分类、特点、系统构成和发展趋势。第2章介绍了TMS320C54x系列DSP的内部硬件资源，包括总线结构、CPU、存储器、I/O空间、中断系统、流水线和外部总线等。第3章介绍了当前较常用的DSP集成开发环境版本的安装和设置、应用界面及使用方法。第4章介绍了TMS320C54x系列DSP的寻址方式、指令表示方法和指令系统，并用汇编语言和C语言编写了程序示例，有利于读者对编写程序能力的提高。第5章介绍了利用TMS320C54x系列DSP实现数字滤波器、LMS自适应滤波算法和快速傅里叶变换，并给出了实现各种算法的C语言程序示例。第6章介绍了TMS320C54x系列DSP片内外设中定时器、主机接口、串行口的使用及DMA的控制与操作。第7章介绍了典型DSP应用系统的设计和实现。本书各章最后都有小结，帮助读者加深对各知识点的理解，并配有习题给读者更多的思考和启发。

本书由曹阳担任主编，其中，第1章由包明编写，第2章由梁快编写，第3章由黎明编写，第4章和第6章由王培容编写，第5章和第7章由曹阳编写。全书由曹阳统稿，研究生郭靖、杨家旺对本书的初稿进行了阅读，施帮利参加了本书部分程序的编写和调试。本书由胡顺仁教授担任主审，胡教授为本书提出了许多宝贵的修改意见，使我们获益菲浅。在本书的编写过程中，得到了单位和同事们的支持，参考了大量的文献及相关资料，在此一并表示由衷的感谢。

现代 DSP 器件和理论不断发展，相应的教学内容和方法也在不断改进，还需要进一步的深入探讨和学习。由于编者水平有限，编写时间仓促，书中难免存在错误和不妥之处，恳请广大读者批评指正。

编　者

目　录

第1章 绪 论

本章主要分为3个部分，首先介绍数字信号处理的定义以及它的实现方法；然后介绍DSP芯片的特点、分类和DSP在当今社会的发展趋势，通过这部分的学习，先让读者对DSP芯片有一个清晰的了解，然后再让读者继续深入地学习DSP；最后重点介绍DSP系统，了解DSP系统的构成、设计过程和特点。

1.1 引言

数字信号处理（Digital Signal Processing，DSP）是一个发展极为迅速的科学技术领域，是广泛应用于许多领域的新兴学科。它利用计算机或专用的数字设备对数字信号进行采集、变换、滤波、估值、增强、压缩和识别等加工处理，以得到符合人们需要的信号形式并进行有效的传输与应用。计算机技术、微电子技术的迅猛发展，将数字信号处理技术的发展推向了高潮。

1.1.1 DSP的定义

简单地说，数字信号处理就是用数值计算的方式对信号进行加工的理论和技术，简称为DSP。另外，DSP也是Digital Signal Processor的简称，即数字信号处理器。其工作原理是接收模拟信号，转换为0或1的数字信号，再对数字信号进行修改、删除、强化，并在其他系统芯片中把数字数据解译回模拟数据或实际环境格式。它不仅具有可编程性，而且其实时运行速度可达每秒数以千万条复杂指令程序，远远超过通用微处理器，是数字化电子世界中日益重要的计算机芯片。它的强大数据处理能力和高运行速度，是最值得称道的两大特色。正是因为这些特色，DSP可以快速地实现对信号的采集、滤波、变换、压缩、估值、增强、识别等处理，以得到符合人们所需要的信号形式。数字信号处理的实现在理论和应用之间架起了一座桥梁，给信号处理的应用打开了新的局面。

1.1.2 数字信号处理的实现方法

数字信号处理一般由以下几种方法来实现。

（1）在通用的计算机上用软件实现数字信号处理。

（2）在通用的计算机系统中加上专用的极速卡来实现数字信号处理。

（3）利用单片机实现数字信号处理。单片机是将组成计算机的基本部件集成在一块晶体芯片上，构成一台功能独特的、完整的单片微型计算机。因此具有结构简单、可靠性高、低功耗、性价比高等优点；但单片机的速度慢、功能弱、精度低，只使用在数据运算较小的场合。

（4）用可编程DSP芯片实现数字信号处理：对于数据运算较大的场合，使用DSP芯片进行数字信号处理更合适。这是因为DSP芯片有更快的CPU、更大容量的存储器和专用的硬件乘法器，使 DSP 芯片拥有高速的数据运算能力，更适合用于海量数据处理。

（5）用可编程阵列器件（FPGA）实现数字信号处理：随着数字系统规模和复杂度的增长，目前常用的可编程阵列器件（FPGA）主要是 Altera、Xilinx、Lattice 公司的产品。FPGA 中的寄存器资源比较丰富，适合同步时序电路较多的数字系统。

在以上的实现方法中，利用可编程阵列器件（FPGA）为数字信号处理的实现打开一个崭新的局面。未来，将 FPGA 和 DSP 相结合将会是一个重要的发展方向。

1.2 DSP 芯片

DSP 芯片的操作灵活性高、速度快，是一种特别适合进行数字信号处理运算的微处理器，其主要应用是实时快速地实现各种数字信号处理算法。它具有高级的改进哈佛结构（1 条程序存储器总线、3 条数据存储总线和 4 条地址总线）、带有专用逻辑功能的 CPU、片内存储器、片内外设和高度专业化的指令集。这些产品已经并且将来也会继续得到发展，为电子市场上的专门领域服务。

1.2.1 DSP 芯片的特点

DSP 芯片之所以特别适合数字信号处理运算，是因为其在硬件结构和软件指令系统中具有以下一些特点，现在以 TI 公司的产品为例进行说明。

1. 改进的哈佛结构

传统的微处理器采用的是冯·诺依曼（Von Neumann）结构，它将指令和数据存放在同一存储空间当中，进行统一编址，指令和数据通过同一总线访问同一地址空间上的存储器。而 DSP 芯片采用的是哈佛结构而不是冯·诺依曼结构的一种并行体系结构，其主要特点是程序和数据存储在不同的存储空间中，即程序存储器和数据存储器是两个相互独立的存储器，每个存储器独立编制、独立访问，增强了芯片数据调用的灵活性。与之相对应的是系统中设置的两条总线使数据的吞吐率提高了一倍。同时改进的哈佛结构允许指令可以存储在高速缓存器中（Cache），省去了从存储器中读取指令的时间，因而大大提高了运行速度。

2. 流水线型操作

基本指令分为 4 级：取址、译码、读和执行。当处理器并行处理 4 条指令时，各条指令处于流水线的不同单元。在不发生流水线冲突的情况下，具有流水线结构的处理器的长时间执行效率接近于没有流水线结构的处理器的 4 倍。因此，DSP 芯片广泛采用流水线操作以减少指令执行的时间，增强处理器的处理能力。而在 TMS320C54x 系列 DSP 中采用了 6 级流水线，现在的 TMS320C6000 系列 DSP 中深度更是达到了 8 级。同时，可以并行运行的指令的条件在不断降低，指令的范围在不断地扩大。这样提高了 TMS320 系列 DSP 的数据处理能力。图 1-1 给出了一个三级流水线操作的例子。

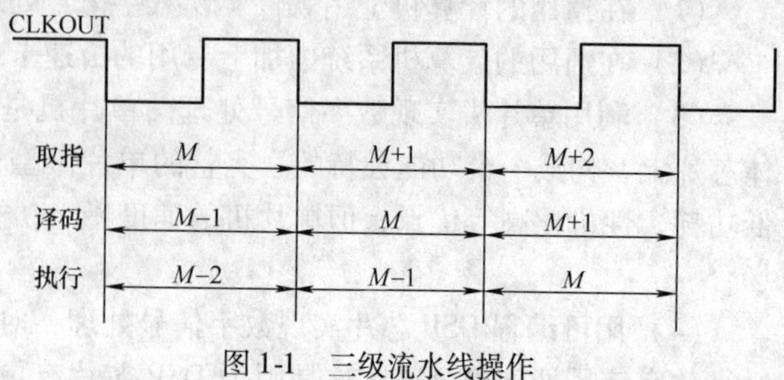

图 1-1 三级流水线操作

3. 存储器

存储器具有192K字可寻址存储空间（包括64K字程序存储空间、64K字数据存储空间和64K字I/O空间）。其中，TMS320C548、TMS320C549、TMS320C5402、TMS320C5410和TMS320C5420等DSP的程序存储空间还可以扩展到8M字。片内存储器配置因型而异。

4. 采用专用的硬件乘法器

在通用微处理器中算法指令需要多个指令周期，如MCS-51单片机的乘法指令需要4个周期。相比而言，DSP芯片有一个专用的硬件乘法器，乘法可在一个指令周期内完成，还可以与加法并行输出，完成一个乘法和一个加法只需一个周期。这就使得在DSP芯片中，乘法运算可以在一个指令周期内完成。在TMS320C6000系列DSP中，甚至存在有两个硬件乘法器。

5. 高度专业化的指令集

DSP芯片的指令集能够快速地实现算法并用于高级语言编程优化。其高度专业化的指令集包括单指令重复和块指令重复；用于更好地管理程序存储器和数据存储器的块移动指令；32位长整数操作指令；指令同时读取2个或3个操作数；并行存储和加载的算术指令；条件存储指令和快速中断返回。

6. 快速的指令周期

随着微电子技术、大规模集成电路优化设计技术的不断发展，使得DSP芯片的主频水涨船高，目前TMS320C64xx系列DSP的最高主频已经发展到了720MHz，使得一个指令周期达到了1.4ns，数据处理能力提高了几十倍，甚至上百倍。而TMS320C54x系列DSP执行单周期定点指令的时间达到了25ns、20ns、15ns、12.5ns、10ns，运算速度为40MIPS、66MIPS、100MIPS。

7. 功耗低

TMS320C54x系列DSP的电源由IDLE1、IDLE2和IDLE3功耗下降指令控制功耗，以便DSP工作在节电模式下，使之更适用于手机。其控制CLKOUT引脚的输出，省功耗。

1.2.2 DSP芯片的分类与选择

现在，世界上的DSP芯片有三百多种，其中定点DSP芯片就有两百多种，主要厂家除了TI公司外，其他具有代表性的公司还有美国模拟器件（Analog Devices，AD）公司、Lucent公司、LSI Logic公司以及Motorola公司。其中TI公司的DSP产品占了市场份额的50%。所以，这里以TI公司的DSP芯片为主进行分类。人们将市场的TI公司DSP芯片系列产品分为三类，即TMS320C2000系列、TMS320C5000系列和TMS320C6000系列。

1. TMS320C2000系列

TMS320C2000系列DSP专用于数字控制（如电动机控制、电源控制）和运动控制，主要包括TMS320C24x/F24x、TMS320LC240x/LF240x、TMS320LC240xA/LF240xA、TMS320F28xx等。C24x系列DSP面向控制应用场合进行了优化，其运算速度为20~40MIPS，LF24xx系列比C24x系列价格便宜，性能更好。C28xx系列DSP主要用于像数字电动机控制、数字电源这样的大存储设备和高性能的场合。

2. TMS320C5000系列

TMS320C5000系列DSP主要包括C54x系列和C55x系列。其中C54x系列DSP具有功耗小，高度并行等优点，可以满足电信等众多领域的实时处理的要求。C55x系列DSP是TI公司最新推出的定点DSP芯片，它比C54x系列DSP的性能有很大提高，而且功耗大大降低，是目前TI公司推出的功率最小的DSP芯片，适用于便携式超低功率场合。两者主要用于高性能、低功耗的场合，是目前用户最多的DSP芯片。

3. TMS320C6000系列

TMS320C6000系列DSP是TI公司推出的定点浮点兼容的DSP芯片。其中定点DSP芯片是TMS320C62xx系列，目前有C6201、C6202、C6203、C6204、C6205和C6211。浮点DSP芯片是TMS320C67xx系列，目前有C6701和C6711两种，支持32位单精度数据和64位双精度数据，主要应用于高性能、多功能的复杂应用场合，如移动通信基站、电信基础设施和成像应用等。定点DSP芯片和浮点DSP芯片因为它们有着各自的特点，都有着广泛的市场。定点DSP芯片有运算精度较低和动态范围较小的不足，但是有着价格低廉的优势；而浮点DSP芯片主要广泛应用于高性能实时处理系统。

设计DSP应用系统、选择DSP芯片是一个非常重要的环节。只有选定了DSP芯片才能进一步设计外围电路及系统的其他电路。总的来说，DSP芯片的选择应根据实际的应用系统需要而确定。一般来说，选择DSP芯片时，通常会考虑以下几个因素：

（1）运算速度

首先要确定数字信号处理的算法，算法确定以后其运算量和完成时间也就大体确定了。根据运算量及其时间要求就可以估算DSP芯片运算速度的下限。运算速度的主要衡量指标主要有MIPS（每秒处理的百万级的机器语言指令数）、MOPS（每秒百万次运算）、Mbit/s（兆位每秒）、MACS（乘加次数每秒）等。

（2）运算精度

一般情况下，浮点DSP芯片的运算精度要高于定点DSP芯片的运算精度，但是功耗和价格也随之上升。定点DSP芯片主频高、速度快、成本低、功耗小，主要用于计算复杂度不高的控制、通信、语音和图像等领域。浮点DSP芯片的速度一般比定点DSP芯片的处理速度低，其成本和功耗都比定点DSP芯片高，但是其处理精度、动态范围都高于定点DSP芯片，适用于运算复杂度高和精度要求高的场合。因此，运算精度是一个折中的问题，需要根据经验等来确定一个最佳的结合点。

（3）字长的选择

一般浮点DSP芯片采用32位数据字，大多数定点DSP芯片采用16位数据字。字长大小是影响成本的重要因素，它影响芯片的大小、引脚数以及存储器的大小，设计时在满足性能指标的条件下，尽可能选用最小的数据字。

（4）存储器等片内硬件资源安排

片内硬件资源包括存储器的大小、片内存储器的数量、总线寻址空间等。片内存储器的大小决定了芯片运行速度和成本，不同种类芯片存储器的配置等硬件资源各不相同。通过对算法程序和应用目标的仔细分析可以大致判定对DSP芯片片内资源的要求。几个重要的考虑因素是片内RAM、ROM的数量，有无外扩存储器，总线接口/中断/串行口等是否够用，是否具有A-D转换等。

（5）开发调试工具

完善、方便的开发工具和相关支持软件是开发大型、复杂DSP系统的必备条件，对缩短产品的开发周期和提高开发效率具有重要作用。开发工具包括硬件和软件两部分。

(6) 价格和售后服务

采用昂贵的DSP芯片，就算它的性能再高，但是其自身的应用范围也肯定会受到一定的限制。相反，采用价格低廉的DSP芯片，由于其功能少、性能差、片内存储器少，这就给编程带来了一定的难度。因此，人们在选择DSP芯片时要根据实际系统的应用情况，确定一个合适的价位。除此之外，还要考虑售后服务，因为良好的售后技术支持也是重要的资源。

1.2.3 DSP芯片的发展趋势

在DSP芯片问世之前，数字信号的处理主要依靠微处理器（MPU）来完成。但MPU较低的处理速度无法满足高速实时的要求。随着大规模集成电路技术的发展，1978年世界上诞生了首枚DSP芯片——AMI公司的S2811。1979年美国Intel公司生产了商用可编程器件2920。1980年，日本NEC公司推出了μPD7720，1981年美国贝尔实验室推出了DPSI与μPD7720的DSP处理器。

DSP芯片真正得到广泛应用是1982年美国德州仪器（Tcxax Instruments，TI）公司成功地推出了DSP芯片的一系列产品。TMS320系列DSP中第一代定点DSP产品——TMS320C10，采用微米工艺，NMOS技术制作，运算速度比MPU快几十倍，在语音合成和编解码器中得到广泛应用。TMS320C10成为后续的TMS320系列DSP的模型。TI公司的TMS320系列DSP产品已经成为当今世界上最有影响力的DSP芯片，TI公司已经成为世界上最大的DSP芯片供应商。

第二代DSP芯片的典型代表是TMS320C20、TMS320C25/26/28。其中，TMS320C25是典型的代表，其他芯片都是TMS320C25派生出来的。TMS320C2xx系列DSP是第二代DSP芯片的改进型，其指令周期最短为25ns，运算能力达40MIPS。

第三代DSP芯片是TMS320C3x系列DSP，包括TMS320C30/31/32，它也是第一代浮点DSP芯片。TMS320C31是TMS320C30的简化和改进型，它在TMS320C30的基础上去掉了一般用户不常用的一些资源，降低了成本，是一个性价比较高的浮点DSP处理器。TMS320C32是TMS320C31的进一步简化和改进。

第四代DSP芯片是专门为实现并行处理和满足其他一些实时应用的需求而设计的，其典型代表是TMS320C40/44。它的主要性能包括275MOPS的惊人速度和320MB/s的吞吐量。

第五代DSP芯片有TMS320C5x/C54x/C55x系列DSP和多处理器DSP芯片TMS320C80/C82，这些是第三代定点DSP处理器。TMS320C54x系列DSP是为实现低功耗、高性能而专门设计的16位定点DSP芯片，主要应用于无线通信系统中。其指令系统与TMS320C5x和TMS320C2x系列DSP是互补兼容的。

第六代DSP芯片有TMS320C62x/C67x系列DSP等。TMS320C62x系列DSP是TI公司于1997年开发的一种新型定点DSP芯片。芯片内部的结构与前几代DSP芯片的内部结构不同，在这类芯片的内部集成了多个功能单元，运行速度快、指令周期短、运算能力得到很大提高，主要适用于无线基站、组合MODEM、GPS导航等需要很大运算能力的场合。

目前TI公司常用的DSP芯片可以被归纳为三大系列，即TMS320C2000系列（包括TMS320C2x/C2xx）、TMS320C5000系列（包括TMS320C5x/C54x/C55x）和TMS320C6000系列（包括TMS320C62x/C67x）。现在，TI公司的DSP产品已经成为当今世界上较有影响力的DSP芯片，其DSP市场份额占比较大。图1-2给出了TI公司的TMS320系列DSP的发展示意图。

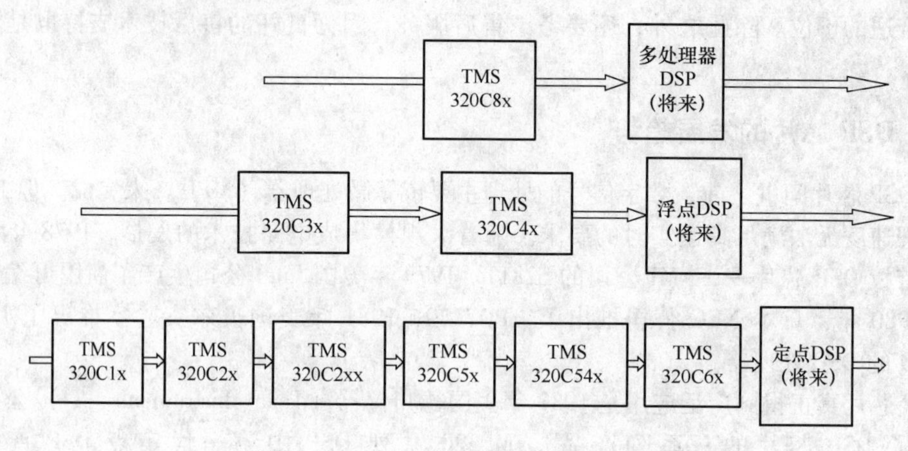

图1-2 TMS320系列DSP的发展示意图

在浮点DSP芯片方面，世界上第一个采用CMOS工艺生产的浮点DSP芯片是日本的Hitachi公司1982年生产的。而第一个高性能浮点DSP芯片则是AT&T公司于1984年推出的DSP32。TI公司的浮点DSP芯片有TMS320C3x、TMS320C4x和TMS320C67x系列DSP等。DSP处理器未来发展的趋势是发展高速和高性能DSP器件、高度集成化、低功耗低电压、开发专用DSP芯片、提供更加完善的开发环境、扩大应用领域。

1.3 DSP系统

随着计算机技术、微电子技术的迅猛发展，数字信号处理技术也得到了很大的发展。它的应用领域也越来越广，以数字信号处理器为核心的数字信号处理系统已经在通信、语音识别与处理、图像处理、通信、自动控制、军事、仪器仪表、医学工程、家用电器和汽车等领域得到了广泛的应用。

1.3.1 DSP系统的构成

一个典型的数字信号处理系统应包括抗混叠滤波器、A-D转换器、数字信号处理器(DSP)、D-A转换器和低通滤波器等。图1-3就是一个典型的数字信号处理系统的简化框图。

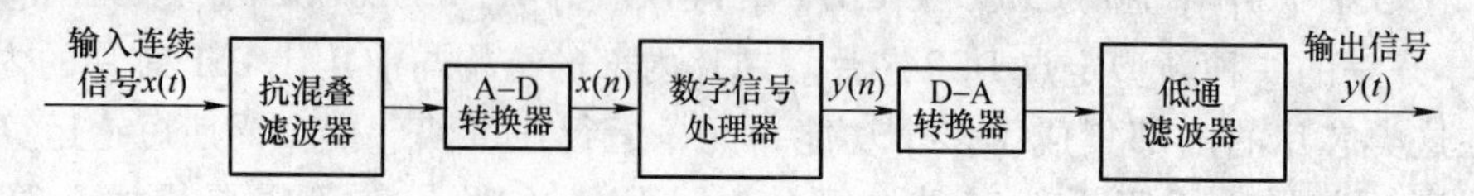

图1-3 数字信号处理系统的简化框图

数字信号处理系统的工作过程如下：将输入的连续信号 $x(t)$ 经过抗混叠滤波器，滤掉高于折叠频率的分量，防止信号频谱的混叠，然后通过 A-D 转换器，对连续信号进行抽样、量化和编码，将滤波后的连续信号变为数字信号 $x(n)$；在转换的过程中，为了能够使转换的信号无失真地还原原来的信号，抽样的频率应该满足奈奎斯特抽样定理，即抽样频率至少是输入带限信号最高频率的两倍；再将数字信号 $x(n)$ 由 DSP 芯片进行处理得到数字信号 $y(n)$；经过处理后的数字信号 $y(n)$ 再由 D-A 转换器将 $y(n)$ 转换成模拟信号；最后通过低通滤波器，滤除高频分量，得到平滑的模拟信号 $y(t)$。该系统是一个典型的数字信号处理系统。

1.3.2　DSP 系统的设计过程

设计一个 DSP 系统主要包括以下几个步骤：

1. 明确设计任务和确定设计目标

在设计一个 DSP 系统时，人们必须明确设计任务和确定设计目标。根据应用系统的目标来确定系统的各项性能指标以及信号处理的要求，如运算速度、运算精度、存储器片内硬件资源等。

2. 算法模拟

为了实现系统的最终目标，需要对输入信号进行适当的处理，但是不同的处理方法会产生不同的系统性能。为了能够使系统性能满足人们的目标，就必须在这一步确定对信号处理的算法，即数字信号处理算法。

3. 选择 DSP 芯片和外围芯片

明确了设计目标之后，人们就可以根据系统的各项性能指标来确定合适的 DSP 芯片和外围芯片使系统能够实现信号处理的要求。

4. 设计实时的 DSP 芯片系统

实时 DSP 芯片系统主要包括硬件设计和软件设计。硬件设计就是根据确定的 DSP 芯片和外围芯片设计外围电路和其他电路。软件设计就是根据系统要求和确定的 DSP 芯片编写相应的 DSP 汇编程序。

5. 硬件和软件调试

硬件调试一般采用硬件仿真器进行调试，如果没有相应的硬件仿真器，且硬件系统不是十分复杂，也可以借助于一般的工具进行调试。软件调试一般借助于 DSP 开发工具，如软件模拟器、DSP 开发系统或仿真器等。

6. 系统集成和测试

软硬件设计、调试完成之后，即进行系统集成。所谓系统集成是先将软件程序固化，再将软硬件结合起来组装成一台样机。

系统完成集成之后进行系统测试。系统测试将软件脱离开发系统直接在应用系统上运行，在真实环境中完成系统的测试，查看测试结果是否满足人们的设计目标。如果不满足，就需要重新修改算法或重新进行调试，直到最后的测试结果能够满足人们的要求。

1.3.3　DSP 系统的特点

数字信号处理系统是以数字信号处理为基础的系统，因此数字信号处理系统具有以下一些明显的特点。

1. 稳定性好

模拟系统的元器件都有一定的温度系数，因此受到像温度、噪声、电磁感应等因素的影响是很大的。相反，DSP 系统是以数字处理为基础，并且数字系统只有两个信号电平——0 和 1，电压容差范围较大，所以受到外界的环境因素（像温度、噪声）的影响很小。所以 DSP 系统拥有更好的稳定性。

2. 精度高

与通常的模拟元器件的精度相比，数字系统只要 16 位就可以达到 10^{-5}级的精度，而通常的模拟元器件的精度很难达到 10^{-3}以上。所以以数字处理为基础的 DSP 系统拥有更高的精度。

3. 灵活性高或可重复性

通常模拟系统的性能受到元器件参数性能的变化比较大，而在数字信号处理系统中，数字信号处理系统的性能是由乘法器的系数来决定的，而这些系数是存放在系数存储器中的。因此，根据人们的需要，只需要改变存储器当中的系数就可以得到满足人们需要的数字系统。这比改变硬件电路结构来改变模拟系统要方便得多，也就是说数字系统具有更高的灵活性或可重复性。所以，数字系统更加便于调试、测试和大规模生产。

4. 集成方便

对于数字系统中的数字部件都有高度的规范性，所以更加适合成批生产和集成化。

但是数字信号处理系统也有其自己的缺点。例如，数字系统的速度还不算高，在海量数据处理时会增加成本；在 DSP 系统中的高速时钟可能带来高频干扰和电磁泄漏等问题；DSP 系统需要很大的功耗。

虽然数字信号处理系统存在着上述的缺点，但是因为它的突出优点已经在通信、语音、雷达、生物医学、工业控制和仪器仪表等领域中得到越来越多的广泛应用。

1.4 小结

本章对数字信号处理和数字信号处理器的基本知识点进行了阐述，首先对什么是数字信号处理（DSP）的定义进行了阐述，阐述了几种实现数字信号处理的方法。然后详细介绍了数字信号处理的特点、分类和 DSP 的选择要求，并对数字信号处理器在国内外的发展现状和发展趋势进行了论述，还论述了 DSP 应用的领域。最后介绍了 DSP 系统构成和设计过程。通过本章的学习，要求读者了解 DSP 的技术，掌握数字信号处理器的结构特点、分类及其在各个领域中的应用，使读者对数字信号处理的基础知识、数字信号处理器的基础特性有一定的了解，为后续各章内容奠定一定的基础。

思考题与习题

1. 简述 Digital Singal Processing 和 Digital Singal Processor 之间的区别和联系。
2. 什么是 DSP 技术？
3. 数字信号处理的实现方法主要有哪些？
4. DSP 芯片的特点都有哪些？

5. 什么是哈佛结构和冯·诺依曼结构？它们有什么区别？
6. DSP可以按几种方式进行分类？
7. 什么是定点DSP和浮点DSP？各有什么运用？
8. DSP的发展趋势主要体现在哪些方面？
9. 一个典型的数字信号处理系统都由哪些部分构成，功能是什么？

第2章 TMS320C54x 系列 DSP 的硬件结构

TMS320C54x 系列 DSP 是 TI 公司推出的 16 位定点数字信号处理器。该系列产品包括所有以 TMS320C54 开头的产品，如早期的 C541、C542、C543、C545、C546、C548、C549，以及近年来开发的新产品 C5402、C5410 和 C5420 等。本章将以 TMS320C5402 为主，详细介绍其总线结构、中央处理单元、存储器和 I/O 空间以及中断系统。片内外设与专用硬件电路将在第 6 章介绍。

2.1 'C54x 系列 DSP 的基本结构和外部引脚

TMS320C54x（简称'C54x）系列 DSP 是 TI 公司推出的 16 位定点数字信号处理器，它使用并行运行特性、特殊硬件逻辑、特定的指令系统和多总线技术，实现了高速实时信号处理及降低芯片功耗。采用改进的哈佛结构，适应于远程通信、图像处理等实时嵌入式应用的需要，现已广泛地应用于现代通信系统中。

'C54x 系列 DSP 具有以下主要优点：

1）CPU（中央处理单元）利用其专用的硬件逻辑和高度并行性提高芯片的处理性能。

2）存储器具有 192K 字可寻址存储空间（包括 64K 字程序存储空间、64K 字数据存储空间和 64K 字 I/O 空间）。其中，TMS320C548、TMS320C549、TMS320C5402、TMS320C5410 和 TMS320C5420 的程序存储空间还可以扩展到 8M 字。

3）高度专业化的指令集能够快速地实现算法并用于高级语言编程优化。

4）片内外设和专用电路采用模块化的结构设计，可以快速地推出新的系列产品。

5）TMS320C54x 执行单周期定点指令时间为 25/20/15/12.5/10ns，每秒指令数为 40/66/100MIPS。

6）TMS320C54x 电源由 IDLE1、IDLE2 和 IDLE3 功耗下降指令控制功耗，以便 DSP 工作在节电模式下，使之更适合于手机。其控制 CLKOUT 引脚的输出，省功耗。

7）在片仿真接口、片上的 JTAG 接口符合 IEEE1149.1 边界扫描逻辑接口标准，可与主机连接，用于芯片的仿真和测试。

2.1.1 'C54x 系列 DSP 的基本结构

TMS320'C54x 系列 DSP 芯片种类很多，但结构基本相同，主要由中央处理器 CPU、内部总线控制、存储器系统（数据存储器 RAM、程序存储器 ROM）、外设接口（包括 I/O 接口扩展功能、串行口、主机通信接口 HPI、定时器和中断系统）等 4 个部分组成，其内部结构如图 2-1 所示。

各部分功能如下：

(1) 中央处理器（CPU） 它采用流水线指令执行结构和相应的并行处理结构，提高了 CPU 的运算速度在一个周期内对数据进行高速的算术运算和逻辑运算。

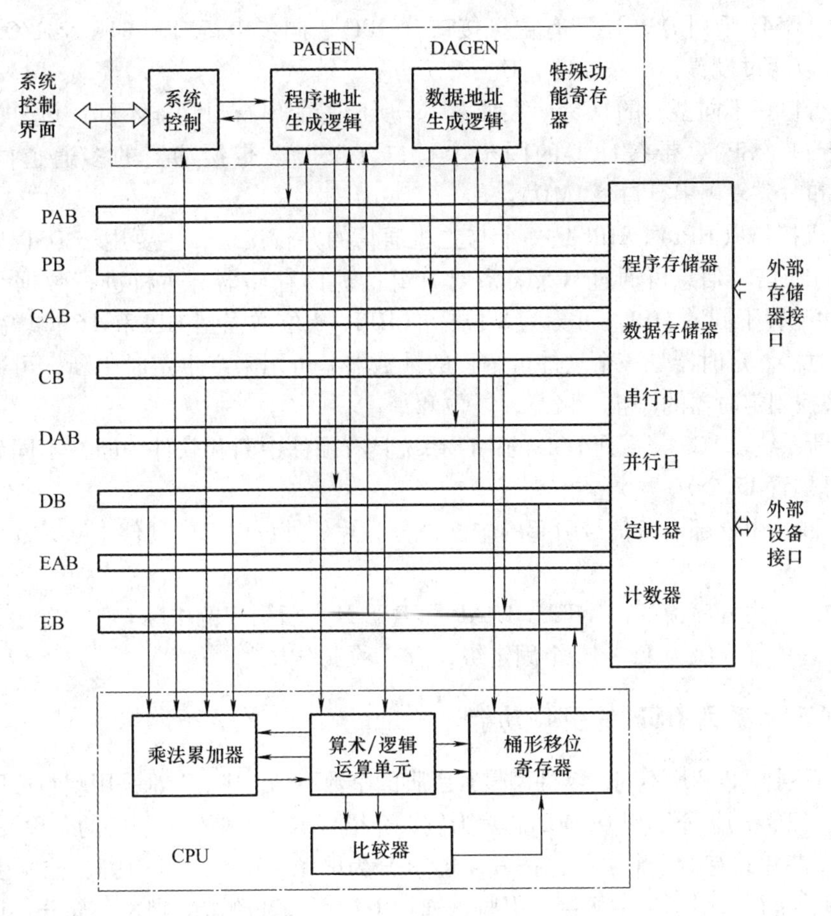

图 2-1　'C54x 系列 DSP 内部结构图

(2) 内部总线控制　'C54x 有 8 组 16 位总线：通过 1 组程序总线、3 组数据总线和 4 组地址总线，在一个指令周期内产生两个数据存储地址，实现流水线并行数据处理。

(3) 存储器系统　TMS320'C54x 系列 DSP 存储器系统包括数据存储器 RAM、程序存储器 ROM。

1) 数据存储器 (RAM)。TMS320'C54x 系列 DSP 有两种片内数据存储器。

双寻址 RAM (DARAM)：在一个指令周期内，可对其进行两次存取操作，一次读出和一次写入。

单寻址 RAM (SARAM)：在一个指令周期内，只进行一次存取操作。

不同型号的'C54x 系列 DSP，其 DARAM 和 SARAM 的容量和存取速度不同。

2) 程序存储器 (ROM)。'C54x 的程序存储器可由 ROM 和 RAM 配置而成。当需要芯片高速运行程序时，可将片外 ROM 中的程序调入到片内 RAM 中，以提高程序的运行速度，不同的'C54x 器件 ROM 的容量配置不同。

(4) 外设接口　C54x 外设接口包括 IO 扩展功能接口、串行口、主机通信接口 HPI、定时器、中断系统 5 个部分组成。

1) I/O 口 (扩展功能)。TMS320'C54x 系列 DSP 只有两个通用 I/O 口引脚 (BIO 和 XF)。BIO 主要用来监测外部设备的工作状态，而 XF 用来发信号给外部设备。

另外，'C54x 系列 DSP 还配有主机接口（HPI）、同步串行口和 64K 字 I/O 空间，HPI 和串行口可以通过设置，用作通用 I/O。

2）串行口。不同型号的'C54x 系列芯片，所配置的串行口功能不同，可分为 4 种：标准同步串行口（SP）、带缓冲器的同步串行口（BSP）、带缓冲器的多通道同步串行口（McBSP）和时分复用串行口（TMD）。

3）主机接口（HPI）。HPI 是一个与主机通信的并行接口，主要用于 DSP 与其他总线或 CPU 进行通信。信息可通过'C54x 系列 DSP 的片内存储器与主机进行数据交换。不同型号的器件配置不同的 HPI，可分为 8 位标准 HPI、8 位增强型 HPI 和 16 位增强型 HPI。

4）定时器。定时器是一个软件可编程的计数器，可用来产生定时中断，可通过设置特定的状态来控制定时器的停止、恢复、复位和禁止。

5）中断系统。'C54x 系列 DSP 的中断系统具有硬件中断和软件中断，不同型号配置不同（最多可配置 17 个）。

硬件中断：由外部设备信号引起的中断，分为片外外设引起的硬件中断、片内外设引起的硬件中断。

软件中断：由程序指令（INTR、TRAP 和 RESET）所引起的中断。

中断管理的优先级为 11～16 个固定级，有 4 种工作方式。

2.1.2 'C54x 系列 DSP 的引脚功能

'C54x 系列 DSP 芯片不同的器件型号其引脚的个数不同，基本上都采用塑料或陶瓷四方扁平封装型式（TQFP）。下面以'C5402 芯片为例，介绍'C54x 系列 DSP 引脚的名称及功能。

'C5402 芯片共有 144 个引脚，按其功能可分为电源引脚、时钟引脚、控制引脚、地址和数据引脚、串行口引脚、主机接口引脚、通用 I/O 引脚和测试引脚 8 个部分。见表 2-1。

表 2-1 'C5402 芯片引脚的功能

引脚名称	引脚序号	I/O/Z	功能说明
			电源引脚
CVDD	16，52，68，91，125，142	I	为 CPU 内核提供的专用电源
DVDD	4，33，56，75，112，130	I	为各 I/O 引脚提供的电源
VSS	3，14，34，40，50，57，70，76，93，106，111，128	O	接地
			时钟引脚
CLKOUT	94	O/Z	主时钟输出引脚。其周期为 CPU 的机器周期。当 EMU1/$\overline{\text{OFF}}$为低电平时，该引脚呈高阻状态
CLKMD1 CLKMD2 CLKMD3	77 78 79	I	设定时钟工作模式引脚，用来硬件配置时钟模式。利用这 3 个引脚，可以选择不同的时钟方式、外部时钟方式和各种锁相环系数
X2/CLKIN	97	I	晶振接到内部振荡器的输出引脚，若使用内部振荡器时，用来外接晶体的一个引脚；若使用外部时钟，该引脚接外部时钟，作为外部时钟输入

（续）

引脚名称	引脚序号	I/O/Z	功能说明
			时钟引脚
X1	96	O	内部振荡器接到外部晶振的输出引脚，若使用内部振荡器，用来外接晶体的一个引脚且通过电容接地；若使用外部时钟，该引脚悬空
TOUT	82	O/Z	定时器输出引脚。当芯片内定时器减到0时，该引脚发出一个脉冲，可以给外部器件提供一个精准的时钟信号。当EMU1/$\overline{\text{OFF}}$为低电平时，该引脚呈高阻状态
			控制引脚
$\overline{\text{RS}}$	98	I	复位引脚，低电平有效，用于芯片的复位，在正常情况下，此引脚至少保持2CLKOUT周期的低电平，这样才能复位
$\overline{\text{MSTRB}}$	24	O/Z	外部存储器选通信号，低电平有效，扩展外部存储器时，用来选通外部存储器，在保持方式或IMUI/$\overline{\text{OFF}}$为低电平时，该引脚呈高阻状态
$\overline{\text{PS}}$ $\overline{\text{DS}}$ $\overline{\text{IS}}$	20 21 22	O/Z	外部程序存储器，数据存储器或I/O空间选择信号，低电平有效，分别用来选择外部存储器、数据存储器和I/O设备。在保持方式或IMUI/$\overline{\text{OFF}}$为低电平时，这些引脚呈高阻状态
$\overline{\text{IOSTRB}}$	25	O/Z	I/O选通信号，低电平有效，用来选择外部I/O设备。在保持方式或IMUI/$\overline{\text{OFF}}$为低电平时，该引脚呈高阻状态
R/$\overline{\text{W}}$	23	O/Z	读/写信号，用来指示CPU与外部器件通信时数据传送方向，当读引脚为0时，进行读操作，只有进行一次写操作时，读引脚为1，在保持方式或IMUI/$\overline{\text{OFF}}$为低电平时，该引脚呈高阻状态
READY	19	I	数据准备好输入信号，当该引脚为高电平时，表明外部器件已经准备好传送数据，当外部器件为准备好，该引脚为低电平时，等待一个周期，然后再检测READY信号
$\overline{\text{HOLD}}$	39	I	保持输入信号，低电平有效，当该引脚为0时，表示外部电路控制地址、数据和控制线，当芯片响应时，地址、数据和控制线呈高阻状态
$\overline{\text{HOLDA}}$	28	O/Z	$\overline{\text{HOLD}}$的响应信号，当该引脚为0时，表示处理器已处于保持，地址、数据和控制线处于高阻，允许外部电路使用三总线，在保持方式或IMUI/$\overline{\text{OFF}}$为低电平时，该引脚呈高阻状态
$\overline{\text{MSC}}$	26	O/Z	微状态完成信号，当内部编程的两个或两个以上的软件等待状态执行到最后一个状态时，该引脚为低电平，当将$\overline{\text{MSC}}$与READY相连，则可在最后一个内部等待状态完成后，再插入一个外部等待状态。在保持方式或IMUI/$\overline{\text{OFF}}$为低电平时，该引脚呈高阻状态
MP/$\overline{\text{MC}}$	32	I	DSP芯片工作方式选择信号，用来确定芯片是工作在微处理器方式还是微型计算机方式，当芯片复位时，此引脚为0，处理器工作在微型计算机方式，片内ROM映射到程序存储器高地址空间，在微处理器方式时，处理器对片外存储器寻址
$\overline{\text{IAQ}}$	29	O/Z	指令地址采集信号，当此引脚为低电平时，表明一条正在执行的指令地址出现在地址总线上，当IMUI/$\overline{\text{OFF}}$为低电平时，该引脚呈高阻状态
$\overline{\text{IACK}}$	61	O/Z	中断响应信号，当该引脚低电平有效时，表示处理器接收一次中断，程序存储器将按照地址总线所指定的位置取出中断向量，当IMUI/$\overline{\text{OFF}}$为低电平时，该引脚呈高阻状态

（续）

引脚名称	引脚序号	I/O/Z	功能说明
控制引脚			
$\overline{\text{INT0}}$ $\overline{\text{INT1}}$ $\overline{\text{INT2}}$ $\overline{\text{INT3}}$	64 65 66 67	I	外部中断请求信号，它们的优先级顺序为：$\overline{\text{INT0}}$、$\overline{\text{INT1}}$、$\overline{\text{INT2}}$、$\overline{\text{INT3}}$。这些中断请求信号可以用中断可屏蔽寄存器和中断方式位屏蔽，也可通过中断标志寄存器进行查询和复位
$\overline{\text{NMI}}$	63	I	非屏蔽中断，它是一个不能通过 INTM 或 IMR 方式对其屏蔽的外部中断
地址数据引脚			
A0 ~ A20	A0(131) ~ A3(134). A4(136) ~ A9(141), A10(5), A11(7) ~ A15(11) . A16(105), A17(107) ~ A19(109)	O/Z	可寻址 1M 字的外部程序空间、64K 字外部数据空间和 64K 字的片外 I/O 空间。在保持方式或 EMU1/$\overline{\text{OFF}}$为低电平时，A15 ~ A0 呈高阻状态。A19 ~ A16 用于扩展程序存储器寻址
D0 ~ D16	D0(99) ~ D5(104), D6(113) ~ D12(119). D13(121) ~ D15(123)	I/O/Z	用于在处理器、外部数据存储器、程序存储器和 I/O 器件之间进行 16 位数据并行传输。在下列情况 F，D15 ~ DO 将呈现高阻状态 • 当没有输出时； • 当 RS 有效时； • 当 HOLD 有效时； • 当 EMU1/$\overline{\text{OFF}}$为低电平时
串行口引脚			
BCLKR0 BCLKR1	41 42	I	缓冲串行口 0 和 1 的接收时钟。用于对来自数据接收（BDR）引脚和传送至缓冲串行口接收移位寄存器（BRSR）的数据进行定时。在缓冲串行口传输数据期间，这个信号必须存在。若不用缓冲串行口，可将它作为输入端，通过缓冲串行口控制寄存器（BSPC）的 IN0 位检查它们的状态
BCLKX0 BCLKX1	48 49	I/O/Z	缓冲串行口 0 和 1 的发送时钟。用于对来自缓冲串行口发送移位寄存器（BXSR）和传送至数据发送引脚（BDX）的数据进行定时。若串行口移位寄存器的 MCM 位清 0，BCLKX 可作为一个输入端，从外部输入发送时钟。当 MCM 位置 1 时，BCLKX 由内部时钟驱动，其时钟频率等于 CLKOUT 频率 × 1/(CLKDV + 1)。若不使用缓冲串行口，可将该引脚作为输入端，通过 BSPC 中的 IN1 位检测它们的状态。当 EMU1/$\overline{\text{OFF}}$为低电平时，BCLKX0 和 BCLKX1 呈高阻状态
BDR0 BDR1	45 47	I	缓冲串行口数据接收端。串行数据通过该引脚的串行输入，传送到缓冲串行口的接收移位寄存器 BRSR 中
BDX0 BDX1	59 60	O/Z	缓冲串行口数据发送端。来自缓冲串行口发送移位寄存器 BXSR 中的数据，经过该引脚串行发送。当没有发送数据或 EMU1/$\overline{\text{OFF}}$为低电平时，BDX0 和 BDX1 呈高阻状态
BFSR0 BFSR1	43 44	I	用于接收输入的帧同步脉冲。在该脉冲的下降沿对数据接收过程进行初始化，并启动 BRSR 时钟进行定时
BFSX0 BFSX1	53 54	I/O/Z	用于发送输出的帧同步脉冲。在该脉冲的下降沿对数据发送过程进行初始化，并启动 BRSR 时钟进行定时。复位后，在默认的条件下，该引脚被设置为输入。当 BSPC 中的 TXM 位置 1 时，该引脚可通过软件选择，设置为输出，帧同步发送脉冲由内部时钟驱动。当 EMU1/$\overline{\text{OFF}}$为低电平时，此引脚呈高阻状态

（续）

引脚名称	引 脚 序 号	I/O/Z	功 能 说 明
主机接口引脚			
$\overline{\text{HCS}}$	17	I	片选信号。作为 HPI 的使能输入端，每次寻址期间必须为低电平
$\overline{\text{HAS}}$	13	I	地址选通信号，若主机的地址和总线复用，此引脚连接到主机的地址锁存端，其信号的下降沿锁存字节识别主机控制信号，若主机地址与总线分开，此引脚为高电平
$\overline{\text{HDS1}}$ $\overline{\text{HDS2}}$	127 129	I	数据选通信号。由主机控制 HPI 数据传输
HBIL	62	I	字节识别信号，用来判断主机送来的数据是第 1 字节还是第 2 字节，当 HBIL = 0 时，主机送来的数据为第 1 字节，否则为第 2 字节
HD7，HD6，HD5，HD4，HD3，HD2，HD1，HD0	6，135，124，120，95，81，69，58	I/O/Z	双向并存数据总线。当没有传输数据或 EMU1/$\overline{\text{OFF}}$为低电平时，这些数据总线呈高阻态。这些引脚和数据线可复用
HCNTL0 HCNTL1	39 46	I	主机控制信号。用于主机选择所要的寻址寄存器，主机通过这两个引脚信号的不同组合选择通信控制内容
HR/$\overline{\text{W}}$	18	I	主机对 HPI 口的读/写信号。高电平时，主机读 HPI；低电平时，主机写 HPI
HRDY	55	O/Z	HPI 已将数据准备好信号。高电平时，表示 HPI 已准备好数据，准备执行一次数据传送；低电平时表示 HPI 忙。当 EMU1/$\overline{\text{OFF}}$为低电平时，该引脚呈高阻状态
$\overline{\text{HINT}}$/TOUT1	51	O/Z	HPI 向主机请求的中断信号。当芯片复位时，此信号为高电平。当 EMU1/$\overline{\text{OFF}}$为低电平时，该引脚呈高阻状态
HPIENA	92	I	HPI 模块选择信号。若要选择 HPI，则该引脚接高电平。若此引脚悬空或接地时，将不能选择 HPI 模块。当复位信号 RS 变为高电平时，采样 HPIENA 信号
通用 I/O 引脚			
XF	27	O/Z	外部标志输出信号，用于发送信号给外部设备。通过编程设置，可以控制外设工作
BIO	31	I/Z	控制分支转移的输入信号，用来监测外部设备状态。当 BIO 为 0 时，执行条件转移指令
测 试 引 脚			
TCK	88	I	IEEE 标准 1149.1 测试时钟输入引脚。通常是一个占空比为 50% 的方波信号。在 TCK 的上升沿，将输入信号 TMS 和 TDI 在测试访问口 TAP 处的变化，记录在 TAP 控制器、指令寄存器或所选定的测试数据寄存器中。TAP 输出（TDO）的变化发生在 TCK 的下降沿
TDI	86	I	IEEE 标准 1149.1 测试数据输入引脚。在 TCK 的上升沿，将该引脚记录到所选定的指令寄存器或数据寄存器中
TDO	85	O	IEEE 标准 1149.1 测试数据输出引脚。在 TCK 的下降沿，将所选定的寄存器（指令寄存器或数据寄存器）中的内容从该引脚输出
TMS	89	I	IEEE 标准 1149.1 测试方式选择引脚。在 TCK 的上升沿，该串行控制的输入信号被记录到 TAP 的控制器中

（续）

引脚名称	引脚序号	I/O/Z	功能说明
测试引脚			
$\overline{\text{TRST}}$	87	I	IEEE 标准 1149.1 测试复位引脚。当该引脚为高电平时，DSP 芯片由 IEEE 标准 1149. 1 扫描系统控制工作；若该引脚悬空或接低电平，则芯片按正常方式工作
EMU0	83	I/O	仿真器中断 0 引脚。当 TRST 为低电平时，为了保证 EMU1/OFF 的有效性，EMU0 必须为高电平。当 TRST 为高电平时，EMU0 作为仿真系统的中断信号，并由 IEEE 标准 1149.1 扫描系统来定义其是输入还是输出
EMU1/$\overline{\text{OFF}}$	84	I	仿真器中断 1 引脚，关断所有输出引脚。当 TRST 为高电平时，该引脚作为仿真系统的中断信号，并由 IEEE 标准 1149.1 扫描系统来决定它是输入还是输出。当$\overline{\text{TRST}}$为低电平时，该引脚被设置为$\overline{\text{OFF}}$特性，将所有的输出设置为高阻状态

2.2　'C54x 系列 DSP 的内部总线结构

'C54x 系列 DSP 片内有 8 条 16 位的总线，即 4 条程序/数据总线和 4 条地址总线。后期的'C54x 系列 DSP 的地址总线位数会增加。这些总线的功能如下：

（1）程序总线（PB）　传送取自程序存储器的指令代码和立即操作数。

（2）数据总线（CB、DB 和 EB）　将内部各单元（如 CPU、数据地址生成电路、程序地址生成电路、片外电路及数据存储器）连接在一起。其中，CB 和 DB 传送读自数据存储器的操作数，EB 传送写到存储器的数据。

（3）4 条地址总线（PAB、CAB、DAB 和 EAB）：传送执行指令所需的地址。

'C54x 系列 DSP 可以利用两个辅助寄存器算术运算单元（ARAU0 和 ARAU1），在每个周期内产生两个数据存储器的地址。

PB 能够将存放在程序空间（如系数表）中的操作数传送到乘法器和加法器，以便执行乘法/累加操作，或通过数据传送指令（MVPD 和 READA 指令）传送到数据空间的目的地址。这种功能，连同双操作数的特性，支持在一个周期内执行 3 条操作数指令（如 FIRS 指令）。

'C54x 系列 DSP 还有一条在片双向总线，用于寻址片内外设。这条总线通过 CPU 接口中的总线交换器连到 DB 和 EB。利用这个总线读/写，需要两个或两个以上周期，具体时间取决于外围电路的结构。表 2-2 列出了各种读/写操作用到的总线情况。

表 2-2　各种读/写操作用到的总线情况

读/写方式	地址总线				程序总线	数据总线		
	PAB	CAB	DAB	EAB	PB	CB	DB	EB
程序读	√				√			
程序写	√							√
单数据读			√				√	

（续）

读/写方式	地址总线				程序总线	数据总线		
	PAB	CAB	DAB	EAB	PB	CB	DB	EB
双数据读		√	√			√	√	
长数据（32 位）读		√	√			√	√	
		HW①	LW②			HW	LW	
单数据写				√				√
数据读/数据写			√	√			√	√
双数据读/系数读	√	√	√		√	√	√	
外设读			√				√	
外设写				√				√

① HW = 高 16 位字。
② LW = 低 16 位字。

2.3　存储器和 I/O 空间

通常 'C54x 系列 DSP 的总存储空间为 192K 字。这些空间可分为 3 个可选择的存储空间：64K 字的程序存储空间、64K 字的数据存储空间和 64K 字的 I/O 空间。所有的 'C54x 系列 DSP 片内都有随机存储器（RAM）和只读存储器（ROM）。RAM 有两种类型：单寻址 RAM（SARAM）和双寻址 RAM（DARAM）。

表 2-3 列出了各种 'C54x 系列 DSP 片内程序和数据存储器的容量。'C54x 系列 DSP 片内还有 26 个映射到数据存储空间的 CPU 寄存器和外围电路寄存器。'C54 系列 DSP 结构上的并行性及在片 RAM 的双寻址能力，使它能够在任何一个给定的机器周期内同时执行 4 次存储器操作，即 1 次取指、读 2 个操作数和写 1 个操作数。

表 2-3　'C54x 系列 DSP 片内程序和数据存储器的容量　（单位：K 字）

存储器类型	C541	C542	C543	C545	C546	C548	C549	C5402	C5410	C5420
ROM	28	2	2	48	48	2	16	4	16	0
程序 ROM	20	2	2	32	32	2	16	4	16	0
程序/数据	8	0	0	16	16	0	16	4	0	0
DARAM	5	10	10	6	6	8	8	16	8	32
SARAM	0	0	0	0	0	24	24	0	56	168

用户可以将双寻址 RAM（DARAM）和单寻址 RAM（SARAM）配置为数据存储器或程序/数据存储器。与片外存储器相比，片内存储器具有不需插入等待状态、成本和功耗低等优点。当然，片外存储器具有能寻址较大存储空间的能力，这是片内存储器无法比拟的。

2.3.1　存储空间的分配

'C54x 系列 DSP 的存储器空间可以分成 3 个可单独选择的空间，即程序、数据和 I/O 空间。在任何一个存储空间内，RAM、ROM、EPROM、EEPROM 或存储器映像外设都可以驻留在片内或者片外。这 3 个空间的总地址范围为 192K 字（C548 除外）。

程序存储器空间存放要执行的指令和执行中所用的系数表，数据存储器存放执行指令所要用的数据，I/O 存储空间与存储器映像外部设备相接口也可以作为附加的数据存储空间。在'C54x 系列 DSP 中，片内存储器的形式有 DARAM、SARAM 和 ROM 这 3 种，使用哪种形式取决于芯片的型号。RAM 总是安排到数据存储空间，但也可以构成程序存储空间，ROM 一般构成程序存储空间，也可以部分地安排到数据存储空间。'C54x 通过 3 个状态位，可以很方便地“使能”和“禁止”程序和数据空间中的片内存储器。

（1）MP/$\overline{MC}$位。

若 MP/$\overline{MC}$ = 0，则片内 ROM 安排到程序空间。

若 MP/$\overline{MC}$ = 1，则片内 ROM 不安排到程序空间。

（2）OVLY 位。

若 OVLY = 1，则片内 RAM 安排到程序和数据空间。

若 OVLY = 0，则片内 RAM 只安排到数据存储空间。

（3）DROM 位。

当 DROM = 1，则部分片内 RAM 安排到数据空间。

当 DROM = 0，则片内 RAM 不安排到数据空间。

DROM 的用法与 MP/$\overline{MC}$的用法无关。

上述 3 个状态位包含在处理器工作方式状态寄存器（PMST）中。

图 2-2 以'C5402 为例，给出了数据和程序存储区图，并说明了与 MP/$\overline{MC}$、OVLY 及

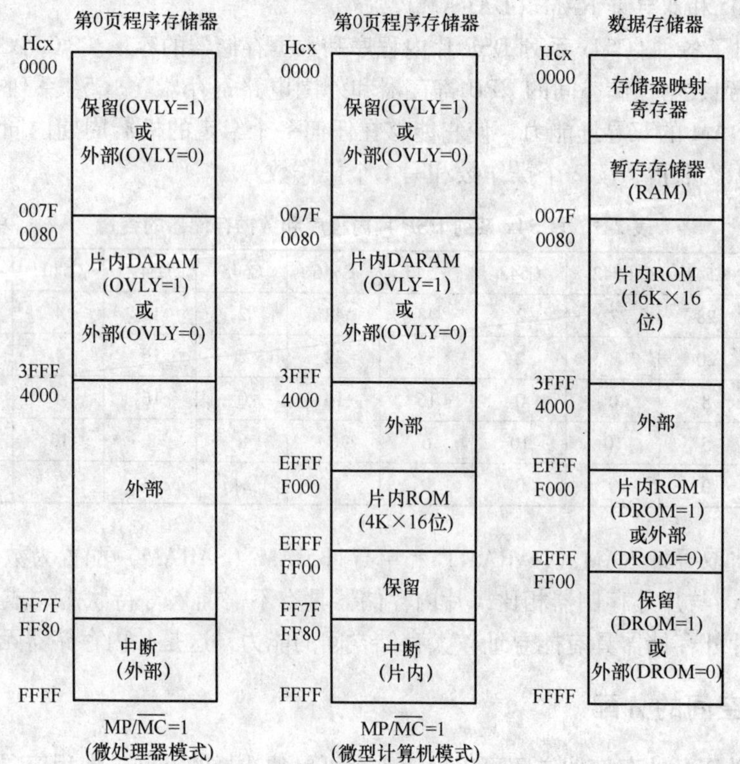

图 2-2 'C5402 存储器图

DROM 这 3 个状态位的关系。'C54x 系列 DSP 其他型号的存储区图可参阅相关芯片手册。

'C5402 可以扩展程序存储器空间。采用分页扩展方法，使其程序空间可扩展到 1024K 字。为此，设有 20 根地址线，增加了一个额外的存储器映像寄存器——程序计数器扩展寄存器（XPC），以及 6 条寻址扩展程序空间的指令。'C5402 中的程序空间分为 16 页，每页 64K 字，如图 2-3 所示。

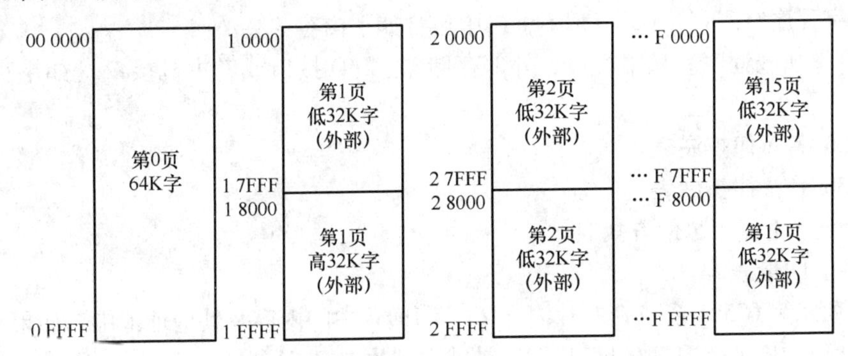

图 2-3　'C5402 扩展程序存储器图

图 2-3 中，当 OVLY = 0 时，1 ~ 15 页的低 32K 字是可以获得的；当 OVLY = 1 时，则片内 RAM 映射到所有程序空间页的低 32K 字。

2.3.2　程序存储器

多数 'C54x 系列 DSP 的外部程序存储器可寻址 64K 字的存储空间。它们的片内 ROM、双寻址 RAM（DARAM）以及单寻址 RAM（SARAM），都可以通过软件映射到程序空间。当存储单元映射到程序空间时，处理器就能自动地对它们所处的地址范围寻址。如果程序地址生成器（PAGEN）发出的地址处在片内存储器地址范围以外，处理器就能自动地对外部寻址。

表 2-4 列出了 'C54x 系列 DSP 可用的片内程序存储器的容量。由表 2-10 可见，这些片内存储器是否作为程序存储器，取决于软件对处理器工作方式状态寄存器（PMST）的状态位 $MP/\overline{MC}$ 和 OVLY 的编程。

表 2-4　'C54x 系列 DSP 可用的片内程序存储器的容量　（单位：K 字）

器　件	ROM（$MP/\overline{MC}$ = 0）	DARAM（OVLY = 1）	SARAM（OVLY = 0）
'C541	28	5	—
'C542	2	10	—
'C543	2	48	—
'C545	48	6	—
'C546	48	6	—
'C548	2	8	24
'C549	16	8	24
'C5402	4	16	—
'C5410	16	8	56
'C5420	—	32	168

当处理器复位时，复位和中断向量都映射到程序空间的FF80h。复位后，这些向量可以被重新映射到程序空间中任何一个128字页的开头。这就很容易将中断向量表从引导ROM中移出来，然后再根据存储器图安排。

'C54x系列DSP的片内ROM容量有大（28K字或48K字）有小（2K字），容量大的片内ROM可以把用户的程序代码编写进去，然而片内高2K字ROM中的内容是由TI公司定义的，这2K字程序空间（F800h～FFFFh）中包含如下内容：

（1）自举加载程序。从串行口、外部存储器、I/O接口或者主机接口（如果存在的话）自举加载。

（2）256字A律扩展表。

（3）256字μ律扩展表。

（4）256字正弦函数值查找表。

（5）中断向量表。

图2-4所示为'C54x系列DSP片内高2K字ROM中的内容及其地址范围。如果$MP/\overline{MC}$ = 0，则用于代码的地址范围F800h～FFFFh被映射到片内ROM。

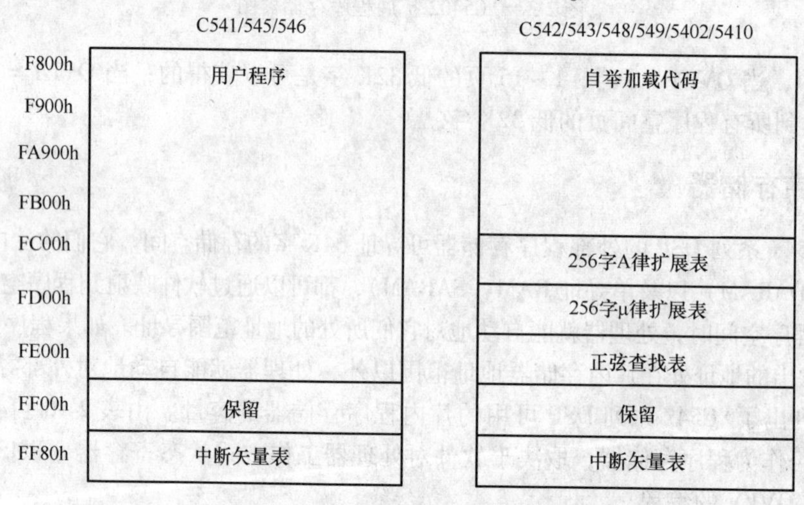

图2-4 片内ROM程序存储器映射（高2K字的地址）

C548、C549、C5402、C5410和C5420可以在程序存储器空间使用分页的扩展存储器，允许访问最高达8192K字的程序存储器。为了扩展程序存储器，上述芯片应该包括以下的附加特征：

（1）23位地址线代替16位的地址线（C5402为20位的地址总线，C5420为18位）。

（2）1个特别的存储器映像寄存器，即程序计数器扩展寄存器（XPC）。

（3）6个特别的指令，用于寻址扩展程序空间。

扩展程序存储器的页号由XPC寄存器设定。XPC映射到数据存储单元001Eh，在硬件复位时，XPC初始化为0。

C548、C549、C5402、C5410和C5420的程序存储空间被组织为128页（C5402的程序存储空间为16页，而C5420的程序存储空间为4页），每页长度为64K字长。图2-5显示了扩展为128页的程序存储器，此时片内RAM不映射到程序空间（OVLY=0）。

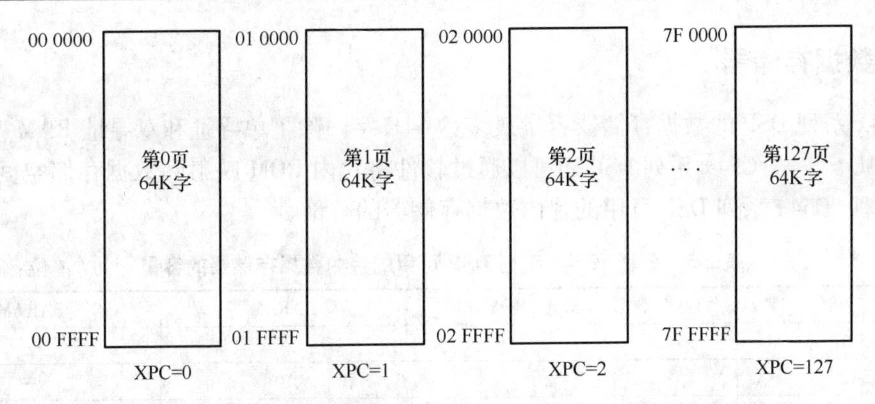

图 2-5　片内 RAM 不映射到程序空间（OVLY = 0）的扩展程序存储器

当片内 RAM 安排到程序空间（OVLY = 1）时，每页程序存储器分为两部分：一部分是公共的 32K 字；另一部分是各自独立的 32K 字。公共存储区为所有页共享，而每页独立的 32K 字存储区只能按指定的页号寻址，如图 2-6 所示。

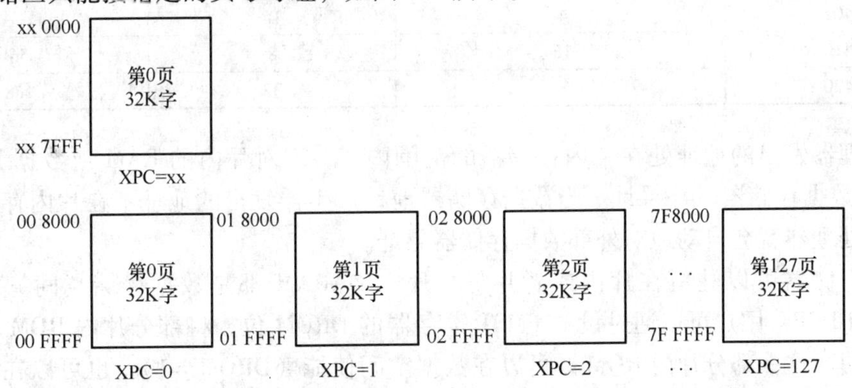

图 2-6　片内 RAM 映射到程序空间（OVLY = 1）的扩展程序存储器

如果片内 ROM 被寻址（$MP/\overline{MC} = 0$），它只能在 0 页，不能映射到程序存储器的其他页。为了通过软件切换程序存储器的页面，有 6 条专用的影响 XPC 值的指令。

（1）FB　远转移。

（2）FBACC　远转移到累加器 A 或 B 指定的位置。

（3）FCALA　远调用累加器 A 或 B 指定的位置的程序。

（4）FCALL　远调用。

（5）FRET　远返回。

（6）FRETE　带有被使能的中断的远返回。

以上指令都可以带有或不带有延时。

下面的'C54x 系列 DSP 指令是 C548、C549、C5402、C5410 和 C5420 的专用指令，用来使用 23 位地址总线（C5402 的指令为 20 位，C5420 的指令为 18 位）：

（1）READA　读累加器 A 所指向的程序存储器位置的值，并保存在数据存储器。

（2）WRITA　写数据到累加器所指向的程序存储器位置。

所有其他指令不会修改 XPC，并且只能访问当前页面的存储器地址。

2.3.3 数据存储器

'C54x 系列 DSP 的数据存储器容量最多达 64K 字。除了单寻址和双寻址 RAM（SARAM 和 DARAM）外，'C54x 系列 DSP 还可以通过软件将片内 ROM 映射到数据存储空间。表 2-5 列出了各种'C54x 系列 DSP 可用的片内数据存储器的容量。

表 2-5 各种'C54x 系列 DSP 可用的片内数据存储器的容量 （单位：K 字）

器　件	程序/数据 ROM（DROM＝1）	DARAM	SARAM
C541	8	5	—
C542	—	10	—
C543	—	48	—
C545	16	6	—
C546	16	6	—
C548	—	8	24
C549	8	8	24
C5402	4	16	—
C5410	16	8	56
C5420	—	32	168

当处理器发出的地址处在片内存储器的范围内时，就对片内的 RAM 或数据 ROM（当 ROM 设为数据存储器时）寻址。当数据存储器地址产生器发出的地址不在片内存储器的范围内时，处理器就会自动地对外部数据存储器寻址。

数据存储器可以驻留在片内或者片外。片内 DARAM 都是数据存储空间。对于某些'C54x系列 DSP，用户可以通过设置 PMST 寄存器的 DROM 位，将部分片内 ROM 映射到数据存储空间。这一部分片内 ROM 既可以在数据空间使能（DROM＝1），也可以在程序空间使能（$MP/\overline{MC}=0$）。复位时，处理器将 DROM 位清 0。

对数据 ROM 的单操作数寻址，包括 32 位长字操作数寻址，单个周期就可完成。而在双操作数寻址时，如果操作数驻留在同一块内则要两个周期；若操作数驻留在不同块内则只需一个周期就可以了。

'C54x 系列 DSP 中 DARAM 前 1K 字数据存储器包括存储器映像寄存器（0000h～0001Fh）和外围电路寄存器（0020h～005Fh）、32 字暂存器（0060h～007Fh）以及 896 字 DARAM（0080h～03FFh）。

寻址存储器映像寄存器，不需要插入等待周期。外围电路寄存器用于对外围电路的控制和存放数据，对它们寻址，需要两个机器周期。表 2-6 列出了存储器映像寄存器的名称和地址。

表 2-6 存储器映像寄存器的名称和地址

地　址	寄存器名称	地　址	寄存器名称
0	IMR（中断屏蔽寄存器）	9	AH（累加器 A 高字，31～16 位）
1	IFR（中断标志寄存器）	A	AG（累加器 A 保护位，39～32 位）
2～5	保留（用于测试）	B	BL（累加器 B 低字，15～0 位）
6	ST0（状态寄存器 0）	C	BH（累加器 B 高字，31～16 位）
7	ST1（状态寄存器 1）	D	BG（累加器 B 保护位，39～32 位）
8	AL（累加器 A 低字，15～0 位）	E	T（暂时寄存器）

（续）

地　址	寄存器名称	地　址	寄存器名称
F	TRN（状态转移寄存器）	18	SP（堆栈指针）
10	AR0（辅助寄存器 0）	19	BK（循环缓冲区长度寄存器）
11	AR1（辅助寄存器 1）	1A	BRC（块重复寄存器）
12	AR2（辅助寄存器 2）	1B	RSA（块重复起始地址寄存器）
13	AR3（辅助寄存器 3）	1C	REA（块重复结束地址寄存器）
14	AR4（辅助寄存器 4）	1D	PMST（处理器工作方式状态寄存器）
15	AR5（辅助寄存器 5）	1E	XPC（程序计数器扩展寄存器，仅 C548 以上的型号）
16	AR6（辅助寄存器 6）		
17	AR7（辅助寄存器 7）	1F	保留

2.3.4　I/O 空间

'C54x 系列 DSP 除了程序和数据存储器空间外，还有一个 I/O 存储器空间。它是一个 64K 字的地址空间（0000h ~ FFFFh），并且都在片外，可以用两条指令（输入指令 PORTR 和输出指令 PORTW）对 I/O 空间寻址。程序存储器和数据存储器空间的读取时序与 I/O 空间的读取时序不同，访问 I/O 空间是对 I/O 映射的外部器件进行访问，而不是访问存储器。所有'C54x 系列 DSP 只有两个通用 I/O，即 BIO 和 XF。为了访问更多的通用 I/O，可以对主机通信并行接口和同步串行接口进行配置，以用作通用 I/O。另外，还可以扩展外部 I/O 'C54x系列 DSP 可以访问 64K 字的 I/O，外部 I/O 必须使用缓冲或锁存电路，配合外部 I/O 读写控制时序构成外部 I/O 的控制电路。

2.4　中央处理单元

'C54x 系列 DSP 的并行结构设计特点，使其能在一条指令周期内，高速地完成算术运算。其 CPU 的基本组成如下：

（1）40 位算术逻辑运算单元（ALU）。

（2）2 个 40 位累加器。

（3）16 ~ 30 位的桶形移位寄存器。

（4）乘法器/加法器单元。

（5）16 位暂存器（T）。

（6）CPU 状态和控制寄存器。

（7）比较、选择和存储单元（CSSU）。

（8）指数编码器。

（9）16 位传输寄存器 TRN。

'C54x 系列 DSP 的 CPU 寄存器都是存储器映射的，可以快速保存和读取。

2.4.1　CPU 状态和控制寄存器

'C54x 系列 DSP 有 3 个状态和控制寄存器。

（1）状态寄存器 0（ST0）。

（2）状态寄存器 1（ST1）。

（3）处理器工作模式状态寄存器（PMST）。

ST0 和 ST1 中包含各种工作条件和工作方式的状态，PMST 中包含存储器的设置状态及其他控制信息。由于这些寄存器都是存储器映像寄存器，所以都可以快速地存放到数据存储器，或者由数据存储器对它们加载，或者用子程序或中断服务程序保存和恢复处理器的状态。

1. 状态寄存器 ST0 和 ST1

ST0 和 ST1 寄存器的各位可以使用 SSBX 和 RSBX 指令来设置和清除。ARP、DP 和 ASM 位可以使用带短立即数的 LD 指令来加载。

（1）状态寄存器 ST0

ST0 的结构如图 2-7 所示。

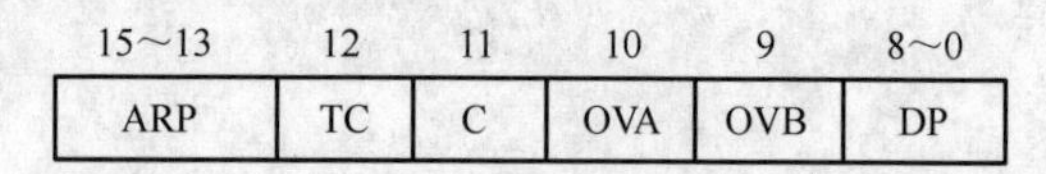

图 2-7　ST0 结构图

状态寄存器 ST0 各状态位的功能见表 2-7。

表 2-7　ST0 各状态位的功能表

位	名　称	复 位 值	功　能
15～13	ARP	0	辅助寄存器指针。这 3 位字段是在间接寻址单操作数时，用来选择辅助寄存器的。当 DSP 处在标准方式（CMPT = 0）时，ARP 总是置成 0
12	TC	1	测试/控制标志位。TC 保存 ALU 测试位操作的结果。TC 受 BIT、BITF、BITT、CMPM、CMPS 及 SFTC 指令的影响。可以由 TC 的状态门（1 或 0）决定条件分支转移指令、子程序调用及返回指令是否执行 如果下列条件为真，则 TC = 1 （1）由 BIT 或 BITT 指令所测试的位等于 1 （2）当执行 CMPM、CMPR 或 CMPS 比较指令时，比较一个数据存储单元中的值与一个立即操作数、AR0 与另一个辅助寄存器或者一个累加器的高字与低字的条件成立 （3）用 SFTC 指令测试某个累加器的第 31 位和第 30 位彼此不相同
11	C	1	进位位。如果执行加法产生进位，则置 1；如果执行减法产生借位则清 0。否则，加法后被复位，减法后被置位，带 16 位移位的加法或减法除外。在后一种情况下，加法只能对进位位置位，减法对其复位，它们都不能影响进位位。所谓进位和借位都只是 ALU 上的运算结果，且定义在第 32 位的位置上。移位和循环指令（ROR、ROL、SFTA 和 SFTL）及 MIN、MAX 和 NEG 指令也影响进位位
10	OVA	0	累加器 A 的溢出标志位。当 ALU 或者乘法器后面的加法器发生溢出且运算结果在累加器 A 中时，OVA 位置 1。一旦发生溢出，OVA 一直保持置位状态，直到复位或者利用 AOV 和 ANOV 条件执行 BC [D]、CC [D]、RC [D]、XC 指令为止。RSBX 指令也能清 OVA 位
9	OVB	0	累加器 B 的溢出标志位。当 ALU 或者乘法器后面的加法器发生溢出且运算结果在累加器 B 中时，OVB 位置 1。一旦发生溢出，OVB 一直保持置位状态，直到复位或者利用 AOV 和 ANOV 条件执行 BC [D]、CC [D]、RC [D]、XC 指令为止。RSBX 指令也能清 OVB 位

（续）

位	名　称	复 位 值	功　能
8~0	DP	0	数据存储器页指针。这 9 位字段与指令字中的低 7 位结合在一起，形成一个 16 位直接寻址存储器的地址，对数据存储器的一个操作数寻址。如果 ST1 中的编辑方式位 CPL=0，上述操作就可执行。DP 字段可用 LD 指令加载一个短立即数或者从数据存储器对它加载

（2）状态寄存器 ST1

ST1 的结构如图 2-8 所示。

15	14	13	12	11	10	9	8	7	6	5	4~0
BRAF	CPL	XF	HM	INTM	0	OVM	SXM	C16	FRCT	CMPT	ASM

图 2-8　ST1 的结构图

状态寄存器 ST1 各状态位的功能见表 2-8。

表 2-8　ST1 各状态位的功能表

位	名　称	复 位 值	功　能
15	BRAF	0	块重复操作标志位。BRAF 指示当前是否在执行块重复操作 （1）BRAF=0：表示当前不在进行块重复操作。当块重复计数器（BRC）减到低于 0 时，BRAF 被清 0 （2）BRAP=1：表示当前正在进行块重复操作。当执行 RPTB 指令时，BRAP 被自动地置 1
14	CPL	0	直接寻址编辑方式位。CPL 指示直接寻址时采用何种指针 （1）CPL=0：选用用数据页指针（DP）的直接寻址方式 （2）CPL=1：选用堆栈指针（SP）的直接寻址方式
13	XF	1	XF 引脚状态位。以 XF 表示外部标志（XF）引脚的状态。XF 引脚是一个通用输出引脚。用 RSBX 或 SSBX 指令对 XF 复位或置位
12	HM	0	保持方式位。当处理响应 HOLD 信号时，HM 指示处理器是否继续执行内部操作 （1）HM=0：处理器从内部程序存储器取指，继续执行内部操作，而将外部接口置成高阻状态 （2）HM=1：处理器暂停内部操作
11	INTM	1	中断方式位。INTM 从整体上屏蔽或开放中断 （1）INTM=0：开放全部可屏蔽中断 （2）INTM=1：关闭所有可屏蔽中断 SSBX 指令可以置 INTM 为 1，RSBX 指令可以将 INTM 清 0。当复位或者执行可屏蔽中断（INR 指令或外部中断）时，INTM 置 1。当执行一条 RETE 或 RETF 指令（从中断返回）时，INTM 清 0。INTM 不影响不可屏蔽的中断（RS 和 NMI）。INTM 位不能用存储器写操作来设置
10		0	此位总是读为 0
9	OVM	0	溢出方式位。OVM 确定发生溢出时以什么样的数加载目的累加器 （1）OVM=0：乘法器后面的加法器中的溢出结果值，像正常情况一样加到目的累加器 （2）OVM=1：当发生溢出时，目的累加器置成正的最大值（007FFFFFFFh）或负的最大值（FF80000000h） OVM 分别由 SSBX 和 RSBX 指令置位和复位

（续）

位	名 称	复 位 值	功 能
8	SXM	1	符号位扩展方式位。SXM 确定符号位是否扩展 （1）SXM = 0：禁止符号位扩展 （2）SXM = 1：数据进入 ALU 之前进行符号位扩展 SXM 不影响某些指令的定义：ADD、LDU 和 SUBS 指令不管 SXM 的值，都禁止符号位扩展 SXM 可分别由 SSBX 和 RSBX 指令置位和复位
7	C16	0	双 16 位/双精度算术运算方式位。C16 决定 ALU 的算术运算方式 （1）C16 = 0：ALU 工作在双精度算术运算方式 （2）C16 = 1：ALU 工作在双 16 位算术运算方式
6	FRCT	0	小数方式位。当 FRCT = 1 时，乘法器中输出左移 1 位，以消去多余的符号位
5	CMPT	0	修正方式位。CMPT 决定 ARP 是否可以修正 （1）CMPT = 0：在间接寻址单个数据存储器操作数时，不能修正 ARP。DSP 工作在这种方式时，ARP 必须置 0 （2）CMPT = 1：在间接寻址单个数据存储器操作数时，可修正 ARP，当指令正在选择辅助存储器 0（AR0）时除外
4 ~ 0	ASM	0	累加器移位方式位。5 位字段的 ASM 规定一个从 -16 ~ 15 的移位值（2 的补码值）。凡带并行存储的指令及 STH、STL、ADD、SUB、LD 指令都能利用这种移位功能。可以从数据存储器或者用 LD 指令（短立即数）对 ASM 加载

2. 处理器工作模式状态寄存器（PMST）

PMST 寄存器由存储器映像寄存器指令进行加载，例如 STM 指令。PMST 寄存器的结构如图 2-9 所示。

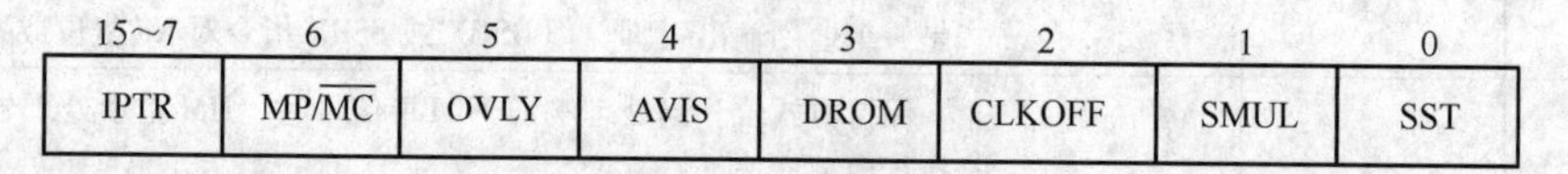

图 2-9 PMST 寄存器的结构图

PMST 寄存器各状态位的功能见表 2-9。

表 2-9 PMST 寄存器各状态位的功能

位	名 称	复 位 值	功 能
15 ~ 7	IPTR	1FFh	中断向量指针。9 位字段的 IPTR 指示中断向量所驻留的 128 字程序存储器的位置。在自举加载操作情况下，用户可以将中断向量重新映射到 RAM。复位时，这 9 位全都置 1；复位向量总是驻留在程序存储器空间的地址 FF80h。RESET 指令不影响这个字段
6	$MP/\overline{MC}$	$MP/\overline{MC}$ 引脚状态	微处理器/微型计算机工作方式位 （1）$MP/\overline{MC}$ = 0：允许使能并寻址片内 ROM （2）$MP/\overline{MC}$ = 1：不能利用片内 ROM 复位时，采样 $MP/\overline{MC}$ 引脚上的逻辑电平，并且将 $MP/\overline{MC}$ 位置成此值。直到下一次复位，不再对 $MP/\overline{MC}$ 引脚采样。RESET 指令不影响此位。$MP/\overline{MC}$ 位也可以用软件的办法置位或复位

（续）

位	名　称	复 位 值	功　　能
5	OVLY	0	RAM 重复占位位。OVLY 可以允许片内双寻址数据 RAM 块映射到程序空间。OVLY 位的值为 （1）OVLY = 0：只能在数据空间而不能在程序空间寻址在片 RAM （2）OVLY = 1：片内 RAM 可以映射到程序空间和数据空间，但是数据页 0（00h ~ 7Fh）不能映射到程序空间
4	AVIS	0	地址可见位。AVIS 允许/禁止在地址引脚上看到内部程序空间的地址线 （1）AVIS = 0：外部地址线不能随内部程序地址一起变化。控制线和数据不受影响，地址总线受总线上的最后一个地址驱动 （2）AVIS = 1：让内部程序存储空间地址线出现在'C54x 系列 DSP 的引脚上，从而可以跟踪内部程序地址。而且，当中断向量驻留在片内存储器时，可以连同 $\overline{\text{IACK}}$ 一起对中断向量译码
3	DROM	0	数据 ROM 位。DROM 可以让片内 ROM 映射到数据空间。DROM 位的值为 （1）DROM = 0：片内 ROM 不能映射到数据空间 （2）DROM = 1：片内 ROM 的一部分映射到数据空间
2	CLKOFF	0	CLKOUT 时钟输出关断位。当 CLKOFF = 1 时，CLKOUT 的输出被禁止，且保持为高电平
1	SMUL①	N/A	乘法饱和方式位。当 SMUL = 1 时，在用 MAC 或 MAS 指令进行累加以前，对乘法结果作饱和处理。仅当 OVM = 1 和 FRCT = 1 时，SMUL 位才起作用
0	SST①	N/A	存储饱和位。当 SST = 1 时，对存储前的累加器值进行饱和处理，饱和操作是在移位操作执行完之后进行的

① 仅 LP 器件有此状态位，其他器件上此位均为保留位。

2.4.2　算术逻辑单元

算术逻辑单元（ALU）执行算术和逻辑操作功能，其结构如图 2-10 所示。大多数算术逻辑运算指令都是单周期指令。一个运算操作在 ALU 执行之后，运算所得结果一般被送到目的累加器（A 或 B）中，执行存储操作指令（ADDM、ANDM、ORM 和 XORM）例外。

1. ALU 的输入

ALU 的 X 输入端的数据为以下两个数据中的任何一个。

（1）移位器的输出（32 位或 16 位数据存储器操作数或者经过移位后累加器的值）。

（2）来自数据总线（DB）的数据存储器操作数。

ALU 的 Y 输入端的数据是以下 3 个数据中的任何一个。

（1）累加器（A）或（B）的数据。

（2）来自数据总线（CB）的数据存储器操作数。

（3）T 寄存器的数据。

当一个 16 位数据存储器操作数加到 40 位 ALU 的输入端时，若状态寄存器 ST1 的 SXM = 0，则高位添 0；若 SXM = 1，则符号位扩展。

2. ALU 的输出

ALU 的输出为 40 位，被送到累加器 A 或 B。

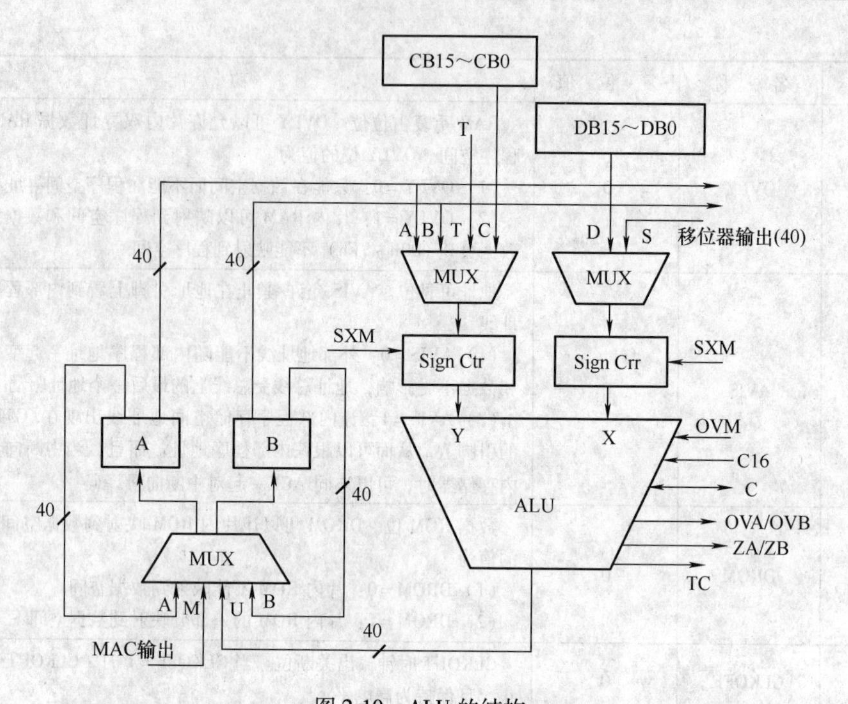

图 2-10 ALU 的结构

A—累加器 A B—累加器 B C—CB 数据总线 D—DB 数据总线 M—MAC 单元
S—桶状移位器 T—T 寄存器 U—算术逻辑单元（ALU）

3. 溢出处理

ALU 的饱和逻辑可以处理溢出。当发生溢出且状态寄存器 ST1 的 OVM = 1 时，则用 32 位最大正数 007FFFFFFFh（正向溢出）或最大负数 FF80000000h（负向溢出）加载累加器。当发生溢出后，相应的溢出标志位（OVA 或 OVB）置 1，直到复位或执行溢出条件指令。注意，用户可以用 SAT 指令对累加器进行饱和处理，而不必考虑 OVM 的值。

4. 进位位

ALU 的进位位受大多数算术 ALU 指令（包括循环和移位操作）的影响，可以用来支持扩展精度的算术运算。利用两个条件操作数 C 和 NC，可以根据进位位的状态，进行分支转移、调用与返回操作。RSBX 和 SSBX 指令可用来加载进位位。硬件复位时，进位位置 1。

5. 双 16 位算术运算

用户只要置位状态寄存器 ST1 的 C16 状态位，就可以让 ALU 在单个周期内进行特殊的双 16 位算术运算，即进行两次 16 位加法或两次 16 位减法。

2.4.3 累加器 A 和 B

累加器 A 和 B 都可以配置成乘法器/加法器或 ALU 的目的寄存器。此外，在执行 MIN 和 MAX 指令或者并行指令 LD || MAC 都要用到它们。这时一个累加器加载数据，另一个累加器完成运算。

累加器 A 和 B 都可分为 3 部分，如图 2-11 所示。

保护位用作计算时的数据位余量，以防止诸如自相关那样的迭代运算时溢出。AG、BG、AH、BH、AL 和 BL 都是存储器映像寄存器。在保存和恢复文本时，可用 PSHM 或

POPM 指令将它们压入堆栈或从堆栈中弹出。用户可以通过其他的指令，寻址 0 页数据存储器（存储器映像寄存器），访问累加器的这些寄存器。累加器 A 和 B 的差别仅在于累加器 A 的第 31 ~ 16 位可以作为乘法器的一个输入。

	39～32	31～16	15～0
累加器A:	AG(保护位)	AH(高阶位)	AL(低阶位)
累加器B:	BG(保护位)	BH(高阶位)	BL(低阶位)

图 2-11　累加器的组成

1. 保存累加器的内容

用户可以利用 STH、STL、STLM 和 SACCD 等指令或者用并行存储指令，将累加器中的内容进行移位操作。右移时，AG 和 BG 中的各数据位分别移至 AH 和 BH；左移时，AL 和 BL 中的各数据位分别移至 AH 和 BH，低位添 0。

2. 累加器移位和循环移位

下列指令可以通过进位位对累加器内容进行移位或循环移位：

（1）SFTA（算术移位）。

（2）SFTL（逻辑移位）。

（3）SFTC（条件移位）。

（4）ROL（累加器循环左移）。

（5）ROR（累加器循环右移）。

（6）ROLTC（累加器带 TC 位循环左移）。

在执行 SFTA 和 SFTL 指令时，移位数定义为 $-16 < \text{SHIFT} < 15$。SFTA 指令受 SXM 位（符号位扩展方式位）影响。当 SXM = 1 且 SHIFT 为负值时，SFTA 进行算术右移，并保持累加器的符号位；当 SXM = 0 时，累加器的最高位添 0。SFTL 指令不受 SXM 位影响，它对累加器的第 31 ~ 0 位进行移位操作，移位时将 0 移到最高有效位（MSB）或最低有效位（LSB）（取决于移位的方向）。

SFTC 是一条条件移位指令，当累加器的第 31 位和第 30 位都为 1 或者都为 0 时，累加器左移一位。这条指令可以用来对累加器的 32 位数归一化，以消去多余的符号位。ROL 是一条经过进位位 C 的循环左移 1 位指令，进位位 C 移到累加器的 LSB，累加器的 MSB 移到进位位，累加器保护位清 0。

ROR 是一条经过进位位 C 的循环右移 1 位指令，进位位 C 移到累加器的 MSB，累加器的 LSB 移到进位位，累加器保护位清 0。

ROLTC 是一条带测试控制位 TC 的累加器循环左移指令。累加器的第 30 ~ 0 位左移 1 位，累加器的 MSB 移到进位位 C，测试控制位 TC 移到累加器的 LSB，累加器保护位清 0。

3. 饱和处理累加器内容

PMST 寄存器的 SST 位决定了是否对存储当前累加器的值进行饱和处理。饱和操作是在移位操作执行完之后进行的。执行下列指令时，可以进行存储前的饱和处理：STH、STL、STLM、ST ‖ ADD、ST ‖ LD、ST ‖ MACR ［R］、ST ‖ MAS ［R］、ST ‖ MPY 和 ST ‖ SUB。当存储前使用饱和处理时，应按如下步骤进行操作：

（1）根据指令要求对累加器的 40 位数据进行移位（左移或右移）。

（2）将 40 位数据饱和处理为 32 位的值，饱和操作与 SXM 位有关（饱和处理时，数值总假设为正数）。

当SXM=0时，生成32位数：如果数值大于7FFFFFFFh，则生成7FFFFFFFh。当SXM=1时，生成32位数：如果数值大于7FFFFFFFh，则生成7FFFFFFFh；如果数值小于80000000h，则生成80000000h。

（3）按指令要求存放数据（存放低16位、高16位或32位数）。

（4）在整个操作期间，累加器的内容保持不变。

4. 专用指令

C54x系列DSP芯片有一些专用的并行操作指令，有了它们，累加器可以实现一些特殊的运算。其中包括利用FIRS指令实现对称有限冲激响应（FIR）滤波器算法；利用LMS指令实现自适应滤波器算法；利用SQDST指令计算欧几里得距离及其他的并行操作。

2.4.4 桶形移位器

桶形移位器用来为输入的数据定标，可以进行如下的操作：

（1）在ALU运算前，对来自数据存储器的操作数或者累加器的值进行预定标。

（2）执行累加器的值的一个逻辑或算术运算。

（3）对累加器的值进行归一化处理。

（4）对存储到数据存储器之前的累加器的值进行定标。

图2-12是桶形移位器的功能框图。40位桶形移位器的输入端接至：

① DB：取得16位输入数据。

② DB和CB：取得32位输入数据。

③ 40位累加器A或B。

其输出端接至：

① ALU的一个输入端。

② 经过MSW/LSW（最高有效字/最低有效字）写选择单元至EB总线。

SXM位控制操作数进行带符号位/不带符号位扩展。当SXM=1时，执行符号位扩展。有些指令（如LDU、ADDS和SUBS）认为存储器中的操作数是无符号数，不执行符号位扩展，也就可以不考虑SXM状态位的数值。指令中的移位数就是移位的位数。移位数都是用2的补码表示，正值表示左移，负值表示右移。移位数可以用以下方式定义：

（1）用一个立即数（-16～15）表示。

（2）用状态寄存器ST1的累加器

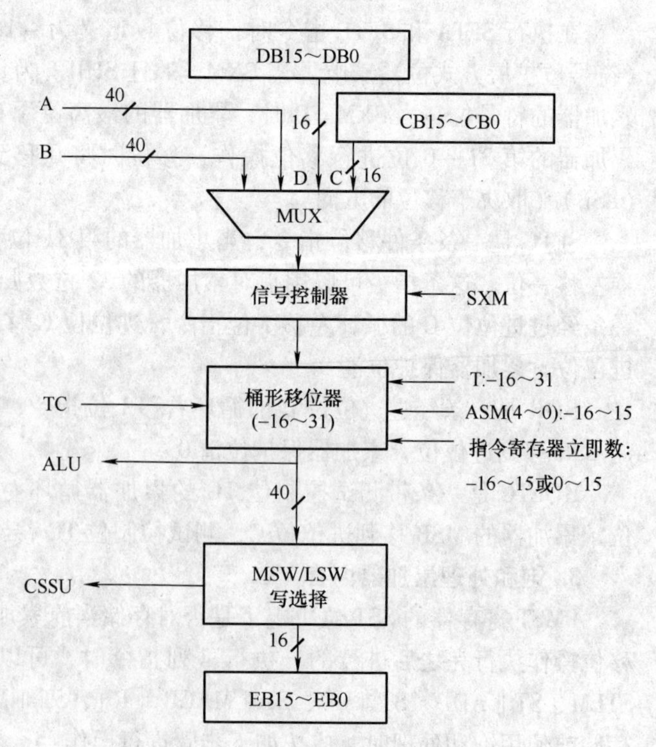

图2-12 桶形移位器的功能框图

A—累加器A B—累加器B C—CB数据总线

D—DB数据总线 T—T寄存器

移位方式（ASM）位表示，共 5 位，移位数为 - 16 ~ 15。

（3）用 T 寄存器中最低 6 位的数值（移位数为 - 16 ~ 31）表示。

例如：

```
ADD     A,-4,B          ;累加器 A 右移 4 位后加到累加器 B
ADD     A,ASM,B         ;累加器 A 按 ASM 规定的移位数移位后加到累加器 B
ORM     A               ;按 T 寄存器中的数值对累加器归一化
```

最后一条指令对累加器中的数归一化是很有用的。

2.4.5　乘法器/加法器单元

'C54x 系列 DSP 的 CPU 有一个 17 × 17 位硬件乘法器，它与一个 40 位专用加法器相连。乘法器/加法器单元可以在一个流水线状态周期内完成一次乘法-累加（MAC）运算。图 2-13 是其功能框图。

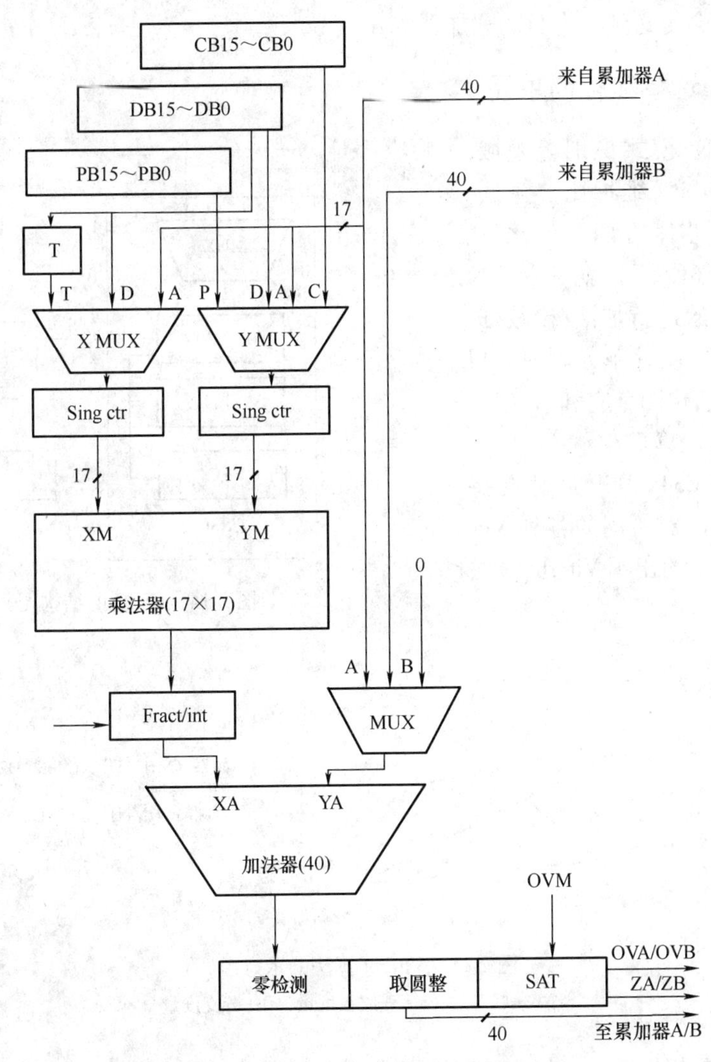

图 2-13　乘法器/加法器单元功能框图

A—累加器 A　B—累加器 B　C—CB 数据总线　D—DB 数据总线　P—PB 程序总线　T—T 寄存器

乘法器能够执行无符号数乘法和带符号数乘法，按如下约束来实现乘法运算：

（1）带符号数乘法，使每个 16 位操作数扩展成 17 位带符号数。

（2）无符号数乘法，使每个 16 位操作数前面加一个 0。

（3）带符号/无符号乘法，使一个 16 位操作数前面加一个 0；另一个 16 位操作数扩展成 17 位带符号数，以完成相乘运算。

当两个 16 位的数在小数模式下（FRCT 位为 1）相乘时，会产生多余的符号位，乘法器的输出可以左移 1 位，以消去多余的符号位。

在乘法器/加法器单元中的加法器包含一个零检查器（Zero Detector）、一个舍入器（2 的补码）和溢出/饱和逻辑电路。舍入处理即加 2 到结果中，然后清除目的累加器的低 16 位。当指令中包含后缀 R 时，会执行舍入处理，如乘法、乘法/累加（MAC）和乘法/减（MAS）等指令，LMS 指令也会进行舍入操作，并最小化更新系数的量化误差。

加法器的输入来自乘法器的输出和另一个加法器。任何乘法操作在乘法器/加法器单元中执行时，结果会传送到一个目的累加器（A 或 B）。

2.4.6 比较、选择和存储单元

在数据通信、模式识别等领域，经常要用到 Viterbi（维特比）算法。'C54x 系列 DSP 芯片的 CPU 的比较、选择和存储单元（CSSU）就是专门为 Viterbi 算法设计的进行加法/比较/选择（ACS）运算的硬件单元。图 2-14 所示为 CSSU 的结构图，它和 ALU 一起执行快速 ACS 运算。

CSSU 允许 'C54x DSP 芯片支持均衡器和通道译码器所用的各种 Viterbi 算法。图 2-15 给出了 Viterbi 算法的示意图。

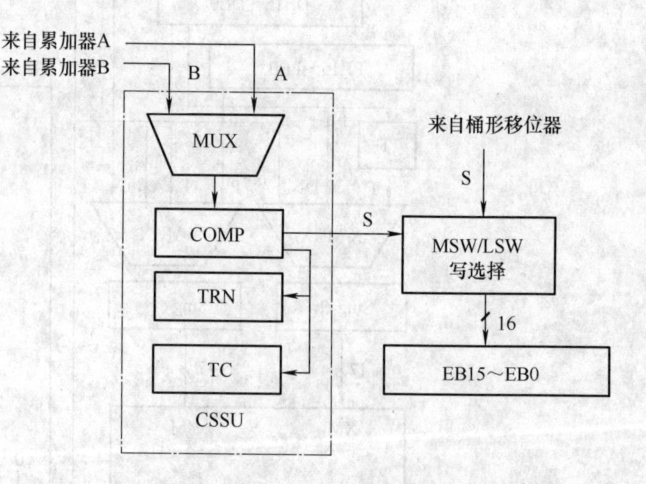

图 2-14 CSSU 的结构图

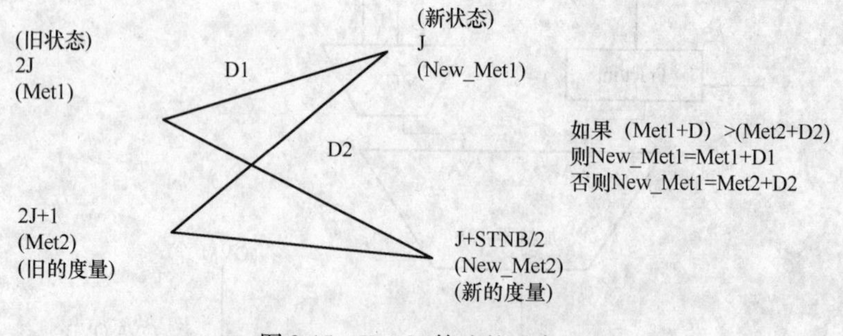

图 2-15 Viterbi 算法的示意图

STNB—状态数 Met—路径度量 D—分支度量

Viterbi 算法包括加法、比较和选择三部分操作。其加法运算由 ALU 完成，该功能包括两次加法运算（Met1 + D1 和 Met2 + D2）。如果 ALU 配置为双 16 位模式（设置 ST1 寄存器

的 C16 位为 1），则两次加法可在一个机器周期内完成，此时，所有长字（32 位）指令均变成了双 16 位指令。T 寄存器被连接到 ALU 的输入（作为双 16 位操作数），并且被用作局部存储器，以便最小化存储器的访问。

CSSU 通过 CMPS 指令、一个比较器和 16 位的传送寄存器（TRN）来执行比较和选择操作。该操作比较指定累加器的两个 16 位部分，并且将结果移入 TRN 的第 0 位。该结果也保存在 ST0 寄存器的 TC 位。基于该结果，累加器的相应 16 位被保存在数据存储器中。

2.4.7　指数编码器

指数编码器也是一个专用硬件，如图 2-16 所示。它可以在单个周期内执行 EXP 指令，求得累加器中数的指数值，并以 2 的补码形式（-8~31）存放到 T 寄存器中。累加器的指数值 = 冗余符号位，也就是为消去多余符号位而将累加器中的数值左移的位数。当累加器数值超过 32 位时，指数是个负值。

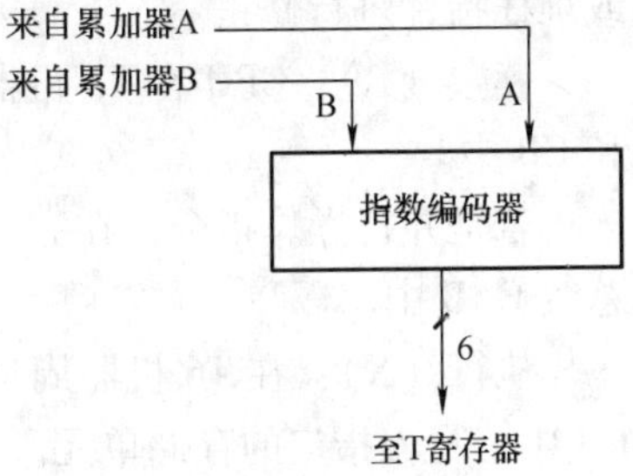

来自累加器A
来自累加器B
B　A
指数编码器
6
至T寄存器

图 2-16　指数编码器的结构图

有了指数编码器，就可以用 EXP 和 NORM 指令对累加器的内容归一化了。例如：

```
EXP     A              ;(冗余符号位 -8)→T 寄存器
ST      T,EXPONET      ;将指数值存放到数据存储器中
NORM    A              ;对累加器归一化(累加器按 T
                        中值移位)
```

假设 40 位累加器 A 中的定点数为 FF FFFF F001。先用 EXP A 指令，求得它的指数为 13h，存放在 T 寄存器中，再执行 NORM A 指令就可以在单个周期内将原来的定点数分成尾数 FF 8008 0000 和指数两部分。

2.5　流水线操作

流水线操作是 DSP 芯片不同于一般单片机的主要硬件工作机制。流水线操作是指各条指令以机器周期为单位，相差一个时间周期而连续并行工作的情况。其原理是：将指令分成几个子操作，每个子操作在不同的操作阶段完成。这样，每隔一个机器周期，每个操作阶段就可以进入一条新指令。因此在同一个机器周期内，在不同的操作阶段可以处理多条指令，相当于并行执行了多条指令。流水线操作可以减少指令的执行时间，提高 DSP 芯片的运行速度，增强 DSP 芯片的处理能力。

2.5.1　流水线操作组成

'C54x 系列 DSP 的流水线操作是由 6 个操作阶段或操作周期组成的，这 6 个操作阶段彼此相互独立。在任何一个机器周期内，可以有 1~6 条不同的指令同时工作，每条指令可在不同的周期内工作在不同的操作阶段。'C54x 的流水线结构如图 2-17 所示。

T1	T2	T3	T4	T5	T6
预取指(P)	取指(F)	译码(D)	寻址(A)	读数(R)	执行(X)

图 2-17　流水线结构示意图

在'C54x 系列 DSP 的流水线中，一条指令分为预取指、取指、译码、寻址、读数和执行 6 个操作阶段。各操作阶段的功能如下：

预取指（P）：在 T1 机器周期内，CPU 将 PC 中的内容加载到程序地址总线 PAB，找到指令代码的存储单元。

取指（F）：在 T2 机器周期内，CPU 从选中的程序存储单元中，取出指令代码加载到程序总线 PB。

译码（D）：在 T3 机器周期内，CPU 将 PB 中的指令代码加载到指令译码器 IR，并对 IR 中的内容进行译码，产生执行指令所需要的一系列控制信号。

寻址（A）：即寻址操作数。在 T4 机器周期内，根据指令的不同，CPU 将数据 1 或数据 2 的读地址或同时将两个读地址分别加载到数据地址总线 DAB 和 CAB 中，并对辅助寄存器或堆栈指针进行修正。

读数（R）：CPU 在 T5 机器周期内，将读出的数据 1 和数据 2 分别加载到数据总线 DB 和 CB 中。

若是并行操作指令，在完成上述操作的过程中，同时将数据 3 的写地址加载到数据地址总线 EAB 中。

执行（X）：在 T6 机器周期内，CPU 按照操作码要求执行指令，并将写数据 3 加载到 EB 中，写入指定的存储单元。

流水线的前两阶段——预取指和取指是完成指令的取指操作。在预取指阶段，装入一条新指令的地址；在取指阶段，读出这条指令代码。如果是多字指令，要几个这样的取指操作才能将这条指令代码读出。

流水线的第 3 阶段是对所取指令进行译码操作，产生执行指令所需要的一系列控制信号，用来控制指令的正确执行。

接下来的寻址和读数阶段是读操作数。如果指令需要，就在寻址阶段加载一个或两个操作数的地址；在读数阶段，读出一个或两个操作数。

一个写操作在流水线中要占用两个阶段，即读数和执行阶段。读数阶段，在 EAB 上加载一个写操作数的数据地址：执行阶段，从 EB 总线装操作数，并将数据写入存储空间。

2.5.2 流水线冲突和解决办法

'C54x 系列 DSP 的流水线结构，允许多条指令同时利用 CPU 的内部资源。由于 CPU 的资源有限，当多于一个流水线上的指令同时访问同一资源时，可能产生时序冲突。我们针对指令和存储器产生的流水线冲突的原因进行了分析，并提出了相应的解决办法。

1. 存储器流水线冲突及解决办法

由于 CPU 的资源有限，当 CPU 正在处理的指令同时访问 DARAM 的同一存储器块时，可能会发生时序冲突。如同时从同一存储器块取指或取操作数（都在前半周期）；或者同时对同一存储器块进行写操作和读第二操作数（都发生在后半周期），都会发生时序冲突。当发生流水冲突时，CPU 通过将写操作延迟一个周期，或通过插入一个空周期来自动解决时序冲突。

对于单寻址存储器，当指令有两个存储器操作数进行读或写时，若两个操作数指向同一个单寻址存储器块，则在流水线上会发生时序冲突。在这种情况下，CPU 先在原来的周期上执行一次寻址操作，并将另一次寻址操作自动地延迟一个周期。

2. 指令的流水线冲突及解决办法

'C54x 系列 DSP 的流水线结构，允许多条指令同时利用 CPU 的内部资源。由于 CPU 的资源有限，当多于一个流水线上的指令同时访问同一资源时，可能产生时序冲突。其中，有些冲突可以由 CPU 自动插入延迟来解决，但还有些未保护性冲突是 CPU 无法自动解决的，需通过调整程序语句人为解决，如加入空操作或重新安排程序语句。

（1）流水线冲突　可能产生未保护性流水线冲突的硬件资源：

1）辅助寄存器（AR0 ~ AR7）。

2）重复块长度寄存器（BK）。

3）堆栈指针（SP）。

4）暂存器（T）。

5）处理器工作方式状态寄存器（PMST）。

6）状态寄存器（ST0 和 ST1）。

7）块重复计数器（BRC）。

8）存储器映像寄存器（AG、AH、AL、BG、BH、BL）。

对于上述的存储器映像寄存器，如果在流水线中同时对它们进行寻址，就有可能发生未保护性流水冲突。'C54x 系列 DSP 发生流水线冲突情况分析示意图如图 2-18 所示。

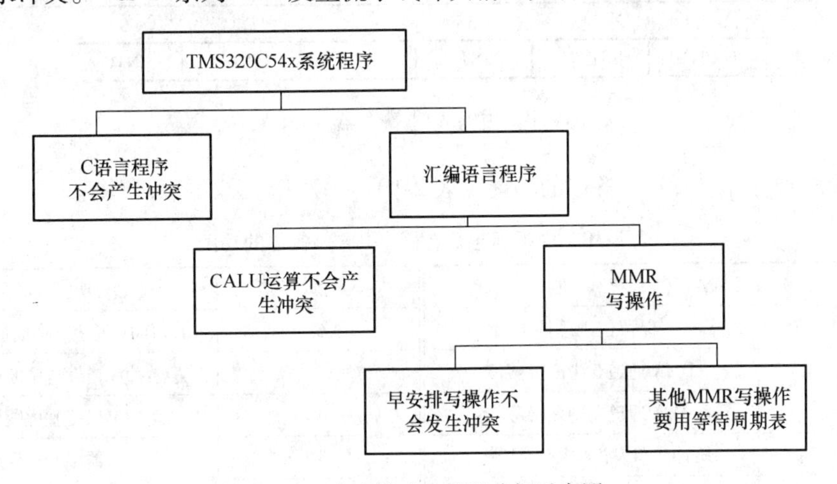

图 2-18　流水线冲突情况分析示意图

从图 2-18 可以看出，在 'C54x 的源程序中，如果采用 C 语言编写程序的源代码，经 CCS 编译器产生的代码不会产生流水线冲突。如果采用汇编语言编写源程序，算术运算操作（CALU）或在初始化时设置 MMR，也不会发生流水线冲突，因此，在绝大多数情况下，流水线冲突是不会发生的，只有某些 MMR 的写操作容易发生冲突。

（2）等待周期表　当指令对 MMR、ST0、ST1 和 PMST 等硬件资源进行写操作时，有可能造成流水线冲突。解决的办法是在写操作指令的后面插入若干条 NOP 指令。

上述情况加入两条 NOP 指令后，可以避免流水冲突，但程序的运行时间比原来延长了两个周期。加入的 NOP 指令越多，延长的时间越长。对于插入 NOP 指令的数量，可以依据等待周期表来选择。对于双字指令或三字指令都会提供隐含的保护周期，因此，有时可以不需要插入 NOP 指令。

2.6 'C54x 系列 DSP 的中断系统

'C54x 系列 DSP 的中断系统根据芯片型号的不同，提供了 24 ~ 30 个硬件及软件中断源，分为 11 ~ 14 个中断优先级，可实现多层任务嵌套。本节从应用的角度介绍'C54x 系列 DSP 中断系统的工作过程。

2.6.1 中断寄存器

'C54x 系列 DSP 的中断系统设置两个中断寄存器，分别为中断标志寄存器（IFR）和中断屏蔽寄存器（IMR）。

1. 中断标志寄存器

中断标志寄存器（Interrupt Flag Register，IFR）是个存储器映像寄存器，当一个中断出现时，IFR 中的相应的中断标志位置 1，直到 CPU 识别该中断为止。TMS320C5402 中断标志寄存器（IFR）的结构如图 2-19 所示。

15~14	13	12	11	10	9	8	7
保留	DMAC5	DMAC4	BXINT1	BRINT1	HPINT	INT3	TINT1

6	5	4	3	2	1	0
DMAC0	BXINT0	BRINT0	TINT0	INT2	INT1	INT0

图 2-19 中断标志寄存器（IFR）

中断标志寄存器（IFR）各位的功能见表 2-10。

表 2-10 中断标志寄存器（IFR）各位的功能

位	功　能	位	功　能
15 ~ 14	保留位，总是 0	6	DMA 通道 0 中断屏蔽位
13	DMA 通道 5 中断屏蔽位	5	缓冲串口发送中断屏蔽位
12	DMA 通道 4 中断屏蔽位	4	缓冲串口接收中断屏蔽位
11	缓冲串口发送中断 1 屏蔽位	3	定时器中断 0 屏蔽位
10	缓冲串口接收中断 1 屏蔽位	2	外部中断 2 屏蔽位
9	HPI 中断屏蔽位	1	外部中断 1 屏蔽位
8	外部中断 3 屏蔽位	0	外部中断 0 屏蔽位
7	定时器中断 1 屏蔽位		

在'C54x 系列 DSP 芯片中，IFR 中 5 ~ 0 位对应的中断源完全相同，分别为外部中断和通信中断标志寄存位，而 15 ~ 6 位中断源根据芯片的不同，定义的中断源类型不同。以下 3 种情况将清除中断标志：

1）软件和硬件复位，'C54x 系列 DSP 的复位引脚 RS 为低电平。

2）相应的 IFR 标志位置 1。

3）使用相应的中断号响应该中断，即使用 INTR #K 指令。

若有挂起的中断，在IFR中该标志位为1，通过写IFR的当前内容，就可清除所有正被挂起的中断。为了避免来自串口的重复中断，应在相应的中断服务程序清除IFR位。

2. 中断屏蔽寄存器

中断屏蔽寄存器（Interrupt Mask Register，IMR）也是一个存储器映像的CPU寄存器，主要用于屏蔽外部和内部的硬件中断。如果状态寄存器ST1中的INTM=0，IMR中的某一位为1，就能开放相应的中断。由于RS和NM1都不包含在IMR中，因此IMR对这两个中断不能进行屏蔽。

中断屏蔽寄存器（IMR）如图2-20所示。用户可以对IMR进行读、写操作。

15~14	13	12	11	10	9	8	7
保留	DMAC5	DMAC4	BXINT1	BRINT1	HPINT	INT3	TINT1

6	5	4	3	2	1	0
DMAC0	BXINT0	BRINT0	TINT0	INT2	INT1	INT0

图2-20　中断屏蔽寄存器（IMR）

中断屏蔽寄存器（IMR）各位的功能见表2-11。

表2-11　中断屏蔽寄存器（IMR）各位的功能

位	功　能	位	功　能
15~14	保留位，总是0	6	DMA通道0中断屏蔽位
13	DMA通道5中断屏蔽位	5	缓冲串口发送中断屏蔽位
12	DMA通道4中断屏蔽位	4	缓冲串口接收中断屏蔽位
11	缓冲串口发送中断1屏蔽位	3	定时器中断0屏蔽位
10	缓冲串口接收中断1屏蔽位	2	外部中断2屏蔽位
9	HPI中断屏蔽位	1	外部中断1屏蔽位
8	外部中断3屏蔽位	0	外部中断0屏蔽位
7	定时器中断1屏蔽位		

2.6.2　中断处理步骤

TMS320C54x处理中断一般分为3个步骤。

1. 接收中断请求

一个中断由硬件器件或软件指令请求。当产生一个中断时，IFR中相应的中断标志位被置1。不管中断是否被处理器应答，该标志位都会置1。当相应的中断响应后，该标志位自动被清除。

（1）硬件中断请求

外部硬件中断由外部中断口的信号发出请求，而内部硬件中断由片内外设的信号发出中断请求。对于TMS320C5402器件，其硬件中断可由以下信号发出请求：

1）$\overline{INT0}$ ~ $\overline{INT3}$引脚。

2）$\overline{RS}$和NMI引脚。

3）RINT0、XINT0、RINT1和XINT1（串行口中断）。

4）TINT0 和 TINT1（定时器中断）。

（2）软件中断请求

软件中断请求包括以下 3 个方面：

1）INTR。INTR K 指令允许执行任何的可屏蔽中断，包括用户定义的中断（SINT0 ~ SINT3）。指令操作数 K 表示 CPU 将转移到哪个中断矢量单元。当 INTR 中断被确认时，状态寄存器 ST1 的中断方式（INTM）位置 1，以便禁止其他可屏蔽中断。INTR 指令不影响 IFR 标志位，当使用 INTR 指令启动一个中断时，它既不设置，也不清除该标志位，软件与操作不能设置 IFR 标志位，只有相应的硬件请求可以设置。如果一个硬件请求已经设置了中断标志而又使用 INTR 指令启动该中断，则 INTR 指令将不清除 IFR 标志。实际上，INTR 指令只是强行将 PC 指针跳转到该 ISR 的入口。

2）TRAP。TRAP 与 INTR 的不同之处在于执行 TRA 软件中断时对 INTM 位没有影响。当应答 RESET 指令时，INTM 位被设置为 1 以禁止可屏蔽中断。IPTR（中断向量指针，9）和外设寄存器的初始化与硬件的初始化是不同的。

3）RESET。RESET 为复位指令，可在程序的任何时候产生，可使处理器返回至一个预定状态，复位指令影响 ST0 和 ST1 寄存器，但对 PMST 寄存中断控制主要是屏蔽某些中断，避免其他中断对当前运行程序的干扰，以及防止同级中断之间的响应竞争。

2. 应答中断

对于软件中断和非屏蔽中断，CPU 将立即响应，进入相应的中断服务程序。对于硬件可屏蔽中断，只要满足以下 3 个条件后 CPU 才能响应中断：

1）当前中断优先级最高。当一个以上的硬件中断同时被请求时，'C54x 系列 DSP 按照中断优先级响应中断请求。对于可屏蔽中断，一般不采用中断嵌套。

2）INTM 位清 0。STI 的中断模式位（INTM）用于使能或禁止所有可屏蔽中断。

① 当 INTM = 0，所有可屏蔽中断被使能。

② 当 INTM = 1，所有可屏蔽中断被禁止。

当响应一个中断后，INTM 位被置 1。如果程序使用 RETE 指令退出中断服务程序（ISR）后，从中断返回后 INTM 重新使能。使用硬件复位（RS）或执行 SSBX INTM 指令（禁止中断）会将 INTM 位置 1。通过执行 RSBX INTM 指令（使能中断），可以复位 INTM 位。INTM 位不会自动修改 IMR 或 IFR。

3）IMR 屏蔽位为 1。每个可屏蔽中断在 IMR 中有自己的屏蔽位。在 IMR 中，中断的相应位为 1，表明允许该中断。

满足上述条件后，CPU 响应中断，终止当前正在进行的操作，指令计数器 PC 自动转向相应的中断向量地址，取出中断服务程序地址，并发出硬件中断响应信号 $\overline{\text{IACK}}$（中断应替），从而清除相应的中断标志位。

3. 执行中断服务程序（ISR）

CPU 执行中断服务程序的步骤如下：

1）保护现场，将程序计数器 PC 值（返回地址）保存到数据存储器的堆栈顶部。在中断响应时，程序计数器扩展寄存器（XPC）不会压入堆栈的顶部，也就是说，它不会保存在堆栈中。因此，如果 ISR 位于和中断向量表不同的页面，用户必须在分支转移到 ISR 之前将 XPC 压入堆栈，远程返回指令 FRET［E］可以用于从 ISR 返回。

2）将中断向量的地址加载到 PC。

3）获取位于向量地址的指令（分支转移被延时，并且用户也存储了一个 2 字指令或 1 字指令，则 CPU 也会获取这两个字）。

4）执行分支转移，转到中断服务程序（ISR）地址（如果分支转移被延时，则在分支转移之前会执行额外的指令）。

5）执行 ISR 直到一个返回指令中止 ISR。

6）从堆栈中弹出返回地址到 PC 中。

7）继续执行主程序。

中断向量可以映射到程序存储器的任何 128 字页面的起始位置，除保留区域外。

'C54x 系列 DSP 中，中断向量地址是由 PMST 寄存器中的 IPTR（9 位中断向量指针）和左移 2 位后的中断向量序号（中断向量序号为 0 ~ 31，左移 2 位后变成 7 位）所组成的。

2.7　'C54x 系列 DSP 的外部总线

'C54x 系列 DSP 的外部总线具有很强的系统接口能力，可与外部存储器以及 I/O 设备相连，能对 64 千字的数据存储空间，64 千字的程序存储空间，以及 64 千字的 I/O 空间进行寻址。独立的空间选择信号 $\overline{DS}$、$\overline{PS}$ 和 $\overline{IS}$ 允许进行物理上分开的空间选择。接口的外部数据准备输入信号（READY）与片内软件可编程等待状态发生器一起，可以使处理器与各种不同速度的存储器和 I/O 设备连接。接口的保护方式能使外部设备对 'C54x 系列 DSP 的外部总线进行控制，使外部设备可以访问程序存储空间、数据存储空间和 I/O 空间的资源。

2.7.1　外部总线的组成

'C54x 系列 DSP 的外部总线由数据总线、地址总线及一组控制总线所组成，可以用来寻址 'C54x 的外部存储器和 I/O 口。表 2-12 列出了 'C54x 系列 DSP 的主要外部总线接口信号。

表 2-12　'C54x 系列 DSP 的主要外部总线接口信号

信号名称	'C541，'C542，'C543，'C544，'C545，'C546	'C546，'C549，'C5409，'C5410，'C5416	'C5402	'C5420	说　明
Ai ~ A0	15 ~ 0	22 ~ 0	19 ~ 0	17 ~ 0	地址总线
D15 ~ D0	15 ~ 0	15 ~ 0	15 ~ 0	15 ~ 0	数据总线
$\overline{MSTRB}$	√	√	√	√	外部存储器选通信号
$\overline{PS}$	√	√	√	√	程序存储空间选择信号
$\overline{DS}$	√	√	√	√	数据存储空间选择信号
$\overline{IOSTRB}$	√	√	√	√	I/O 设备选通信号
$\overline{IS}$	√	√	√	√	I/O 空间选择先信号
R/$\overline{W}$	√	√	√	√	读写信号
READY	√	√	√	√	数据准备好信号
$\overline{HOLD}$	√	√	√	√	保持请求信号

（续）

信号名称	'C541，'C542，'C543，'C544，'C545，'C546	'C546，'C549，'C5409，'C5410，'C5416	'C5402	'C5420	说明
$\overline{\text{HOLDA}}$	√	√	√	√	HOLD 的响应信号
$\overline{\text{MSC}}$	√	√	√	√	微状态完成信号
$\overline{\text{IAQ}}$	√	√	√	√	指令地址采集信号
$\overline{\text{IACK}}$	√	√	√	√	中断响应信号

外部总线接口是一组并行接口。它有两个互相独立，且相互排斥的选通信号$\overline{\text{MSTRB}}$和$\overline{\text{IOSTRB}}$。$\overline{\text{MSTRB}}$信号用于访问外部程序或数据存储器，$\overline{\text{IOSTRB}}$用于访问 I/O 设备。R/$\overline{\text{W}}$（读/写）信号则控制数据的传送方向。

READY 和片内软件可编程等待状态发生器允许 CPU 与不同速度的存储器及 I/O 设备进行数据交换。当与慢速器件进行通信时，CPU 处于等待状态，直到慢速器件完成了它的操作，并发出 READY 信号后才继续运行。

$\overline{\text{HOLD}}$信号可以使'C54x 系列 DSP 工作在保持方式，将外部总线控制权交给外部控制器，直接控制程序存储空间、数据存储空间和 I/O 之间的数据交换。

CPU 寻址片内存储器时，外部数据总线处于高阻状态，而地址总线及存储器选择信号（$\overline{\text{DS}}$、$\overline{\text{PS}}$和$\overline{\text{IS}}$）均保持以前的状态，此外，$\overline{\text{MSTRB}}$、$\overline{\text{IOSTRB}}$、R/$\overline{\text{W}}$、$\overline{\text{IAQ}}$及$\overline{\text{MSC}}$信号均保持无效状态。如果处理器工作方式状态寄存器（PMST）中的地址可见位（AVIS）置 1，那么 CPU 执行指令时的内部程序存储器的地址就出现在外部地址总线上，同时$\overline{\text{IAQ}}$信号有效。

2.7.2 外部总线等待状态控制

'C54x 系列 DSP 片内有两个控制 CPU 等待状态的部件——软件可编程等待状态发生器和可编程分区转换逻辑电路，这两个部件用来控制外部总线工作，分别受两个存储器映像寄存器——软件等待状态寄存器（SWWSR）和可编程分区转换逻辑寄存器（BSCR）的控制。

1. 软件可编程等待状态发生器

软件可编程等待状态发生器可以通过编程来延长总线的等待周期，最多可达到 7~14 个机器周期，这样可以方便地使'C54x 系列 DSP 与慢速的片内存储器和 I/O 器件接口连接。若外部器件要求插入的等待周期大于 7~14 个机器周期时，可以利用硬件 READY 线来实现。当所有的外部器件都配置在 0 等待状态时，加到等待状态发生器的内部时钟将被关断，器件工作在省电状态。

（1）软件等待状态寄存器（SWWSR） 软件可编程等待状态发生器受 16 位软件等待状态寄存器（SWWSR）的控制，它是一个存储器映像寄存器，其数据空间的地址为 0028H。

'C54x 系列 DSP 的外部扩展程序空间和数据空间分别由两个 32K 字的存储块组成，I/O 空间由 64K 字块组成。这 5 个字块空间在 SWWSR 中都相应地有一个 3 位字段，用来定义各个空间插入等待状态的数目，如图 2-21 所示。

在 SWWSR 中，每 3 位字段规定的插入等待状态的最小数为 0（不插等待周期），最大数为 7（111B）。

SWWSR 0028H	15	14~12	11~9	8~6	5~3	2~0
	保留/XPA	I/O空间(64K字)	数据空间(高32K字)	数据空间(低32K字)	程序空间(高32K字)	程序空间(低32K字)
	R	R/$\overline{W}$	R/$\overline{W}$	R/$\overline{W}$	R/$\overline{W}$	R/$\overline{W}$

图 2-21　SWWSR

（2）等待状态发生器　对于'C549、'C5402、'C5410、'C5420 等器件，除了有个软件等待状态寄存器 SWWSR 外，还配有软件等待状态控制寄存器（SWCR），它位于内存映像寄存器的 002BH 处。图 2-22 为 SWCR 的结构。

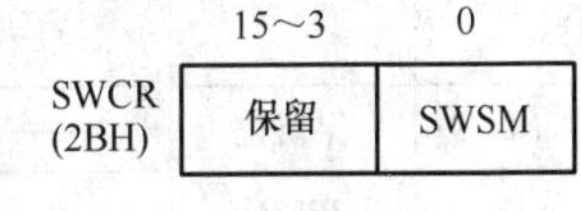

图 2-22　SWCR 的结构

SWSM 位用来确定扩展最大的等待周期。当 SWSM = 1 时，等待状态由扩展最大等待状态周期决定，可以达到 7 ~ 14 个机器周期。

需要说明的是，只有软件编程等待状态插入两个以上机器周期时，CPU 才在 CLKOUT 的下降沿检测外部 READY 信号。

2. 可编程分区转换逻辑

可编程分区转换逻辑允许'C54x 在外部存储器分区之间切换时，不需要外部为存储器插入等待状态。但当跨越外部程序或数据空间中的存储器分区界线寻址时，或在访问越过程序存储器到数据存储器时，可编程分区转换逻辑自动插入一个周期。

插入的附加周期可以使存储器在其他器件驱动总线之前先释放掉总线，从而防止总线竞争。分区转换由分区转换控制寄存器（BSCR）定义，该寄存器是一个存储器映像寄存器，地址为 0029H。BSCR 寄存器的组成如图 2-23 所示。

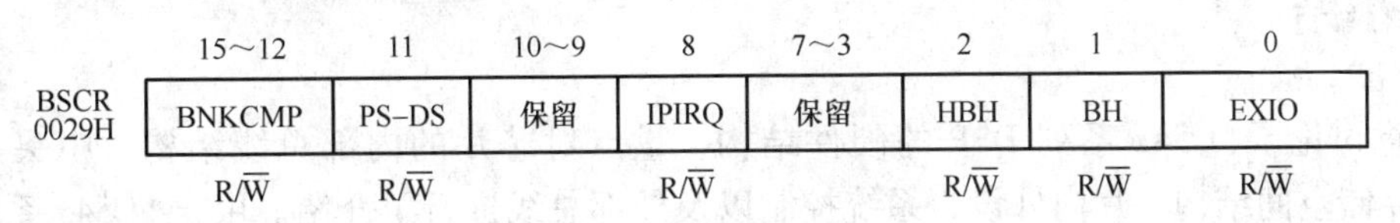

图 2-23　BSCR 寄存器的组成

BSCR 的各位功能见表 2-13。

表 2-13　BSCR 的各位功能

位	名称	复位值	功　能
15 ~ 12	BNKCMP	——	分区对黑位。用来屏蔽一个地址的高 4 位，定义外部存储器分区的大小，例如，如果是 BNKCMP = 1111B，则地址的最高 4 位被屏蔽掉，结果分区为 4K 字空间。分区的大小范围为 4 ~ 64K 字。BNKCMP 与分区大小的关系如下：

BNKCMP				屏蔽的最高有效位	分区大小/K 字
位 15	位 14	位 13	位 12		
0	0	0	0	—	64
1	0	0	0	15	32
1	1	0	0	15 ~ 14	16
1	1	1	0	15 ~ 13	8
1	1	1	1	15 ~ 12	4

（续）

位	名称	复位值	功 能
11	PS-DS	——	程序空间读数据空间寻址位，用来决定在连接运行程序读-数据或者数据读-程序读寻址之间是否插入一个额外的周期； PS－DS＝0，不插入，在这种情况下，除了跨越分区边界外，其他情况不插入额外机器周期 PS－DS＝1，插入一个额外的周期
10～9	保留位	——	
8	IPIRQ	——	CPU 处理器之间的中断请求位
7～3	保留位	——	
2	HBH	——	HPI 总线保持位
1	BH	0	总线保持器位。用来控制总线保持器： BH＝0，关断总线保持器，解除总线保持 BH＝1，接通总线保持器，数据总线保持在原先的逻辑电平
0	EXIO	0	关断外部总线接口位。用来控制外部总线： EXIO＝0，外部总线接口处于接通状态 EXIO＝1，关断外部总线接口。在完成当前总线周期后，地址总线、数据总线和控制总线信号均变成无效：A（15～0）保持原状态，D（15～0）为高阻状态，$\overline{PS}$、$\overline{DS}$、$\overline{IS}$、$\overline{MSTRB}$、$\overline{IOSTRB}$、R/$\overline{W}$、$\overline{MSC}$以及$\overline{IAQ}$为高电平。PMST 中的 DROM、MP/$\overline{MC}$和 OVLY 位以及 ST1 中的 HM 位都不能被修改

2.8 小结

本章讨论了'C54x 系列 DSP 的硬件结构，重点对芯片的内部总线结构、中央处理器 CPU、存储空间结构、片内外设、系统控制以及外部总线进行了介绍。由于'C54x 系列 DSP 完善的体系结构，并配备了功能强大的指令系统，使得芯片处理速度快、适应性强。同时，芯片采用了先进的集成电路技术以及模块化设计，使得芯片功耗小、成本低，在移动通信等实时嵌入系统中得到了广泛的应用。

思考题与习题

1. 'C54x 系列 DSP 的基本结构都包括哪些部分？
2. 'C54x 系列 DSP 的 CPU 主要由哪几部分组成？
3. 'C54x 系列 DSP 的片内外设主要包括哪些电路？
4. 'C54x 系列 DSP 的流水线操作是怎么组成的？为什么会产生流水线冲突？
5. 'C54x 系列 DSP 有哪些存储空间？
6. 'C54x 系列 DSP 的中断操作有哪几种类型？说明中断处理过程？
7. TMS320C5402 外部数据总线由哪些构成，外部总线如何管理数据传输？

第 3 章　DSP 的集成开发环境 CCS

代码调试器（Code Composer Studio，CCS）是 TI 公司推出的一种针对 TMS320 系列 DSP 芯片的集成开发环境，它可以运行在 Windows 操作系统下，将 DSP 工程项目管理、源代码的编辑、目标代码的生成、调试和分析都打包在一个环境中，使其可以基本涵盖软件开发的每一个环节，极大地方便了 DSP 芯片的开发与设计，是目前使用最广泛的 DSP 开发软件之一，所有 TI 公司的 DSP 芯片都可以在该环境里进行开发。

3.1　CCS 简介

CCS 工作在 Windows 操作系统下，类似于 VC ++ 的集成开发环境，采用图形接口界面，有编辑工具和工程管理工具，集编辑、编译、链接、软件模拟、硬件仿真调试以及实时跟踪等功能于一体，支持汇编语言与 C 语言及两者的混合编程。CCS 集成开发环境是目前使用最为广泛的 DSP 开发软件之一。

CCS 有两种工作模式：①软件模拟器模式，即脱离 DSP，在 PC 上模拟 DSP 的指令集和工作机制，主要用于前期算法实现和调试；②硬件在线编程模式，即实时运行在 DSP 上，与硬件开发板相结合在线编程和调试应用程序。

3.1.1　CCS 的组成

在 Windows 操作系统下，CCS 采用图形接口界面，提供环境配置、源文件编辑、程序调试、跟踪和分析等工具。另外，CCS 还提供了基本的代码生成工具，它们具有一系列的调试、分析能力。CCS 支持如图 3-1 所示的开发周期的所有阶段。

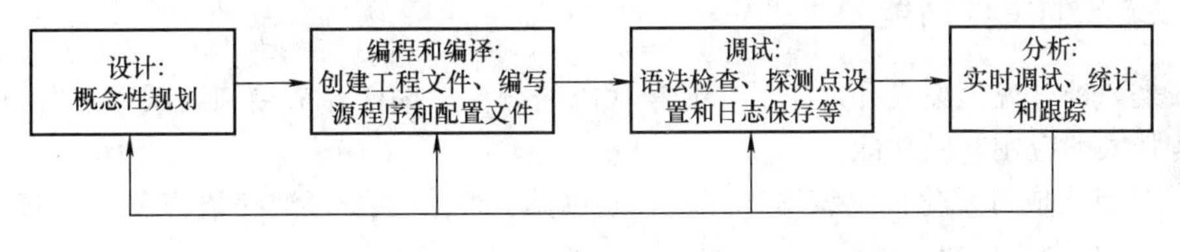

图 3-1　CCS 开发周期

目前，CCS 常用的版本有 CCS 2.0、CCS 2.2、CCS 3.1 和 CCS 3.3，又有 CCS 2000（针对 C2xx），CCS 5000（针对 C54xx）和 CCS 6000（针对 C6x）3 个不同的型号。其中，CCS 2.2 是一个分立版本，也就是每一个系列的 DSP 都有一个 CCS 2.2 的开发软件，分为 CCS 2.2 for C 2000，CCS 2.2 for C 5000，CCS 2.2 for C 6000。而 CCS 3.1 和 CCS 3.3 是一个集成版本，支持全系列的 DSP 开发。本书介绍 CCS 2.2。

在一个开放式的插件（Plug-In）结构下，CCS 内部集成了以下软件工具：

1）代码生成工具（包括 DSP 的 C/C ++ 编译器、汇编器、链接器和建库工具等）。

2）CCS 集成开发环境（包括编辑工具、工程管理工具和调试工具等）。

3）DSP/BIOS 实时内核插件及其应用程序接口（API）。

4）实时数据交换的 RTDX 插件和及其应用程序接口（API）。

5）由 TI 公司以外的第三方提供的应用模块插件。

CCS 的构成及其在主机和目标系统中的接口如图 3-2 所示。

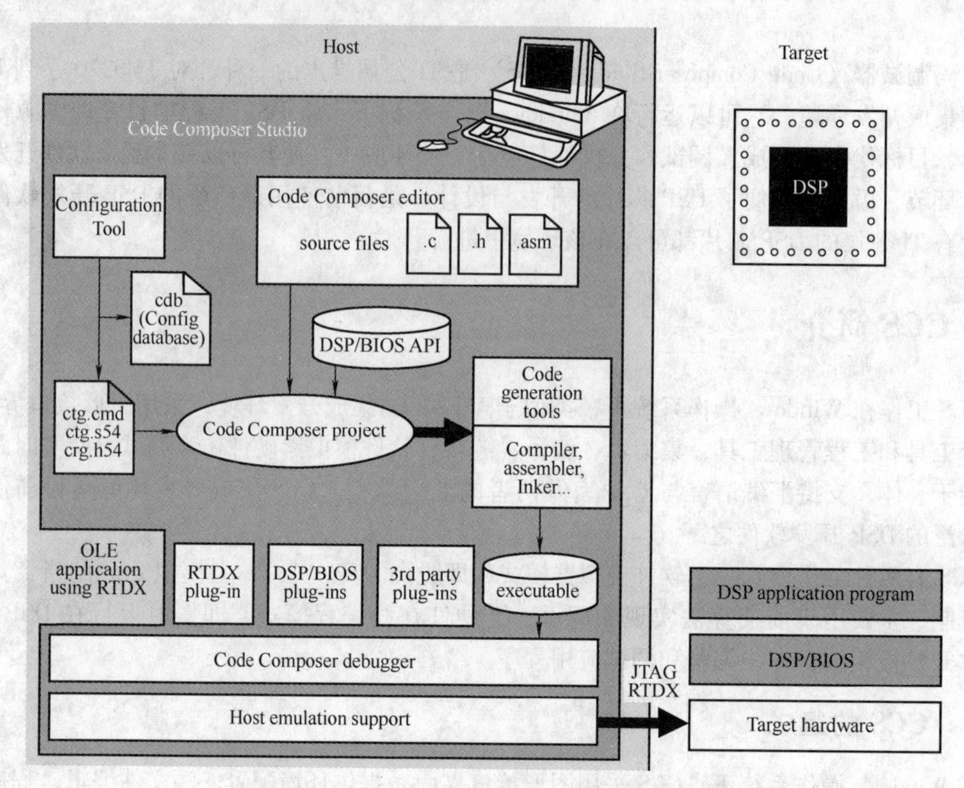

图 3-2　CCS 的构成及其在主机和目标系统中的接口

3.1.2　CCS 的主要功能

CCS 是一种可视化集成开发工具，它集代码的编辑、编译、链接和调试等诸多功能于一体，具有强大的应用开发功能。

（1）具有集成可视化代码编辑界面，可通过其界面直接编写汇编语言和 C 程序、. h 头文件和 . cmd 命令文件等。

（2）含有集成代码生成工具，包括 DSP 的汇编器、优化 C 编译器、链接器等，能够将代码的编辑、编译、链接和调试等诸多功能集成到一个软件环境中。

（3）具有各种调试工具，包括加载执行文件（. out 文件）、运行、单步操作、设置断点、查看寄存器、存储器、反汇编、变量窗口，评估程序的执行时间等功能，支持 C 源代码级调试，并支持多 DSP 的调试。

（4）断点和探针工具，断点工具能在程序调试过程中完成硬件断点、软件断点和条件断点的设置；探针工具可将 PC 数据文件中的数据传送到 DSP，或者将 DSP 中的数据传送到 PC 数据文件中，以便实现各种算法仿真和数据监视。

（5）图形显示工具，可以将 DSP 程序生成的数据绘制成时域/频域图、眼图、星座图和图像等，以便于观察和分析，并能进行自动刷新。

（6）提供通用扩展语言（General Extension Language，GEL）工具，利用GEL，用户可以编写自己的控制面板/菜单，设置GEL菜单选项，方便直观地修改变量，配置参数等。

（7）提供DSP/BIOS工具，增强了对代码的实时分析能力（如分析代码执行的效率）、调度程序执行的优先级、方便管理或使用系统资源（代码数据占用空间、中断服务程序的调用、定时器使用等），从而减少开发人员对硬件资源熟悉程序的依赖性。

（8）支持实时数据交换（Real-Time Data Exchange，RTDX）技术，可以在不中断目标系统运行的情况下，实现DSP与其他应用程序的数据交换，为用户提供实时和连续的可视环境，看到系统工作的真实过程。

（9）开放式的插入架构技术，只需安装相应的驱动程序，就能够集成第三方的专业插件。

（10）高性能编辑器支持汇编文件的动态语法加亮显示，使用户很容易阅读代码，发现语法错误。

（11）工程项目管理工具可对用户程序实行项目管理。在生成目标程序和程序库的过程中，建立不同程序的跟踪信息，通过跟踪信息对不同的程序进行分类管理。

可见，CCS具有实时、多任务、可视化的软件开发特点，已经成为TI公司DSP家族的程序设计、制作、调试、优化的利器。

3.2 CCS的安装及功能介绍

DSP应用程序的开发通常需要软件开发环境和硬件平台。软件开发环境为CCS，硬件平台由仿真器和目标板组成。仿真器的作用是将目标板和计算机连接起来，使得开发人员可以在CCS环境下对目标板上的DSP进行编程、烧写和调试等工作，而目标板是指各个公司设计的具有DSP芯片的开发板或者是用户自己设计的具有DSP芯片的电路板。

3.2.1 CCS的安装

在本书中，由于使用的是TMS320C54x系列DSP，CCS软件版本为CCS V2.2，因此下面介绍CCS V2.2（'C5000）的安装。

在使用CCS之前，必须完成下述工作：

1）CCS软件的安装。

2）USB仿真器驱动程序的安装。

3）运行Setup CCS，配置目标器件和仿真器型号。

本节主要介绍CCS的安装和驱动程序的安装，下一节将介绍目标器件的配制方法。

1. CCS软件的安装

CCS软件的安装步骤如下：

1）单击安装文件包里的“Setup. exe”图标，会出现如图3-3所示的开始界面。

2）单击“Next”会出现提示框，单击“确定”按钮即可，如图3-4所示。

3）在随后出现的界面中，单击“Yes”并单击“Next”，在下一个界面中再次单击“Next”，出现图3-5所示界面。

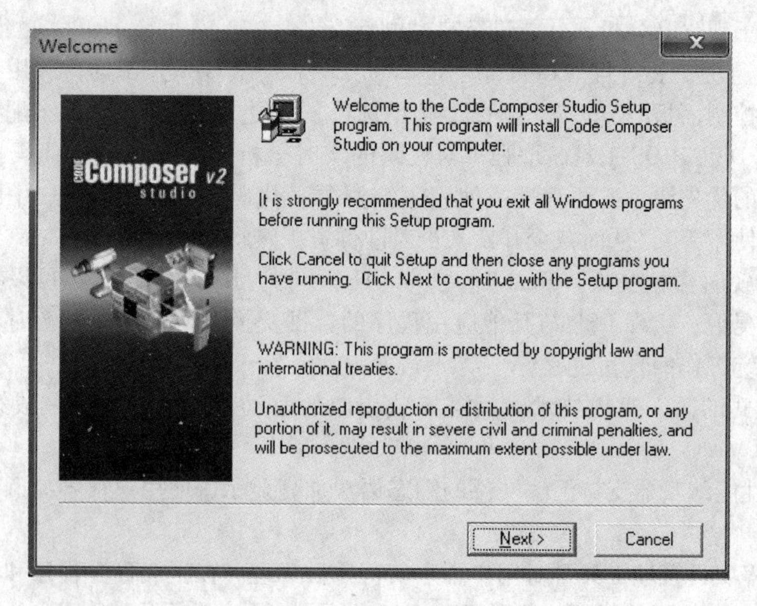

图 3-3 CCS 开始界面

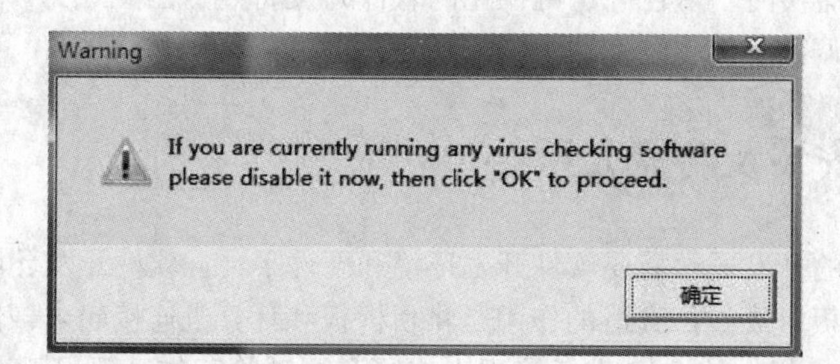

图 3-4 CCS 警告界面

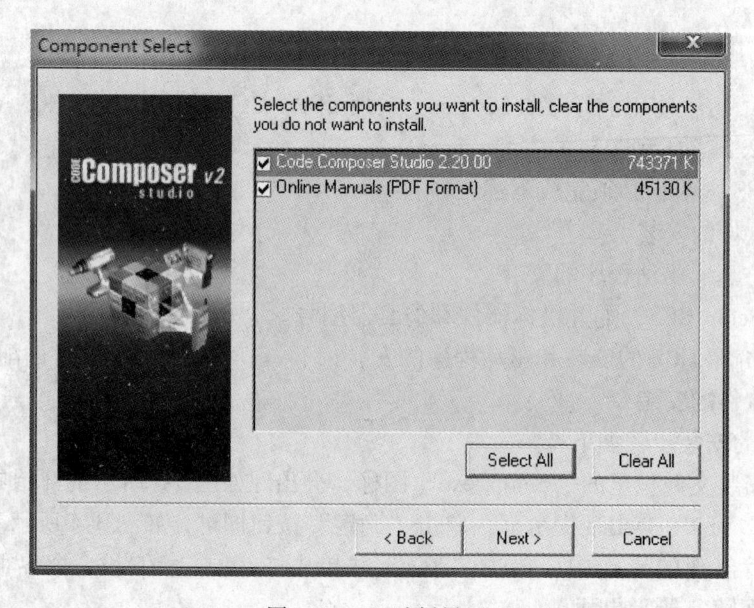

图 3-5 CCS 选择界面

4）在图 3-5 所示界面中单击“Select All”按钮之后单击“Next”，出现图 3-6 所示 CCS 安装目录选择界面。建议用户将 CCS 安装在默认目录“c：\ ti”中，选择之后单击“Next”按钮。

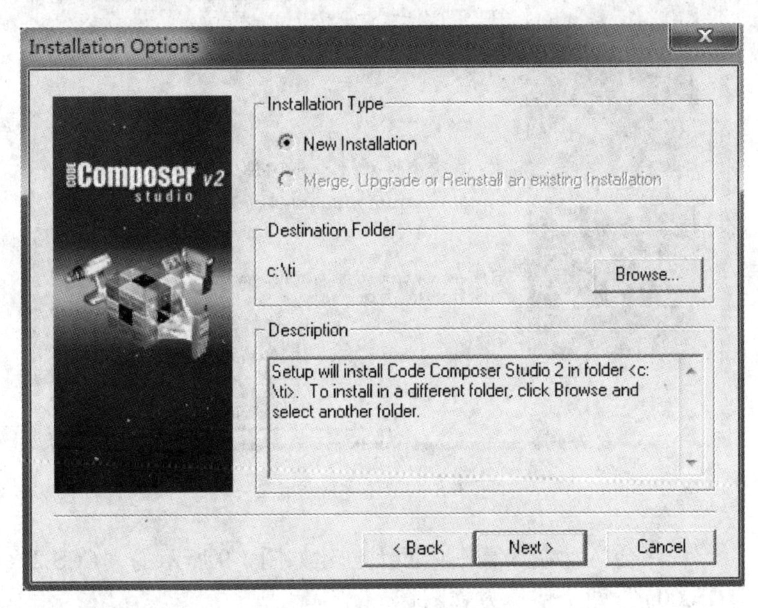

图 3-6　CCS 安装目录选择界面

5）继续单击“Next”，直到出现图 3-7 所示 CCS 安装界面。

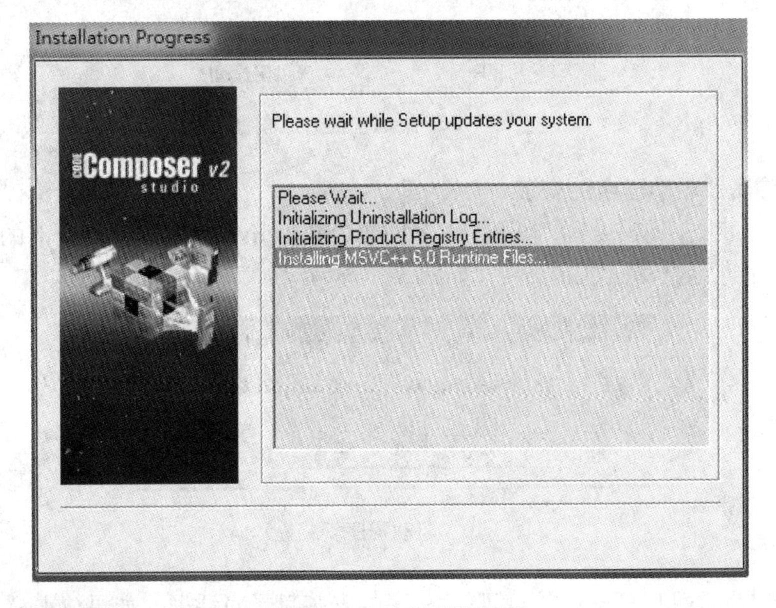

图 3-7　CCS 安装进程界面

6）等待一段时间后，单击“Finish”完成安装。

7）完成上一步之后，会出现如图 3-8 所示安装完成界面，这时会提示是否重启计算机，单击“Yes”之后等待计算机重启。

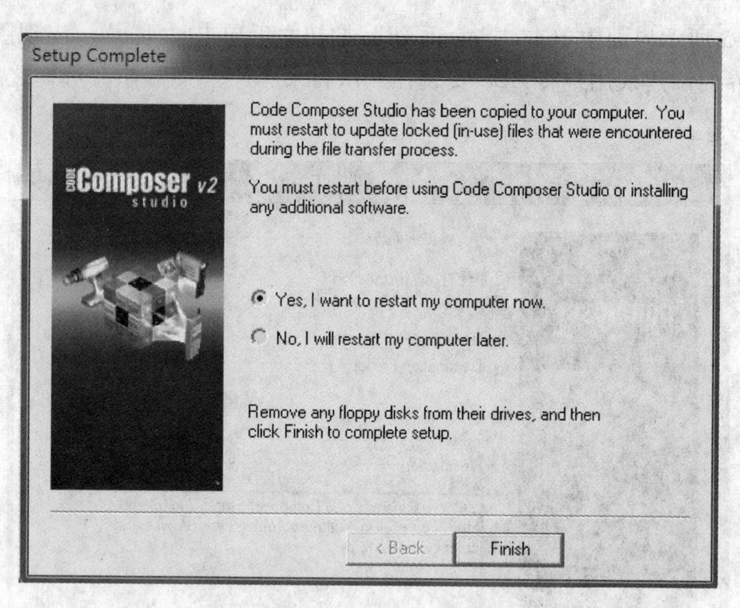

图3-8　安装完成界面

8）重启之后，程序会自动在计算机桌面上创建如图3-9所示的“CCS 2（'C5000）”和“Setup CCS 2（'C5000）”两个快捷方式图标。

图3-9　CCS桌面快捷方式图标

2. USB仿真器驱动程序的安装

首先打开安装文件包中的驱动程序目录下的USB_ driver，运行其目录下的Setup. exe程序，按照其提示进行驱动程序的安装，如图3-10所示。

图3-10　驱动程序安装提示

图3-10的提示窗口是进行选择其驱动程序的安装目录对话框。如果单击“是”，则安装在C：\TI目录下，一般情况下不安装在这个目录下，而是要安装在CCS安装的目录下；单击“否”，则对安装目录进行设置，如图3-11所示。

单击“Browse”选择安装目录，建议安装在CCS软件安装的目录下。选择好安装目录后，依照提示信息完成其驱动程序的安装。

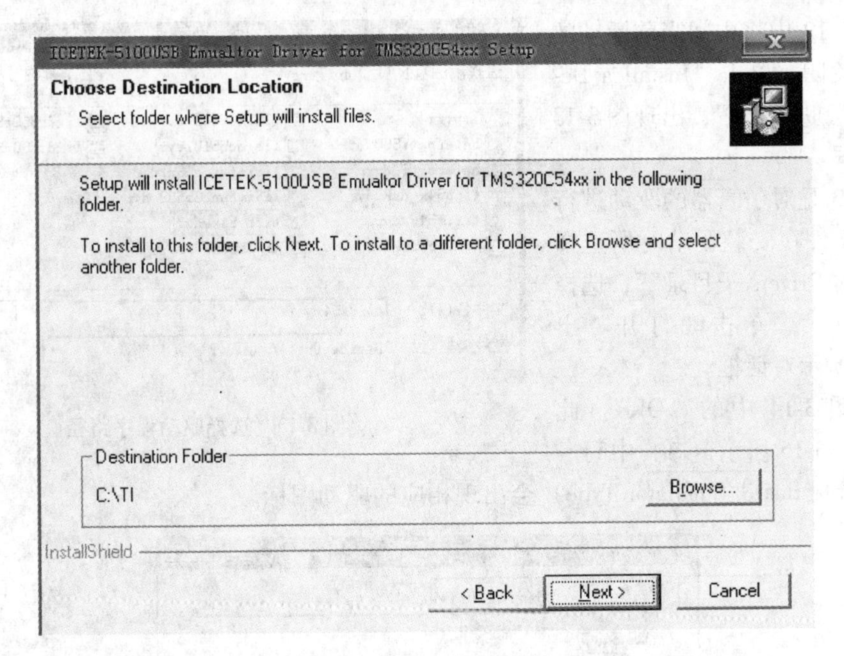

图3-11　安装路径设置界面

3.2.2　CCS的配置

第一次使用CCS前，必须对CCS进行配置，选择需要使用的DSP开发平台。若需要使用新的DSP开发平台时，可以重新对CCS进行相应的配置。配置时双击桌面上的“Setup CCS 2（'C5000）”快捷方式图标，启动CCS配置程序。

根据实际应用确定DSP开发平台后，在该软件的“Family”下拉列表框中选择相应的目标DSP系列，通过“Platform”下拉列表框选择开发平台，在“Available Factory Boards”的列表中选择需要的配置，双击或拖动到左侧“System Configuration”系统配置区域即可，如图3-12所示。

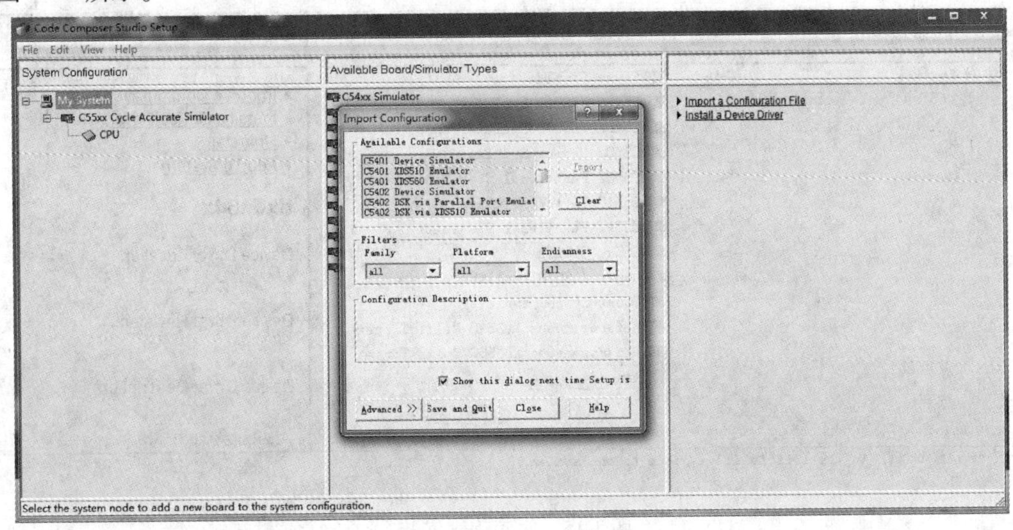

图3-12　“Setup CCS V2.2”CCS配置窗口

在图 3-12 中将中间当前活动的对话窗口关闭，单击“Install a Device Driver”进行设置，出现图 3-13 所示对话框。

图 3-13 是对仿真器的驱动进行选择，其文件在安装驱动时所选择的目录下的 Drivers 子目录下，选择“tixds54x. dvr”，单击“打开”出现图 3-14 所示对话框。

单击图 3-14 中的“OK”。此时，出现图 3-15 所示窗口，中间一栏（Available Board/Simulator Type）会出现相应的驱动图标。

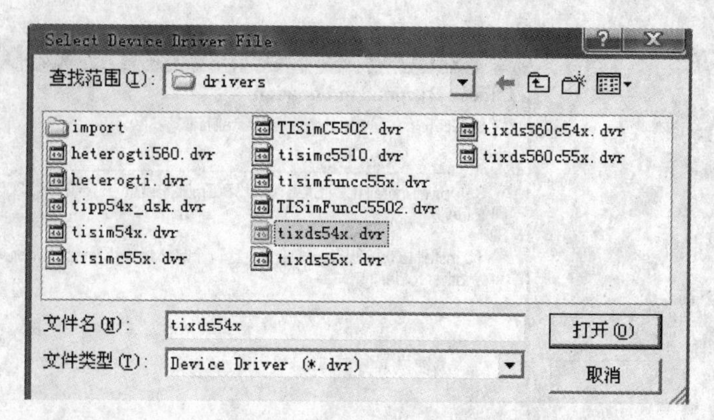

图 3-13 选择驱动程序路径

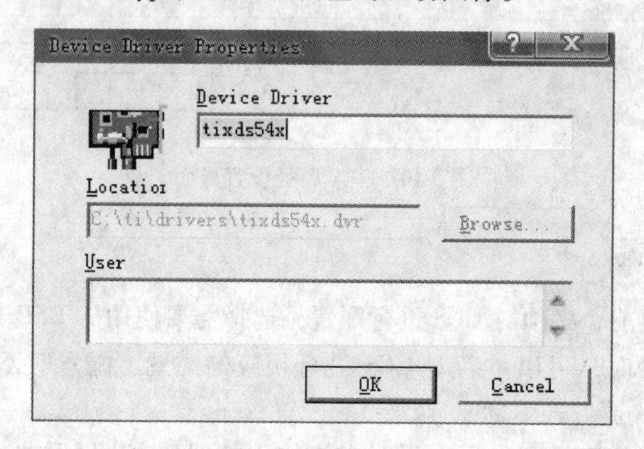

图 3-14 驱动程序选择

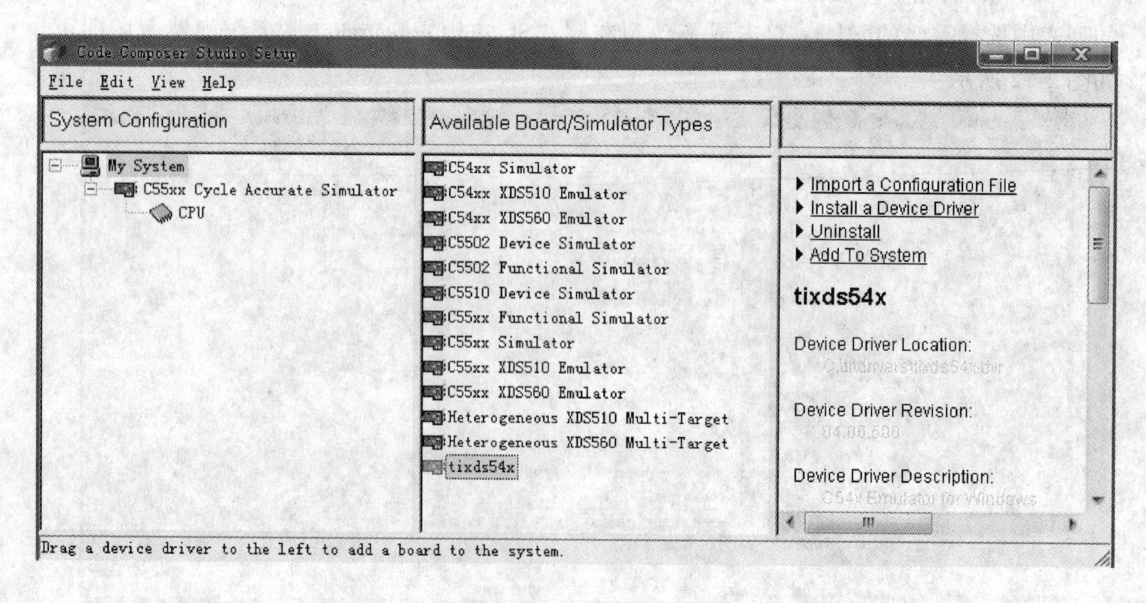

图 3-15 驱动程序安装

把该图标拖动到最左边的“System Configuration”一栏，则会出现“Board Properties”对话框，如图 3-16 所示。

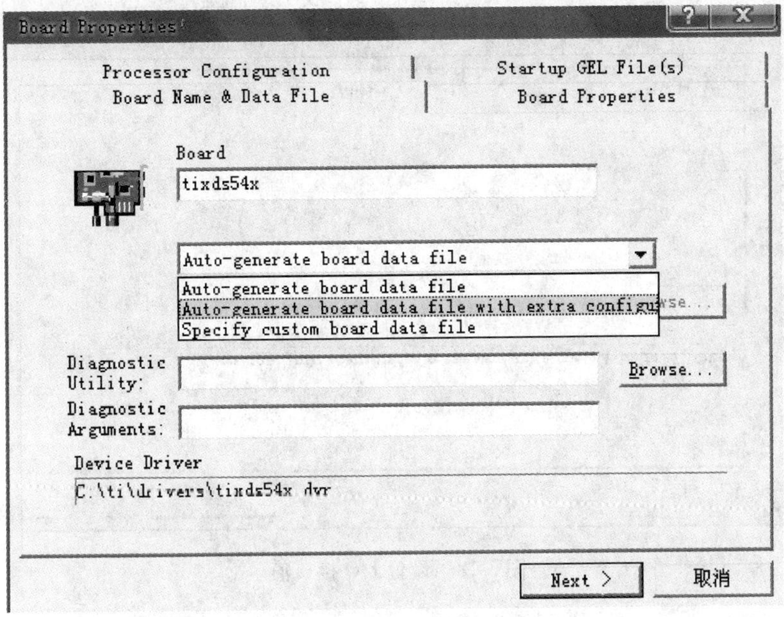

Board Properties

Processor Configuration | Startup GEL File(s)
Board Name & Data File | Board Properties

Board
tixds54x

Auto-generate board data file
Auto-generate board data file
Auto-generate board data file with extra configu
Specify custom board data file
Browse...

Diagnostic Utility:
Browse...
Diagnostic Arguments:

Device Driver
C:\ti\drivers\tixds54x dvr

Next >　取消

图 3-16　驱动程序设置

如图 3-16 所示，在第一项下拉菜单中选择中间一条“Auto-generate board data file with extra configuration”。在第二项“Configuration File”中选择“Browse”，出现图 3-17 所示对话框。

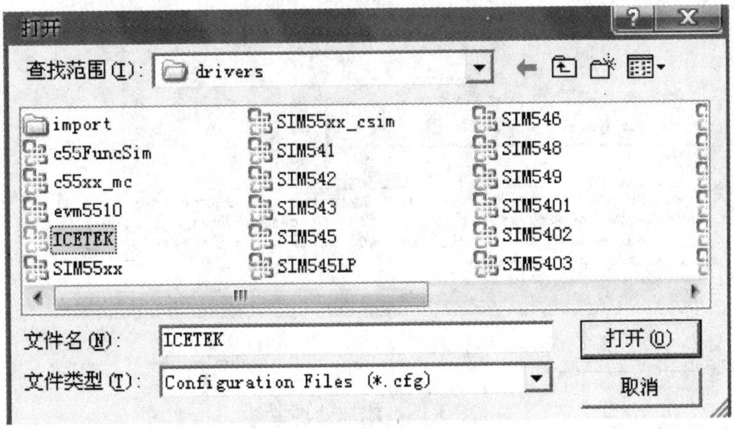

打开

查找范围(I): drivers

import　SIM55xx_csim　SIM546
c55FuncSim　SIM541　SIM548
c55xx_mc　SIM542　SIM549
evm5510　SIM543　SIM5401
ICETEK　SIM545　SIM5402
SIM55xx　SIM545LP　SIM5403

文件名(N): ICETEK　打开(O)
文件类型(T): Configuration Files (*.cfg)　取消

图 3-17　选择配置文件

选择图 3-17 中的“ICETEK”文件，该文件在 CCS 软件目录“drivers”子目录下。单击“Next”出现如图 3-18 所示的界面。

将图 3-18 中硬件仿真器的 I/O 接口值改为“0x000”，再单击“Next”，继续进行设置则会出现“Processor Configuration”对话框，如图 3-19 所示。

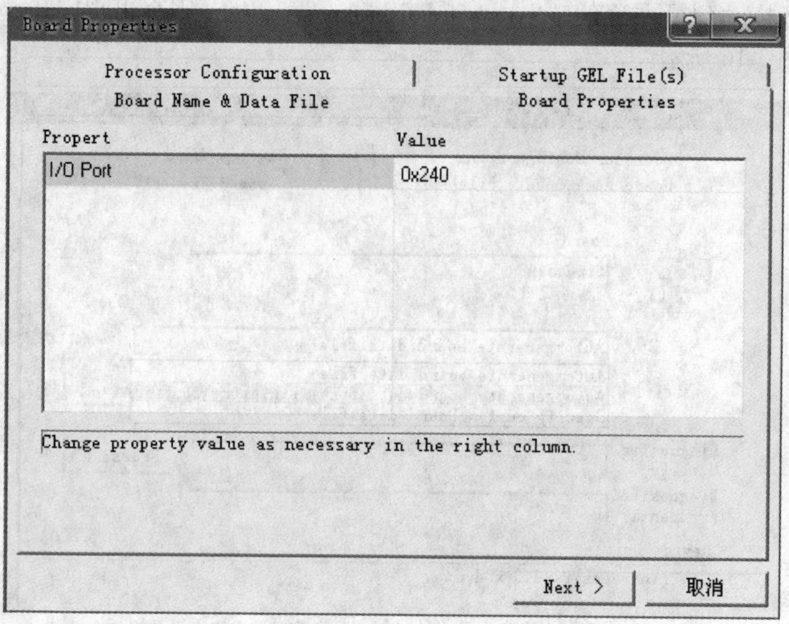

图 3-18 设置 I/O 接口值

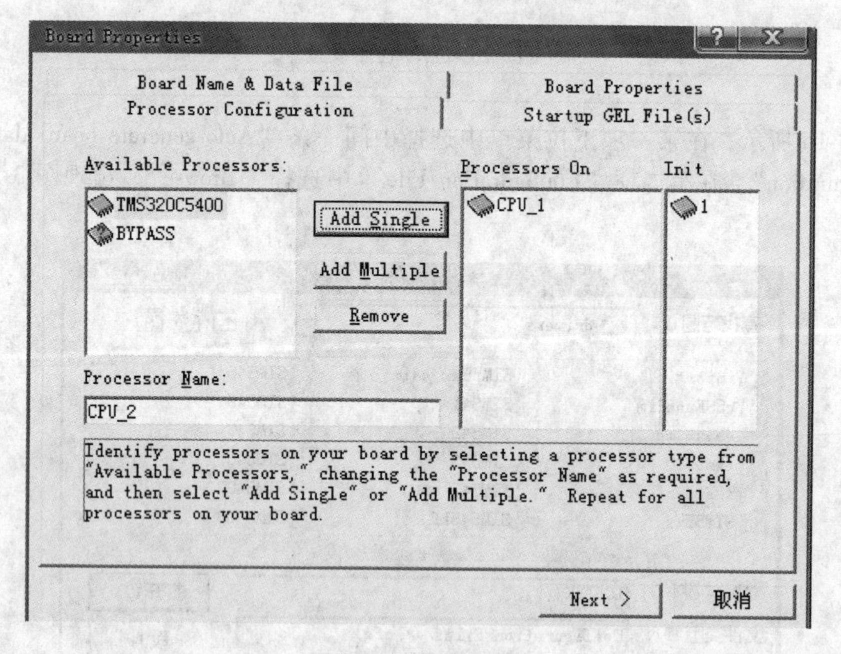

图 3-19 添加处理器

在“Processor Configuration”对话框下，在“Available Processor”选项中选择“TMS320C5400”，然后单击“Add Single”，右边出现 CPU—1 图标，单击“Next”，出现如图 3-20 所示对话框。

单击图 3-20 中椭圆所表示的位置，对 CPU 所对应的 GEL 文件进行选择，出现如图 3-21 所示对话框。

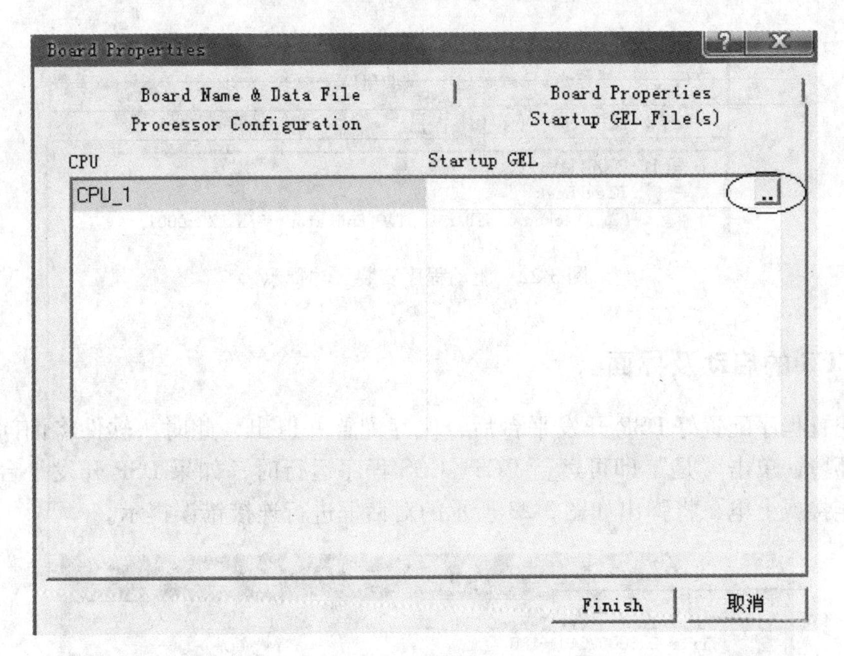

图 3-20 选择 GEL 文件

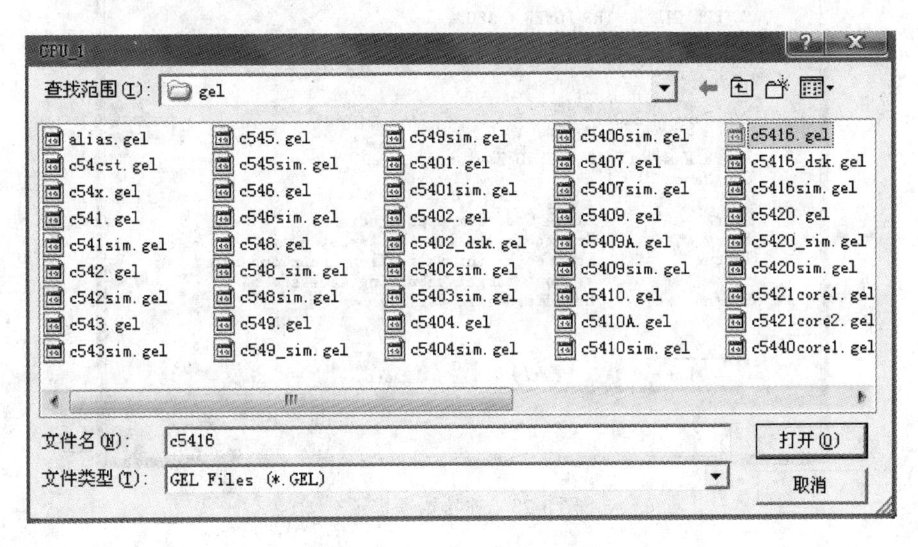

图 3-21 GEL 文件选择路径

在本书涉及的实验中，均使用 TMS320C5416，因此在图 3-21 中选择“c5416.gel”文件，这个文件也在安装驱动程序所选的目录下的 gel 子目录下。单击“打开”，单击“Finish”完成其设置。对其设置进行保存后，退出其配置程序。

设置完成后，将仿真器与计算机通过 USB 电缆连接起来，此时计算机会提示找到新的硬件，如果提示要安装驱动，则按照计算机的安装向导安装 USB 驱动目录下 USBDevice 文件夹里的 mdpjtag.inf 驱动文件。

计算机如果找到驱动程序，则在设备管理器里会出现一个红色的仿真器图标，如图 3-22 所示。

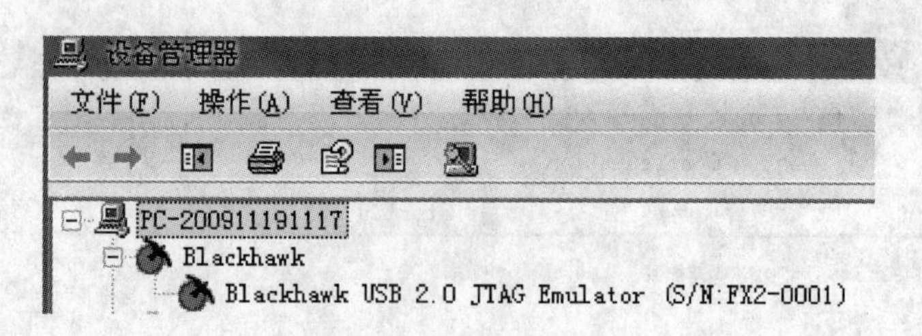

图 3-22 驱动程序安装成功提示

3.2.3 CCS 的启动及界面

CCS 配置程序配置好 DSP 开发平台后，保存配置并退出，此时，软件将询问是否进入 CCS 开发环境，单击“是”即可运行 CCS。CCS 程序运行时，如果 DSP 开发平台没有和计算机正确连接或上电，将弹出如图 3-23 所示的对话框进行连接错误提示。

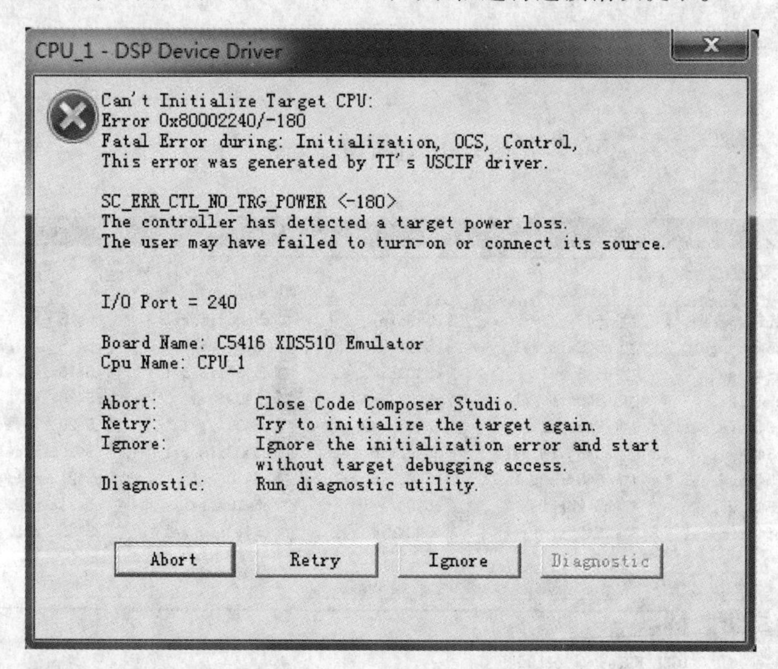

图 3-23 连接错误提示

单击“Retry”按钮，可以重新检测已配置的 DSP 开发平台；单击“Abort”按钮，可以终止运行 CCS；单击“Ignore”按钮，将忽略不能连接的开发平台进入 CCS。

当 CCS 配置程序配置两个以上开发平台时，CCS 启动后显示如图 3-24 所示 CCS 并行调试管理器界面。

在 CCS 并行调试管理器界面的“Open”菜单中选择需要运行的开发平台，如选择“C5416 Device Simulator/CPU”，则可进入面向该开发平台的 CCS，如果开发平台连接正确，则会出现如图 3-25 所示的 CCS

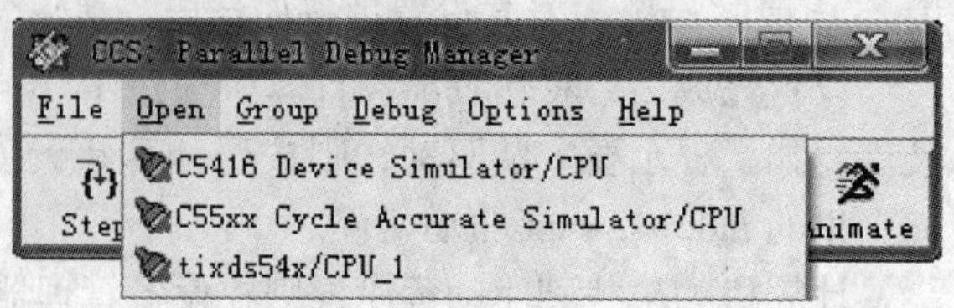

图 3-24 CCS 并行调试管理器界面

V2. 2 界面。

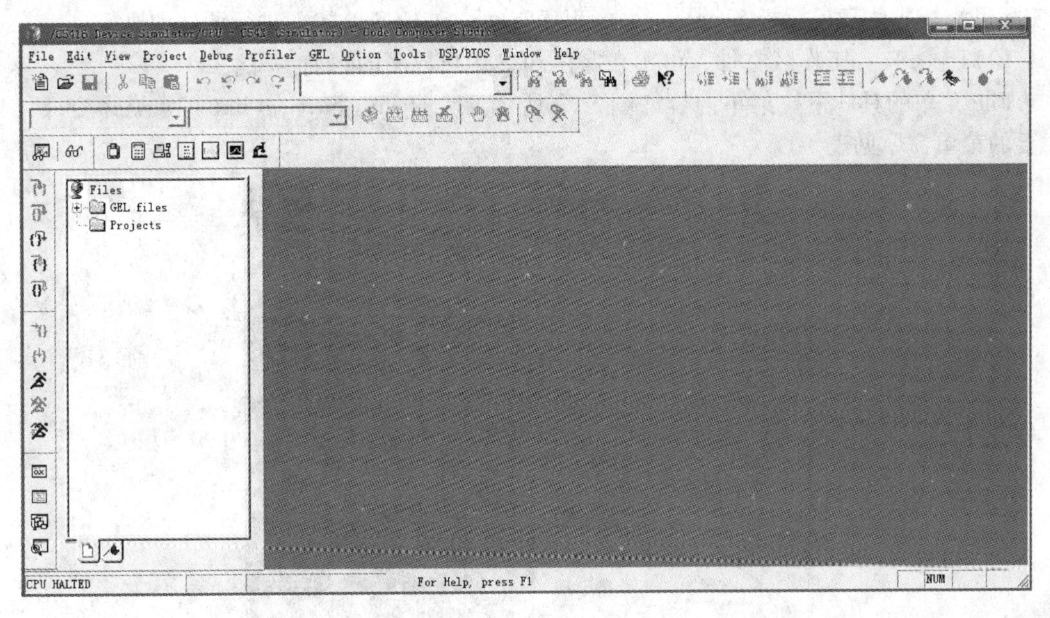

图 3-25　连接开发平台成功后的 CCS V2. 2 界面

3. 2. 4　CCS 菜单

CCS 应用界面最上方的一行为 CCS 的菜单栏，它包含 12 个菜单，每个菜单的下拉菜单中又包含多个子菜单，这些子菜单分别用来执行相应的 CCS 功能命令，如图 3-26 所示。

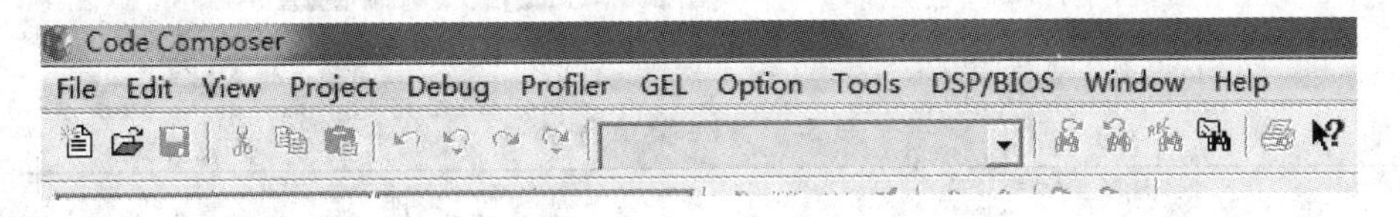

图 3-26　CCS 的菜单栏

下面分别介绍各个菜单的功能和使用方法。

1. File 菜单

File 菜单提供了与文件操作相关的命令，CCS 在使用过程中所要用到的文件类型有以下几种：

1） *. pjt：CCS 定义的工程文件，管理 DSP 程序相关的所有文件和编译链接选项。

2） *. c 或 *. cpp：C/C ++ 语言编写的源程序文件。

3） *. h：C/C ++ 语言程序的头文件，包括 DSP/BIOS API 模块的头文件。

4） *. asm：汇编语言编写的源程序文件。

5） *. lib：库文件。

6） *. cmd：链接命令文件，对 DSP 的存储空间进行配置。

7） *. cdb：CCS 的配置数据库文件，是使用 DSP/BIOS API 模块所必需的。

8） *. obj：由源文件经编译汇编后生成的目标文件，是 COFF 文件。

9）＊. out：完成编译、汇编、链接后所形成的可执行的 COFF 文件，可加载到目标 DSP（实际目标板或仿真目标板 Simulator）的程序空间，在 CCS 监控下进行调试和执行。

10）＊. wks：工作区文件，可用来保存 CCS 用户界面的当前信息。

File 菜单的具体下拉菜单内容如图 3-27 所示，除 Open、Save、Print 等常见命令外，其主要的菜单命令见表 3-1。

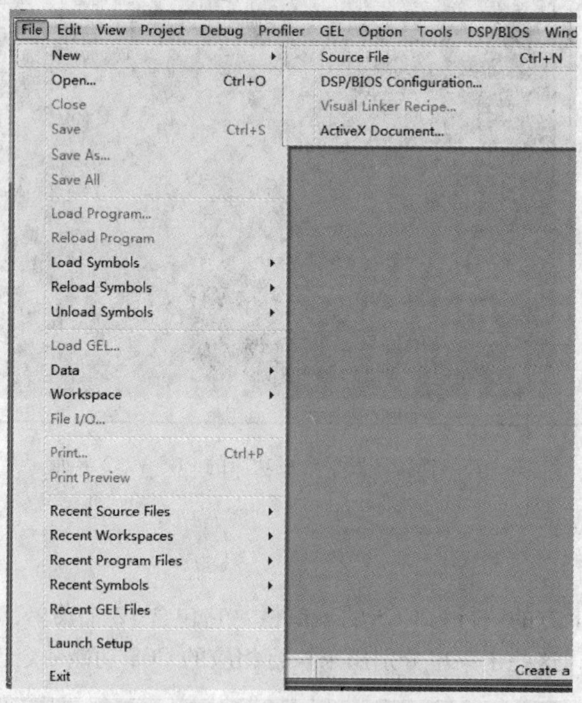

图 3-27　File 菜单的具体下拉菜单内容

表 3-1　File 菜单命令

菜单命令		功　能
New	Source File	新建一个源文件，包括扩展名为＊. c、＊. asm、＊. h、＊. cmd、＊. gel、＊. map、＊. inc 等文件
	DSP/BIOS Configuration	新建一个 DSP/BIOS 配置文件
	Visual Linker Recipe	打开一个 Visual Linker Recipe 向导
Load Program		将 DSP 可执行的 COFF 文件（＊. out）中的数据和符号加载到目标 DSP（实际目标板或仿真目标板 Simulator）中
Reload Program		重新加载可执行的 COFF 文件
Load	Symbols	当调试器不能或无须加载目标代码（如目标代码存放于 ROM 中）时，仅将符号信息加载到目标板
	GEL	加载通用扩展语言文件到 CCS 中，在调用 GEL 函数之前，应将包含该函数的 GEL 文件加入 CCS 中，从而将 GEL 函数先调入内存。当加载的文件修改后，应先卸掉该文件，再重新加载该文件，从而使修改生效
Data	Load	将主机文件中的数据加载到目标 DSP，可以指定存放的地址和数据长度
	Save	将目标 DSP 存储器中的数据保存到主机上的文件中，该命令和 Data→Load 是一个相反的过程

（续）

菜单命令		功　能
Workspace	Load Workspace	装入工作空间
	Save Workspace	保存当前的工作变量，即工作空间，如父窗、子窗、断点、探测点、文件输入/输出、当前的工程等
	Save Workspace As	用另外一个名字保存工作空间
File I/O		CCS 允许 PC 文件和目标 DSP 之间传输数据。File I/O 功能应与 Probe Point 配合使用。Probe Point 将告诉调试器在何时从 PC 文件中输入或输出数据 File I/O 功能并不支持实时数据交换，实时数据交换应使用 RTDX

2. Edit 菜单

Edit 菜单提供的是与编辑相关的命令，其具体下拉菜单内容如图 3-28 所示，除了 Undo、Redo、Cut、Copy、Delete、Paste、Paste 和 Find 等常用的文件编辑命令外，还有表 3-2 所示编辑命令。

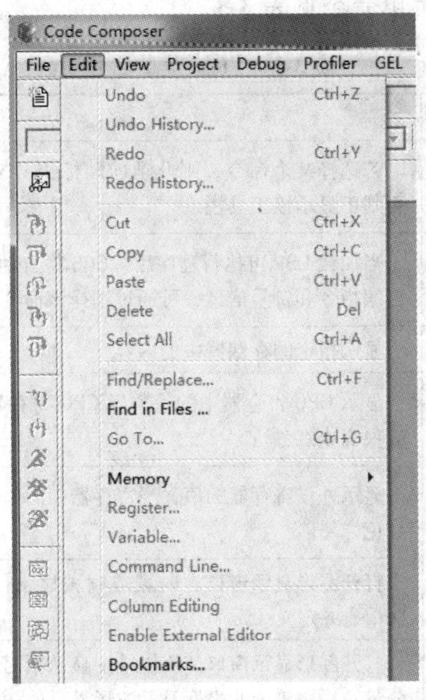

图 3-28　Edit 菜单的具体下拉菜单内容

表 3-2　Edit 菜单命令

菜单命令		功　能
Find in Files		在多个文本文件中查找特定的字符串或表达式
Go To		快速定位并跳转到源文件中的某一指定的行或书签处
Memory	Edit	编辑存储器的某一存储单元
	Copy	将某一存储块的数据（利用起始地址和长度）复制到另一存储块中
	Fill	将某一存储块全部填入一个固定的值
	Patch Asm	在不重新编译程序的情况下，直接修改目标 DSP 中可执行程序指定地址的汇编代码

（续）

菜 单 命 令	功 能
Register	编辑指定寄存器（CPU 寄存器和外设寄存器）的值。由于 Simulator 不支持外设寄存器，因此不能在 Simulator 下监视和管理外设寄存器的内容
Variable	修改某一变量值，包括 CPU 寄存器和外设寄存器。由于 Simulator 不支持外设寄存器，因此不能在 Simulator 下监视和管理外设寄存器的内容
Command Line	可以方便地输入表达式和执行 GEL 函数
Column Editing	选择某一矩形区域内的文本进行列编辑（剪切、复制及粘贴等）
Bookmarks	在源文件中定义一个或多个书签便于快速定位。书签被保存在 CCS 的工作区间（Workspace）内以便随时被查找到

3. View 菜单

在 View 菜单中，可以选择是否显示各种工具栏和各种窗口，View 菜单的具体下拉菜单内容如图 3-29 所示，主要的菜单命令见表 3-3。

表 3-3 View 菜单命令

<table>
<tr><th colspan="2">菜 单 命 令</th><th>功 能</th></tr>
<tr><td colspan="2">Standard Toolbar</td><td>若选择某个命令，则此项前端标记“√”，表示在 CSS 界面显示该工具栏，否则不显示该工具栏</td></tr>
<tr><td colspan="2">Disassembly</td><td>当加载 DSP 可执行程序后，CCS 将自动打开一个反汇编窗口，显示相应的反汇编指令和符号信息，可通过选择该命令来显示或关闭反汇编窗口</td></tr>
<tr><td colspan="2">Memory</td><td>显示指定的存储器中的内容</td></tr>
<tr><td rowspan="2">Registers</td><td>CPU Registers</td><td>显示 CPU 寄存器中的值，当 CPU 寄存器中的值发生变化时，显示窗口中对应项变成红色</td></tr>
<tr><td>Peripheral Regs</td><td>显示外设寄存器的值，当寄存器中的值发生变化时，显示窗口中对应项变成红色</td></tr>
<tr><td rowspan="4">Graph</td><td>Time/Frequency</td><td>打开图形显示窗口在时域或频域显示信号波形。显示缓冲的大小由 Display Data Size 定义</td></tr>
<tr><td>Constellation</td><td>打开图形显示窗口使用星座图显示信号波形。输入信号被分解为 X、Y 两个分量，采用笛卡儿坐标显示波形显示的缓冲大小由 Constellation Points 定义</td></tr>
<tr><td>Eye Diagram</td><td>打开图形显示窗口使用眼图来量化信号失真度。在指定的显示范围内，输入信号被连续叠加并显示为类似眼睛的形状</td></tr>
<tr><td>Image</td><td>打开图形显示窗口使用 Image 图显示图像数据，测试图像处理算法。图像数据基于 RGB 或 YUV 数据流显示</td></tr>
<tr><td colspan="2">Watch Window</td><td>打开观察窗口通过该窗口检查和编辑变量或 C 表达式，可以以不同格式显示变量值，还可显示数组、结构体变量或指针等包含多个元素的变量</td></tr>
<tr><td colspan="2">Quick Watch</td><td>打开一个快速观察窗口</td></tr>
<tr><td colspan="2">Call Stack</td><td>检查所调试程序的函数调用情况。此功能调试 C 程序时有效</td></tr>
<tr><td colspan="2">Expression List</td><td>所有的 GEL 函数和表达式都采用表达式求值程序来估值</td></tr>
<tr><td colspan="2">Mixed Sourse/ASM</td><td>选择该命令，CCS 同时显示 C 语言代码及与之对应的汇编代码</td></tr>
</table>

4. Project 菜单

Project 菜单的具体下拉菜单内容如图 3-30 所示，Project 菜单命令和功能见表 3-4。

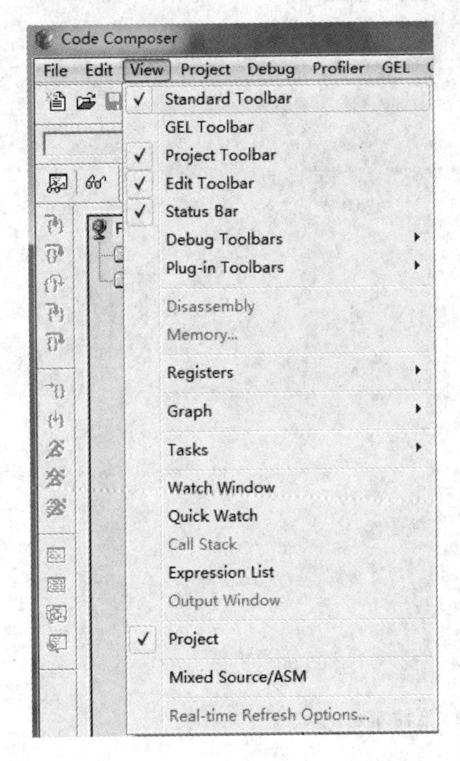

图 3-29　View 菜单的具体下拉菜单内容

Project Debug Profiler GEL Option
New...
Open...
Add Files to Project...
Save
Close
Use External Makefile...
Export to Makefile...
Source Control
Compile File
Build
Rebuild All
Stop Build
Build Clean
Configurations...
Build Options...
File Specific Options...
Project Dependencies...
Show Project Dependencies
Show File Dependencies
Scan All File Dependencies
Recent Project Files

图 3-30　Project 菜单的具体下拉菜单内容

表 3-4　Project 菜单命令

菜单命令	功　能
New	建立新的工程
Open	打开已有的工程文件
Add Files to Project	CCS 根据文件的扩展名将文件添加到工程的相应子目录中。工程中支持 C 源文件（＊.c）、汇编源文件（＊.a、＊.s）、库文件（＊.o、＊.lib）、头文件（＊.h）和链接命令文件（＊.cmd）。其中 C 和汇编源文件可以被编译和链接，库文件和链接命令文件只能被链接，CCS 会自动将头文件添加到工程中
Compile File	对 C 语言或汇编语言源文件进行编译
Build	重新编译和链接 C 语言或汇编语言源文件。对应那些没有修改的源文件，CCS 将不重新编译
Rebuild All	对工程中所有文件重新编译，并链接生成 DSP 可执行的 COFF 格式的文件
Build Options	用来设定编译器、汇编器和链接器的参数
Scan All File Dependencies	扫描当前活动工程中的关联文件，并显示在窗口中当前工程树形列表中，例如 C 语言的头文件是不能通过 Add Files to Project 命令加入工程的，但可通过此命令显示已加入工程。当编译链接当前活动工程时，所有关联文件会自动显示在当前工程中

5. Debug 菜单

Debug 菜单包含的是常用的调试命令，其具体下拉菜单内容如图 3-31 所示，Debug 菜单命令和功能见表 3-5。

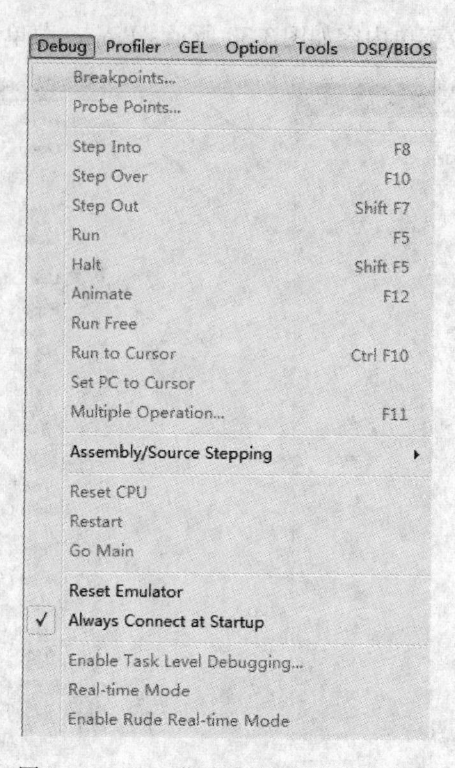

图 3-31　Debug 菜单的具体下拉菜单内容

表 3-5　Debug 菜单命令和功能

菜单命令	功　　能
Breakpoints	设置/取消断点命令。程序执行到断点时将停止运行。当程序停止运行时，可检查程序的状态，查看和更改变量值，查看堆栈等。值得一提的是，CCS 的 V2.2 版本与其之前的版本相比，在 Debug 菜单项里缺少了设置探针（Probe Points）命令，这是因为在 CCS V2.2 版本中的断点就包含了探针功能。探针设置后，允许更新观察窗口并在算法的指定处（设置探针处）将 PC 文件数据读至存储器或将存储器数据写入 PC 文件中，此时应设置 File I/O 属性
Step Into	单步执行。如果运行到调用函数处将跳入函数单步运行
Step Over	执行一条 C 指令或汇编指令。与 Step Into 不同的是，为保护处理器流水线，该指令后的若干条延迟分支或调用将同时被执行。如果运行到函数调用处将执行完该函数而不跳入函数执行，除非在函数内部设置了断点
Step Out	如果程序运行在一个子程序中，执行 Step Out 将使程序执行完该子程序后回到调用该函数的地方。在 C 源程序模式下，根据标准运行 C 堆栈来推断返回地址，否则根据堆栈顶的值来求得调用函数的返回地址
Run	从当前程序计数器（PC）执行程序，碰到断点时程序暂停执行
Halt	中止程序运行
Animate	动画运行程序。当碰到断点时程序暂时停止运行，在更新未与任何探针相关联的窗口后程序继续执行。该命令的作用是在每个断点处显示处理器的状态，可以在 Option 菜单的 Customize 下选择 Animate Speed 来控制其速度

（续）

菜单命令	功　能
Run Free	忽略所有断点，从当前程序计数器（PC）处开始执行程序。该命令在 Simulator 下无效。使用硬件仿真器进行仿真时，该命令将断开与目标 DSP 的连接，因此可移走 JTAG 和 MPSD 电缆。在 Run Free 时还可对目标 DSP 硬件复位
Run to Cursor	程序执行到光标处，光标所在行必须为有效的代码行
Multiple Operation	设置单步执行的次数
Reset CPU	终止程序的执行，复位 DSP 程序，初始化所有的寄存器
Restart	将程序计数器（PC）的值恢复到程序的入口，但该命令不开始程序的执行
Go Main	在程序的 main 符号处设置一个临时断点。该命令在调试 C 程序时起作用

6. Profiler 菜单

剖析（Profiling）是 CCS 的一个重要功能，它可以在调试程序时，统计某一块程序执行所需要的 CPU 时钟周期数、程序分支数、子程序被调用数和中断发生次数等统计信息，Profiler 菜单的具体下拉菜单内容如图 3-32 所示，Profiler 菜单命令和功能见表 3-6。

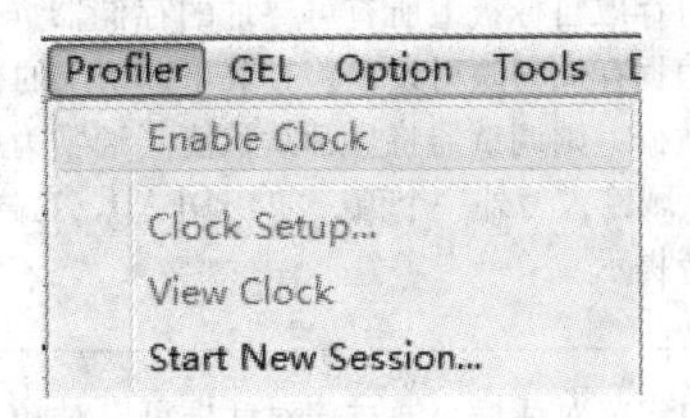

图 3-32　Profiler 菜单的具体下拉菜单内容

表 3-6　Profiler 菜单命令和功能

菜单命令	功　能
Enable Clock	为了获得指令周期及其他事件的统计数据，必须使能代码分析时钟（Profile Clock）。代码分析时钟作为一个变量（CLK）通过 Clock 窗口被访问。CLK 可在 Watch 窗口观察，并可在 Edit/Variable 对话框内修改其值，CLK 还可在用户定义的 GEL 函数中使用。指令周期的计算方式与使用的 DSP 驱动程序有关。对使用 JTAG 扫描路径进行通信的驱动程序，指令周期通过处理器的片内分析功能进行计算，其他的驱动程序则可能使用其他类型的定时器。Simulator 使用模拟的 DSP 片内分析接口来统计分析数据。当时钟使能时，CCS 调试器将占用必要的资源实现指令周期的计数。加载程序并开始一个新的代码段分析后，代码分析时钟自动使能
Clock Setup	设置时钟。在 Clock Setup 对话框中，Instruction Cycle Time 域用于输入执行一条指令的时间，其作用是在显示统计数据时将指令周期数转换为时间或频率。在 Count 域中选择分析的事件。对某些驱动程序而言，CPU Cycle 可能是唯一的选项。对于使用片内分析功能的驱动程序而言，可以分析其他事件，如中断次数、子程序或中断返回次数、分支数及子程序调用次数等。可使用 Reset Option 参数决定如何计数，如选择 Manual 选项，则 CLK 变量将不断累加指令周期数；如选择 Auto 选项，则在每次 DSP 运行前将自动将 CLK 置为 0，因此 CLK 变量显示的是上一次运行以来的指令周期数
View Clock	在 CCS 主界面的右下脚打开“Clock”窗口，以显示 CLK 变量的值。双击“Clock”窗口内的内容可直接复位 CLK 变量（使 Clock = 0）
Start New Session	开始一个新的代码段分析，打开代码分析统计观察窗口

7. Option 菜单

Option 菜单用于设置 CCS 集成开发环境的选项，包括字体、反汇编选项、存储空间映射模式以及自定义 CCS 命令窗口等功能。Option 菜单的具体下拉菜单内容如图 3-33 所示，Option 菜单命令和功能见表 3-7。

表 3-7 Option 菜单命令和功能

菜单命令	功能
Font	设置 CCS 编辑、显示环境的字体、字形、大小
Disassembly Style	设置反汇编窗口显示模式，包括反汇编成助记符或代数符号，直接寻址与间接寻址，用十进制、二进制或十六进制显示
Memory Map	用来定义存储器映射，弹出 Memory Map 对话框。存储器映射指明了 CCS 调试器能访问哪段存储器，不能访问哪段存储器。典型情况下，存储器映射与命令文件的存储器定义一致。在对话框中选中 Enable Memory Mapping 以使能存储器映射。第一次运行 CCS 时，存储器映射即呈禁用状态（未选中 Enable Memory Mapping），也就是说，CCS 调试器可存取目标板上所有可寻址的存储器（RAM）。当使能存储器映射后，CCS 调试器将根据存储器映射设置检查其可以访问的存储器。如果要存取的是未定义数据或保护区数据，则调试器将显示默认值（通常为0），而不是存取目标板上数据。也可在 Protected 域输入另外一个值，如 0xDEAD，这样当试图读取一个非法存储地址时将清楚地给予提示
Customize	打开自定义对话框，通过该对话框可以对 CCS 默认的环境设置进行修改，要修改某类环境设置，按 Tab 键或鼠标单击切换到该页即可

8. Tools 菜单

Tools 菜单提供了常用的工具集，其具体下拉菜单内容如图 3-34 所示，常用 Tools 菜单命令和功能见表 3-8。

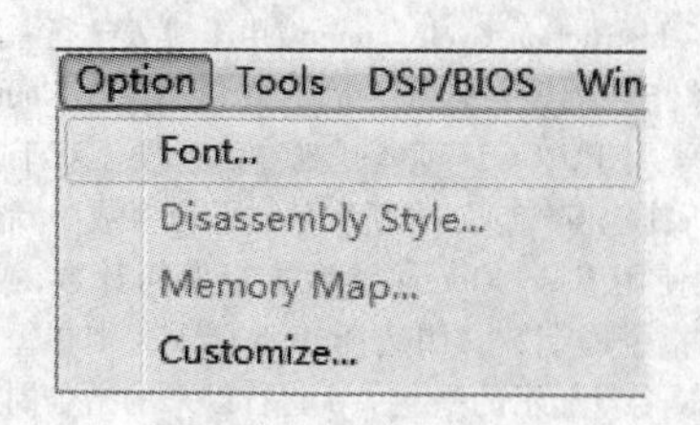

图 3-33 Option 菜单的具体下拉菜单内容

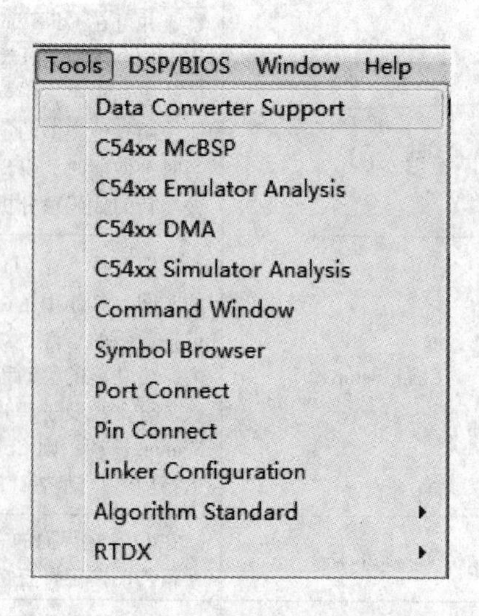

图 3-34 Tools 菜单的具体下拉菜单内容

表 3-8　Tools 菜单命令和功能

菜单命令	功　能
Data Converter Support	用于快速地配置与 DSP 处理器相连接的数据转换器件
C54xx McBSP	用于观察、编辑 McBSP 寄存器内容
C54xxEmulator Analysis	用于设置、监视事件和硬件断点的发生
C54xx DMA	用于观察、编辑 DMA 寄存器内容
C54xx Simulator Analysis	用于设置和监视事件的发生，并为加载调试器使用的特定伪寄存器集提供了一个透明的观察手段，调试器使用这些伪寄存器存取片内分析模块
Command Window	在该工具窗口中，可以用 Debug 命令进行程序调试
Port Connect	将 PC 文件与存储器（端口）地址相连，从而可以从文件中读取数据或将存储器（端口）数据写入文件中
Pin Connect	用于仿真来自外部的中断信号，仅用于 Simulator
Linker Configuration	选择一个工程所用的链接器
RTDX	实时数据交换功能，使开发人员在不影响程序执行的情况下分析 DSP 程序的执行情况

9. DSP/BIOS 菜单

DSP/BIOS 菜单提供利用 TI 公司准实时操作系统 DSP/BIOS 开发 DSP 程序时进行调试分析的工具，使开发人员能对程序进行实时跟踪和分析，DSP/BIOS 菜单的具体下拉菜单内容如图 3-35 所示，DSP/BIOS 菜单命令和功能见表 3-9。

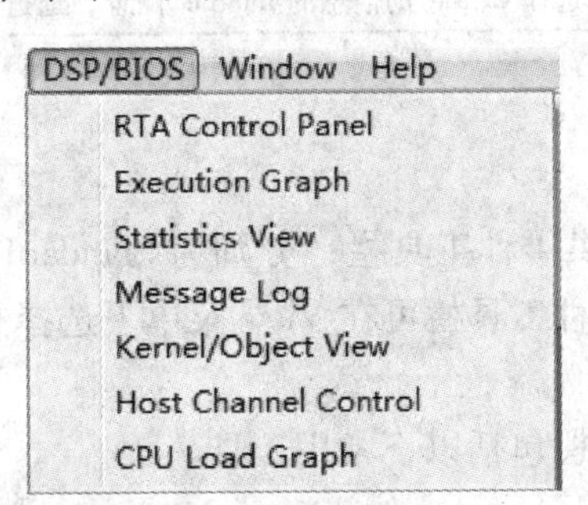

图 3-35　DSP/BIOS 菜单的具体下拉菜单内容

表 3-9　DSP/BIOS 菜单命令和功能

菜单命令	功　能
RTA Control Panel	打开实时分析工具控制面板，可以设置实时分析的相关参数，使能各种跟踪器
Execution Graph	调用执行图分析工具，打开执行图窗口，该窗口显示程序中各线程的运行情况
Statistics View	打开统计视图窗口，该窗口显示统计模块的实时数据
Message Log	打开信息日志窗口，该窗口显示日志模块传送的信息
Kernel/Object View	打开内核/模块窗口，该窗口显示当前程序中各种 BIOS 模块的实时配置、状态等信息
Host Channel Control	打开主机信道控制窗口，该窗口显示当前程序中定义的主机信道模块的相关信息
CPU Load Graph	打开 CPU 负载图窗口，该窗口显示目标板 CPU 的正在处理的负载信息

10. Help 菜单

Help 菜单即帮助菜单，用户可以通过该菜单调用帮助文档，便于解决一些在 CCS 中的常见问题。Help 菜单的具体下拉菜单内容如图 3-36 所示，Help 菜单命令和功能见表 3-10。

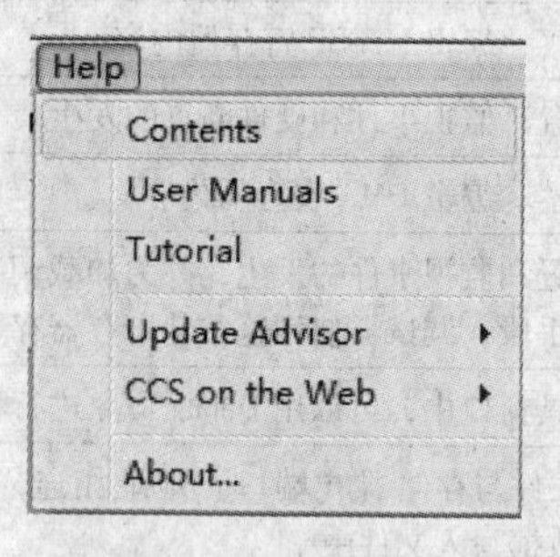

图 3-36　Help 菜单的具体下拉菜单内容

表 3-10　Help 菜单命令和功能

菜单命令	功　能
Contents	将打开 CCS 随软件附带的帮助，介绍了 CCS 集成开发环境的所有操作
Use Manuals	打开一个网页，页面上包括 TI 公司与 CCS 相关的所有用户手册，在 CCS 安装时需要选择安装用户手册
Tutorial	打开一个 CHM 文件，介绍 CCS 的特点和怎样使用 CCS 集成开发环境，在该文件中包括 CCS 应用介绍的视频动画
CCS on the Web	可以选择 CCS 帮助信息的 Internet 网址，通过 Internet 查看帮助信息

3.2.5　CCS 工具栏

CCS 集成开发环境主要提供 4 种工具栏，分别为 Standard Toolbar、Edit Toolbar、Project Toolbar 和 Debug Toolbar。这 4 种工具栏可在 View 菜单下选择是否显示。

1. Standard Toolbar

如图 3-37 所示，标准工具栏包括以下常用工具。

图 3-37　Standard Toolbar

（1）New：新建一个文档。

（2）Open：打开一个已存在的文档。

（3）Save：保存一个文档，如尚未命名，则打开 Save As 对话框。

（4）Cut：剪切。

（5）Copy：复制。

（6）Paste：粘贴。

（7）Undo：取消上一次编辑操作。

（8）Redo：恢复上一次编辑操作。

（9）Find Next：查找下一个。

（10）Find Previous：查找上一个。

（11）Search Word：查找指定的文本。

（12）Find in Files：在多个文件中查找。

（13）Print：打印。

（14）Help：获取特定对象的帮助。

2. Edit Toolbar

如图 3-38 所示，Edit 菜单提供了一些常用的编辑命令及书签命令。

图 3-38　Edit Toolbar

Edit 菜单提供的常用编辑命令及书签命令如下。

（1）Mark To：将光标放在括号前面再单击此命令，则将标记括号内所有文本。

（2）Mark Next：查找下一个括号对，并标记其中的文本。

（3）Find Match：将光标放在括号前面再单击此命令，光标将跳至与之配对的括号处。

（4）Find Next Open：将光标跳至下一个括号处（左括号）。

（5）Outdent Marked Text：将所选择文本向左移一个 Tab 宽度。

（6）Indent Marked Text：将所选择文本向右移一个 Tab 宽度。

（7）Edit：Toggle Bookmark：设置一个标签。

（8）Edit：Next Bookmark：查找下一个标签。

（9）Edit：Previous Bookmark：查找上一个标签。

（10）Edit：Bookmark：打开标签对话框。

3. Project Toolbar

Project 工具栏提供了与工程和断点设置有关的命令。如图 3-39 所示，Project 工具栏提供了以下命令。

图 3-39　Project Toolbar

（1）Compile File：编辑文件。

（2）Incremental Build：对所有修改过的文件重新编译，再链接生成可执行程序。

（3）Build All：全部重新编译链接生成可执行程序。

（4）Stop Build：停止 Build 操作。

（5）Toggle Breakpoint：设置断点。

（6）Remove Breakpoints：移去所有的断点。

（7）Toggle Probe Point：设置 Probe Point。

（8）Remove All Probe Points：移去所有的 Probe Points。

4. Debug Toolbar

Debug 工具栏提供以下常用的调试命令。

（1）Single Step：与 Debug 菜单中的 Step Into 命令一致，单步执行。
（2）Step Over：与 Debug 菜单中 Step Over 命令一致。
（3）Step Out：与 Debug 菜单中 Step Out 命令一致。
（4）Run to Cursor：运行到光标处。
（5）Run：运行程序。
（6）Halt：终止程序运行。
（7）Animate：与 Debug 菜单中 Animate 命令一致。
（8）Quick Watch：打开 Quick Watch 窗口观察或修改变量。
（9）Watch Window：打开 Watch 窗口观察或修改变量。
（10）Register Windows：观察或编辑 CPU 寄存器或外设寄存器值。
（11）View Memory：查看存储器指定地址的值。
（12）View Stack：查看堆栈值。
（13）View Disassembly：查看反汇编窗口。

3.3 CCS 程序开发的流程

3.3.1 CCS 工程创建

CCS 集成开发软件对每一个 DSP 开发应用项目需创建一个扩展名为 . pjt 的工程文件，以便对开发应用项目的设计文档进行管理。

一个 CCS 中的工程项目包括源程序、库文件、链接命令文件和头文件等，它们按照目录树的结构组织在工程项目中。可以按照以下步骤创建、打开和关闭工程。

1. 创建一个新工程

选择“Project”→“New”命令，弹出如图 3-40 所示对话框，在 Project 文本框中输入工程名字，其他栏目均可根据习惯进行设置。工程文件的扩展名是 . pjt。若要创建多个工程，每个工程的文件名必须是唯一的。

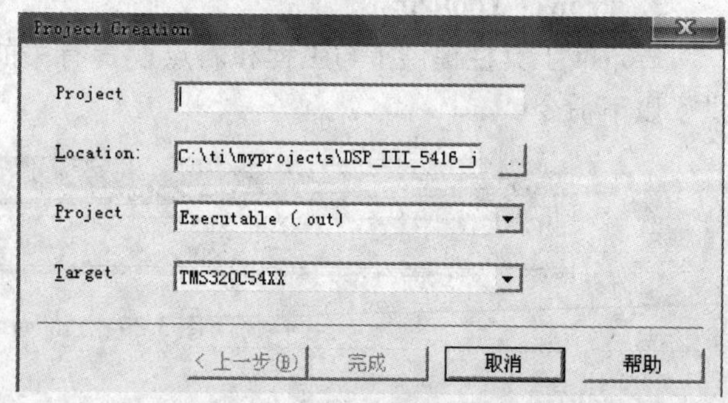

图 3-40 “创建新工程”对话框

2. 打开已有工程

选择“Project”→“Open”命令，弹出如图 3-41 所示对话框。双击需要打开的工程文件即可。

3. 关闭工程

选择“Project”→“Close”命令，即可关闭当前工程。使用工程观察窗口观察刚创建的工程文件，工程窗口图形显示工程的内容。当打开工程时，工程观察窗口自动打开，如图 3-42所示，要展开或压缩工程清单，单击工程文件夹、工程名和各个文件夹前的“+/-”即可。

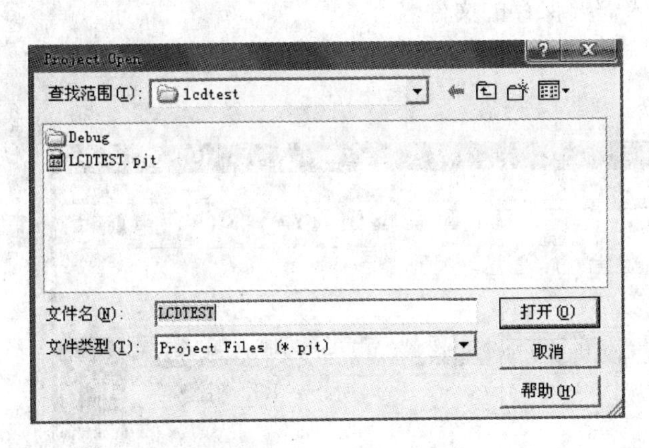

图 3-41　“打开工程”对话框

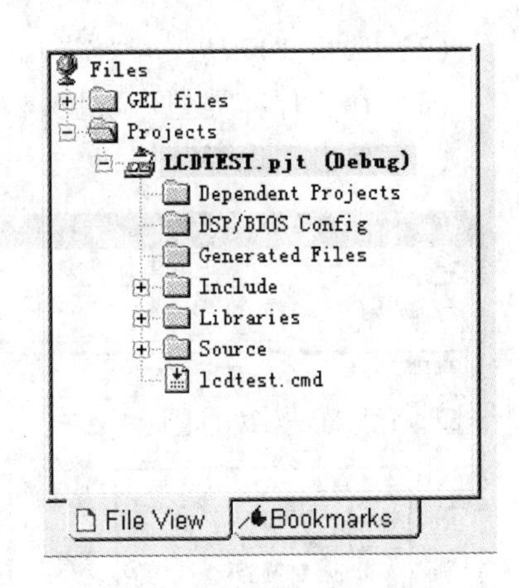

图 3-42　工程观察窗口

3.3.2　编辑源文件

1. 创建新的源文件

用户可以按照以下步骤创建新的源文件。

（1）选择“File”→“New”→“Source File”，打开一个新的源文件编辑窗口。

（2）在新的源代码编辑窗口输入代码。

（3）选择“File”→“Save”或者“File”→“Save As”保存文件。

2. 打开文件

用户可以按照以下步骤在编辑的窗口打开任何 ASCII 文件。

（1）选择“File→Open”，将出现如图 3-43 所示的“打开”对话框。

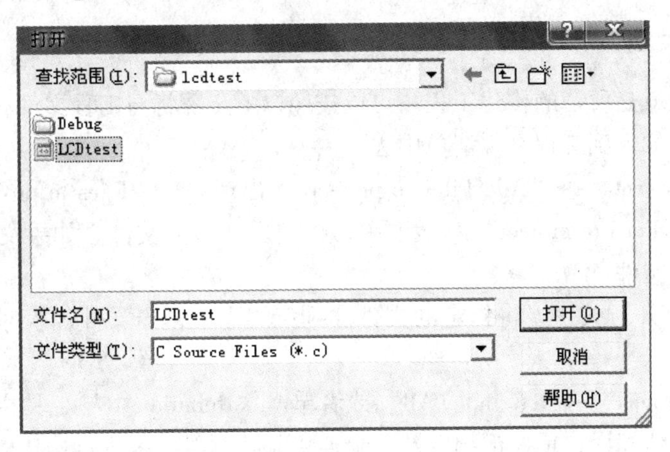

图 3-43　“打开”对话框

（2）在“打开”对话框中双击需要打开的文件，或者选择需要打开的文件并单击“打开”按钮，即可打开文件。

3. 保存文件

用户可以按照以下步骤保存文件。

（1）单击编辑窗口，激活需要保存的文件。

（2）选择“File”→“Save As”，输入需要保存的文件名。

（3）在“保存类型”下拉列表框中，选择需要的文件类型，如图 3-44 所示。

（4）单击“保存”按钮。

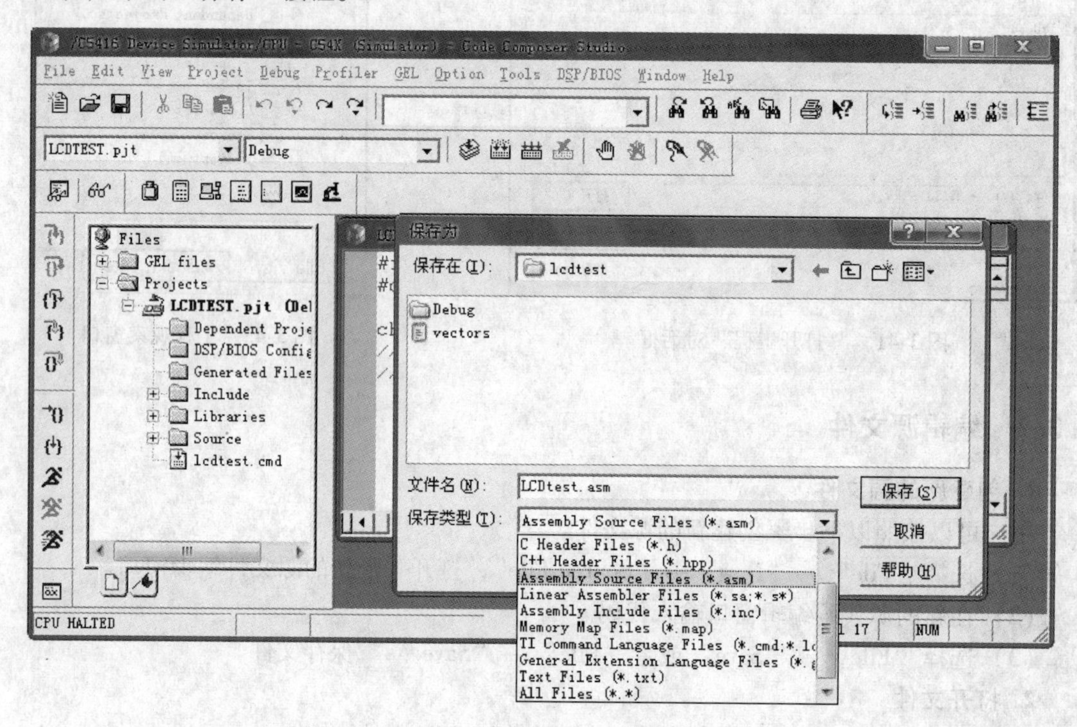

图 3-44 “保存为”对话框

3.3.3 编译与链接

编译和链接也就是所谓的构建工程。可以按照以下步骤将与工程文件相关的源代码、目标文件、库文件等加入到工程文件清单中去。

（1）选择“Project”→“Add Files to project”，出现“Add Files to project”对话框。

（2）在“Add Files to project”对话框中，指定要加入的文件。如果文件不在当前目录中，浏览并找到该文件。

（3）单击“打开”按钮，将指定的文件加到工程中去，当文件加入时，工程观察窗口将自动更新。

（4）选择“Project”→“Rebuild All”或者单击“Rebuild All”工具栏按钮，在工程中的所有文件将被重新编译，重新汇编以及重新连接，从而对工程进行构建。一个输出窗口将会显示工程构建的过程和状态。在默认情况下，.out 文件将在当前工程的 debug 目录下生成。可以在选择配置工具栏中选择不同的目录改变路径。当构建完成后，输出窗口将会显示“Build complete. 0 Errors，0 Warnings，0 Remarks”。

3.3.4 程序调试

当完成工程项目构建，生成目标文件后，就可以进行程序的调试。一般的调试步骤为：

装入构建好的目标文件→设置程序断点、探测点和评价点→执行程序→程序停留在断点处→查看寄存器和内存单元的数据并对中间数据进行在线（或输出）分析。

可以按照以下步骤对构建完的工程进行调试。

（1）选择“File”→“Load Program”命令加载程序。加载过程是将上述构建成功、生成的可执行文件加载到目标板，目标板可以是软件仿真环境，也可以是硬件目标板。默认情况下，CCS集成开发环境将会在用户的工程路径下创建一个Debug子目录，把生成的.out文件放在里面。单击“Open”按钮加载程序。如果修改并且重新构建了工程，需要通过“File”→“Reload Program”命令重新加载程序。

（2）选择“View”→“Mixed Source/ASM”命令允许同步地查看C源程序和汇编代码的结果。可以在CCS集成开发环境中按F1键搜索那些指令的帮助。

（3）选择“Debug”→“Go Main”命令从主程序开始执行，在Main程序暂停。

（4）选择“Debug”→“Run”命令开始执行程序。

（5）选择“Debug”→“Halt”命令退出运行的程序。

3.4 DSP程序的调试方法

3.4.1 断点

1. 断点的设置

对于任意调试器，断点都是十分重要的组成部分。断点会停止程序的执行。当程序停止时，可以检查程序的状态、检查或修改变量、检查调用堆栈等。断点可以设置在编辑窗口中任意一行源代码中或者设置在反汇编窗口的任意一个反汇编源指令上。在设置完一个断点后，可以启用断点，也可以禁用断点。

如果一个断点设置在一行源程序代码行上，必须有一行反汇编代码行与之相对应。在打开编译器优化选项后，许多源程序代码行就不再允许设置断点了。可以在编辑窗口中的混合模式下查看可以设置断点的代码行。

在CCS中可以采用以下的方法设置断点：

利用设置断点对话框设置断点。

使用工具条上的按钮设置断点。

在反汇编窗口直接设置断点。

断点通常在指令行中用粉色背景显示。下面具体说明。

（1）利用设置断点对话框设置断点

1）从调试菜单Debug中，选择“Breakpoints”（断点）命令，弹出断点/探测点/评估点对话框。

2）在对话框中，单击断点标签Breakpoints，选择设置断点对话框。

3）在设置断点对话框的Breakpoint Type（断点类型）栏中，选择断点类型，CCS中有以下5种断点：

① Break at Location：无条件软件断点。

② Break at Location if expression is TRUE：有条件软件断点。

③ H/W Break：设置在 ROM 中的硬件断点。

④ Break on Date read：存储器读硬件断点。

⑤ Break on Date read：存储器写硬件断点。

4）在 Location 栏中，输入要设置断点的位置。用户可以观察反汇编窗口，确定指令所处地址。

断点的位置有以下两种形式：

① 对于绝对地址，可输入任何有效的 C 表达式、C 函数名或符号名等。

② 对于 C 源文件，由于一条 C 语句可能对应若干条汇编指令，其断点位置难以用唯一地址确定。因此，断点位置可以采用“文件名 line 行号”的形式来表示。例如：在 Location 栏中，输入“hello. c line 32”，表示在文件名为“hello. c”程序中，在第 32 行语句处设置断点。

5）若选择条件断点，则对话框中的 Expression（表达式）栏有效，输入条件表达式。当表达式运行结果为真（true =1）时，程序在此断点处暂停，否则继续执行。

6）断点类型和位置设置后，单击 Add（加入）按钮，产生一个新断点，并在 Breakpoint 窗口的断点清单中列出该断点。

7）单击“确定”按钮，完成断点设置，关闭对话框。

（2）使用工具条上的按钮设置断点。

这是一种快速设置断点的方法，具体步骤如下：

1）在反汇编窗口或含有 C 源代码的编辑窗口中，将光标移动需要设置断点的语句行上。

2）单击项目工具条上的设置断点按钮，则在该行语句设置一个断点。

（3）在反汇编窗口直接设置断点。在反汇编窗口中，用鼠标双击要设置断点的指令行，即可完成断点的设置。

2. 编辑已设置的断点

利用设置断点对话框可以对已设置的断点进行编译，修改断点的类型、位置和条件表达式。按照以下的步骤可以完成断点的编辑：

（1）在调试菜单 Debug 中，选择“Breakpoints”（断点）命令，出现设置断点对话框。

（2）在 Breakpoint 窗口选择断点，所选断点呈现深色背景，同时对话框中的断点类型（Breakpoint Type）、位置（Location）和表达式（Expression）栏所选断点更新。

（3）按要求对断点的类型、位置和表达式进行编辑。

（4）单击“Replace”按钮，改变所选断点的属性。

（5）单击“确定”按钮，关闭对话框，完成断点的编辑。

3. 断点的删除

删除已设置的断点可采用以下的方法。

（1）在反汇编窗口直接删除断点。

在反汇编窗口中，鼠标双击已设断点行可清除该断点。此时，指令行上的粉色背景消失。

（2）使用设置断点对话框删除某断点。

打开断点对话框，从 Breakpoint 列表中选择要删除的断点，单击“Delete”（删除）按钮可删除此断点。

（3）使用项目工具条删除全部断点。

单击项目工具条上的删除所有断点按钮，即可删除所有断点。

（4）使用设置断点对话框删除全部断点。

打开断点对话框，单击“Delete All”（全部删除）按钮，可删除所有断点。

4. 断点的允许和禁止

断点可以设置成允许状态或禁止状态。禁止断点是指断点被临时挂起，但保存断点的类型和位置。

（1）禁止断点。

打开设置断点对话框。在断点窗口的清单中，选择要禁止的断点，单击该断点的标记框，清除“√”标记，使该断点处于禁止状态。

（2）允许断点。

打开设置断点对话框，在断点窗口的清单中，选择要允许的断点，单击该断点的标记框，设置“√”标记，使该断点处于允许状态。

（3）禁止所有断点。

打开设置断点对话框，单击“Disable All”（全部禁止）按钮，使断点清单中的所有断点处于禁止状态。

（4）允许所有断点。

打开设置断点对话框，单击“Enable All”（全部允许）按钮，使清单中的所有断点处于允许状态。

最后应当注意，设置断点时应当避免以下两种情形：

1）将断点设置在属于分支或调用的语句上。

2）将断点设置在快重复操作的倒数第一条或倒数第二条语句上。

应该注意的是：CCS 会在源程序窗口中重新定位断点到一个有效代码行上并设置断点图标在该代码行的边缘空白处。如果一行允许设置断点的代码行无法设置断点，系统将会以消息窗形式自动报错。只要程序执行到任意一个试探点时，CCS 将会终止目标程序。当执行停止时，将会自动更新任何与试探点有关的窗口或输出设备。因此，如果使用试探点，目标应用程序也许就不能实现实时运行的效果。这个开发阶段，就要测试一下所使用的算法。然后再使用 RTDX 和 DSP/BIOS 来分析实时效果。

3.4.2　探测点

探测点又称探针（Probe Point），使用探针（Probe Point）是监视程序运行状况的一种有效方法，可用于与 PC 主机进行数据通信，它是开发、调试算法的一种有效工具，一般来说，有以下 3 个作用。

（1）将来自 PC 主机文件中的输入数据传送到目标系统的缓存器中供算法使用。

（2）将来自目标系统缓存器中的输出数据传送到 PC 主机的文件中供分析。

（3）运用数据升级一个窗口（如图形窗口）。

探针点和断点都会使目标停止并完成某些动作。然而，它们在以下几方面不同：

（1）探针立即中止目标系统，完成一个操作后，再自动恢复目标系统的运行。

（2）断点暂停 CPU 直到人工恢复其运行为止，且更新所有打开的窗口。

（3）探针允许自动执行文件的输入或输出，而断点则不行。

1. 探测点的设置

探测点可以在编辑窗口的源文件中设置，也可以在反汇编窗口的反汇编指令中设置。

设置探测点可以使用项目工具条设置，也可以使用设置探测点对话框设置。设置好的探测点在源文件或反汇编窗口中，呈蓝色背景显示。

（1）使用项目工具条设置。

在编辑窗口或反汇编窗口中，将光标移到主函数要加入探测点的行上，单击项目工具条上的设置探测点按钮，即可完成探测点的设置。

（2）使用设置探测点对话框设置。

1）打开设置探测点对话框。

2）输入各选项，单击“Add”（加入）按钮，该探测点将列入探测点窗口的清单中。

3）单击“确定”按钮，完成探测点的设置。

2. 探测点的删除

已设置的探测点，可以采用以下的方法删除。

（1）使用设置探测点对话框删除某探测点。

打开设置探测点对话框，从 Probe Point 窗口列表中选择要删除的探测点，单击“Delete”按钮，即可删除此探测点。

（2）使用设置探测点对话框删除全部探测点。

打开设置探测点对话框，单击“Delete All”（全部删除）按钮，可删除所有探测点。

（3）使用项目工具条删除全部探测点。

单击项目工具条上的删除所有探测点按钮，即可删除所有探测点。

3. 探测点的允许和禁止

（1）禁止探测点。

打开设置探测点对话框。在探测点窗口的清单中，选择要禁止的探测点，单击标记框，清除“√”标记，使该探测点处于禁止状态。

（2）允许探测点。

打开设置探测点对话框，在探测点窗口的清单中，选择要允许的探测点，单击标记框，设置“√”标记，使该探测点处于允许状态。

（3）禁止所有探测点。

打开设置探测点对话框，单击“Disable All”（全部禁止）按钮，使清单中的所有探测点处于禁止状态。

（4）允许所有探测点。

打开设置探测点对话框，单击“Enable All”（全部允许）按钮，使清单中的所有探测点处于允许状态。

4. 探测点的使用

以探测点与 CPU 寄存器的连接为例，介绍探测点的使用。

（1）设置探测点。

（2）在观察菜单 View 中，选择 CPU Registers 中的 CPU Register 命令，打开 CPU 寄

存器。

（3）单击调试菜单 Debug 中的 Probe Points 命令，打开设置探测点对话框。

（4）从探测点清单中，单击要连接的探测点使其被选中，打开 Connect 栏中的下拉菜单，选择 Registers（寄存器），然后单击“Add”按钮，使探测点与寄存器连接。

（5）单击“确定”按钮，完成连接。

（6）选择调试菜单 Debug 中的“Run”命令，运行程序，观看寄存器结果。

3.4.3　图形分析窗口

CCS 包含了一个先进的信号分析界面，可以将内存中的数据以各种图形的方式显示给用户，使用户能精确地监视信号数据，帮助用户直观地了解数据的意义。

用户可以利用图形工具从总体上分析处理前和处理后的数据，以观察程序运行的效果，运算结果也可以通过 CCS 提供的图形功能经过一定处理显示出来，CCS 图形显示类型包括时频图、星座图、眼图和图像显示，见表 3-11。用户准备好需要显示的数据后，选择命令“View”→“Graph”，设置相应的参数，即可按所选图形类型显示数据。

表 3-11　CCS 图形显示类型

<table>
<tr><th colspan="2">图形显示类型</th><th>描述内容</th></tr>
<tr><td rowspan="6">时域图</td><td>单曲线图（Single Time）</td><td>对数据不加处理，直接画出显示缓冲区数据的幅度-时间曲线</td></tr>
<tr><td>双曲线图（Dual Time）</td><td>在一幅图形上显示两条信号曲线</td></tr>
<tr><td>FFT 幅度（FFT Magnitude）</td><td>对显示缓冲区数据进行 FFT 变换，画出幅度-频率曲线</td></tr>
<tr><td>复数 FFT（Complex FFT）</td><td>对复数数据的实部和虚部分别进行 FFT 变换，在一个图形窗口画出两条幅度-频率曲线</td></tr>
<tr><td>FFT 幅度和相位（FFT Magnitude and Phase）</td><td>在一个图形窗口画出幅度-频率曲线和相位-频率曲线</td></tr>
<tr><td>FFT 多帧显示（FFT Waterfall）</td><td>对显示缓冲区数据（实数）进行 FFT 变换，其幅度-频率曲线构成一帧。这些帧按时间顺序构成 FFT 多帧显示图</td></tr>
<tr><td colspan="2">星座图（Constellation）</td><td>显示信号的相位分布</td></tr>
<tr><td colspan="2">眼图（Eye Diagram）</td><td>显示信号码间干扰情况</td></tr>
<tr><td colspan="2">图像显示（Image）</td><td>显示 YUV 或 RGB 图像</td></tr>
</table>

各种图形显示所采用的工作原理基本相同，即采用双缓冲区（采集缓冲区和显示缓冲区）分别存储和显示图形。采集缓冲区存在于实际或仿真目标板，包含用户需要显示的数据区。显示缓冲区存在于主机内存中，内容为采集缓冲区的备份。用户定义好显示参数后，CCS 从采集缓冲区中读取规定长度的数据进行显示。显示缓冲区尺寸可以和采集缓冲区的不同，如果用户允许左移数据显示（Left-Shifted Data Display），则采样数据从显示区的右端向左端循环显示。“左移数据显示”特性对显示串行数据特别有用。

从表 3-11 看出，CCS 提供的图形显示类型共有 9 种，每种显示所需的设置参数各不相同。限于篇幅，这里仅例举时频图单曲线显示设置方法。其他图形的设置参数说明请查阅联机在线帮助（“Help”→“General Help”→“How to”→“Display Results Graphically?”）。

选择命令“View”→“Graph”→“Time/Frequency”，则弹出图形显示参数设置对话框如图 3-45 所示，在“Display Type”中选择“Signal Time”（单曲线显示）。

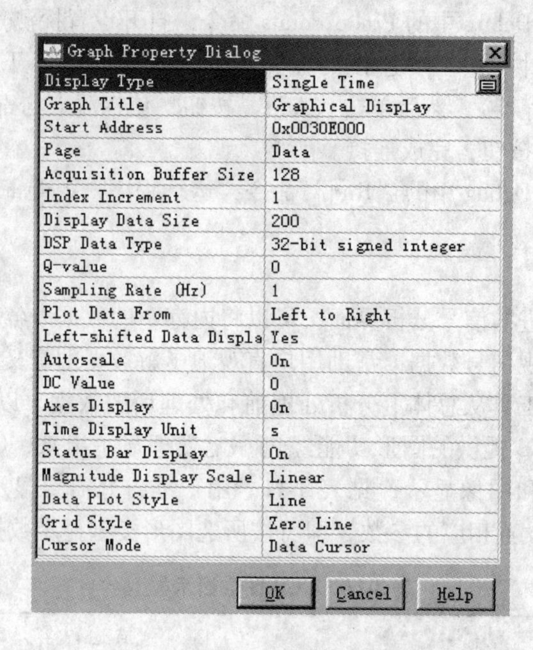

图 3-45　图形显示参数设置对话框

需要设置的参数解释如下：

（1）显示类型（Display Type）：单击“Display Type”栏区域，则出现显示类型下拉菜单。单击所需的显示类型，则 Time/Frequency 对话框（参数设置）相应随之变化。

（2）视图标题（Graph Title）：定义图形视图标题。

3.4.4　观察窗口

CCS 开发环境提供了观察窗口（Watch Window），用于实时地观察和修改变量。

1. 打开观察窗口

打开观察窗口有以下两种方法。

（1）使用“View”菜单中的“Watch Window”命令，打开观察窗口。

（2）使用调试工具条中的打开观察窗口按钮，打开观察窗口。

2. 在观察窗口中加入观察变量

CCS 开发环境最多为用户提供 4 个观察窗口，在每一个窗口中都可以定义若干个观察变量。有 3 种方法可以定义观察变量。

（1）将光标移到所选定的观察窗口中，按键盘上的 Insert 键出现对话框。在对话框中输入变量符号，单击“OK”按钮即可。

（2）将光标移到所选定的观察窗口中，单击鼠标右键打开关联菜单，选择“Insert New Expression”选项，弹出对话框。在对话框中输入变量符号，单击“OK”按钮即可。

（3）在源文件窗口或反汇编窗口中，双击变量将其选中，单击鼠标右键打开关联菜单，选择 Add to Watch Window 选项，则该变量直接进入当前观察窗口。

3. 删除观察变量

有两种方法可以从观察窗口中删去某变量。

（1）在当前观察窗口中，双击某变量，使该变量以彩色背景显示。按键盘上的“Delete”键，从窗口列表中删除此变量。

（2）选中某变量后，右键单击该变量，打开关联菜单，单击“Remove Current Expression”，即可删除该变量。

4. 编辑变量

有两种方法可以完成变量的编辑。

（1）用编辑变量命令编辑。

1）选择“Edit”菜单中的“Edit Variable”命令，弹出编辑变量对话框。

2）在对话框中输入信息。Variable：要编辑的变量名；Value：新的变量值。

3）单击“OK”按钮完成编辑。

（2）快速编辑。

1）选择窗口标签，打开所要使用的观察窗口，找到所要编辑的变量。

2）左键双击要编辑的变量，弹出编辑变量的对话框。

3）在对话框的 Value 栏中，输入要编辑的数据。

4）单击“OK”按钮完成编辑。

3.4.5　时钟剖析

代码优化是程序开发过程中非常重要的步骤。要进行代码优化，首先必须找到程序中的瓶颈所在，即占用了大部分 CPU 时间的代码。CCS 提供的代码剖析工具 Profile 可以帮助程序开发人员很快了解某个函数或者某一块代码使用了多少时钟周期，从而对关键函数进行优化。实际上，CCS 中的程序剖析工具除了可以统计代码执行的时钟周期外，还可以统计如程序运行中的中断、子程序调用、程序分支、返回、指令预取等信息。本节主要介绍剖析时钟测量代码执行时间的方法。

1. 时钟剖析的方法

使用剖析时钟测量代码执行时间的方法如下：

（1）进入 CCS 环境，装载已有工程，并加载生成的 .out 文件，并找到要查看代码执行周期的代码处，如图 3-46 所示。

（2）选择 CCS 的 Profiler 菜单中的“Enable Clock”，如图 3-47 所示。

（3）选择 Profiler 菜单下的“Clock Setup”子菜单，并在“Instruction Cycle”中输入 DSP 时钟周期，然后确定，如图 3-48 所示。

（4）选择 Profiler 菜单的“Start New Session”子菜单，出现如图 3-49 所示的对话框，可以改名字，也可以不改，本例中不修改，直接单击“OK”。

（5）通过上一步设定后就出现了如图 3-50 所示的一个窗体。

这个窗体中，有 4 个选项卡，其中“Files”选项卡为以源文件列出统计数据，“Functions”选项卡用于剖析程序中的函数，“Ranges”选项卡用于剖析一段连续的代码，“Setup”选项卡可设置开始点和结束点，用于剖析不连续的代码。

```
//将要显示的数据在右半屏显示
void Display4(char data,int Row)
{
     int i,j,PageNum;
     int *TabDatap;
     data *= 128;
     TabDatap = (int *)&NumTab[0];
     TabDatap += data;
     PageNum = 0xBD;
     for(j=0;j<4;j++)
      {
        OTUI1(Row);  //确定显示的行
        OTUI1(PageNum);  //确定显示的页
        OTUI1(0xc0);  //确定显示的列
        for(i=0;i<32;i++)
         {
           OUTD1(*(TabDatap+j*32+i));  //将字模送到右半屏显示
         }
        PageNum--;
      }
}
//将要显示的数据在左半屏显示
```

图 3-46　主函数代码

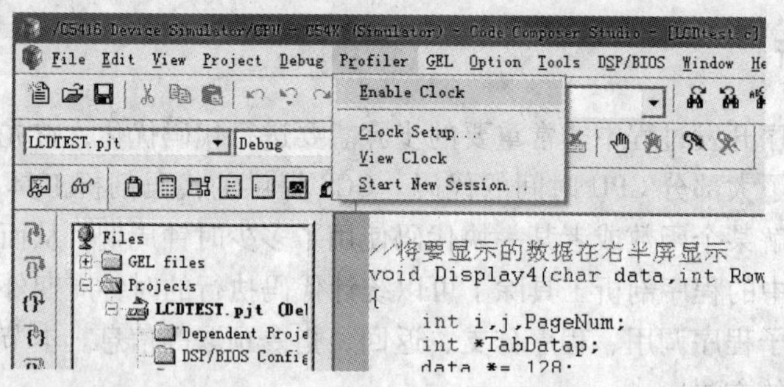

图 3-47　Profiler 菜单的 Enable Clock

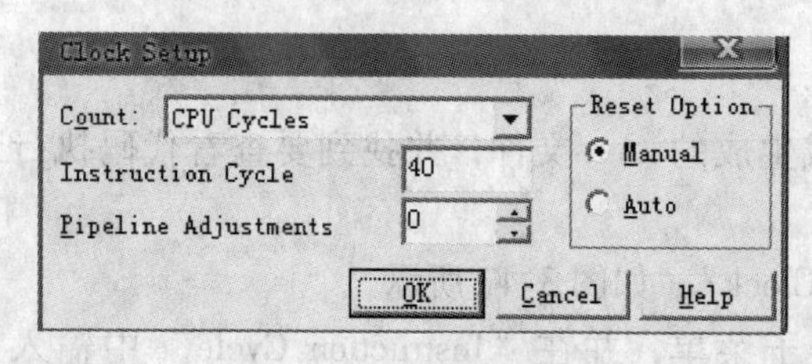

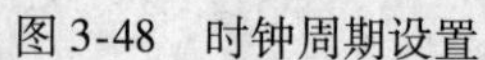

图 3-48　时钟周期设置

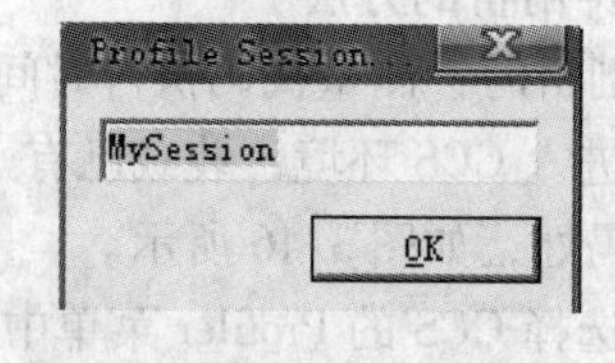

图 3-49　Profiler 菜单的 Start New Session 子菜单

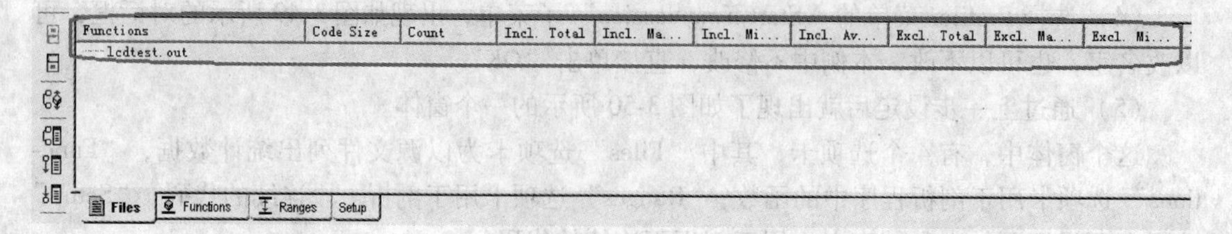

图 3-50　窗体观察框

窗体左边按钮的含义如下：

：剖析所有的函数（Profile All Functions）。

：建立剖析区域（Create Profile Area）。

：设置开始点（Create Setup Start Point）。

：设置结束点（Create Setup End Point）。

在窗体中剖析数据有一个表格，如图 3-50 中的矩形框所示，剖析窗体中各字段含义见表 3-12。

表 3-12　剖析窗体中各字段含义

字段名称	含　义	备　注
CodeSize	剖析代码的大小，以程序存储器最小可寻址单元为单位，此值在剖析过程中不会发生变化	
Count	在统计过程中，程序运行进入剖析代码段的次数	
Incl. Total	在统计工程中剖析代码段消耗的所有时钟周期（如果是统计时钟周期的话，CCS 还可以统计子程序调用等其他计数，统计其他特性则显示相应的值）	
Incl. Maximum	执行剖析代码段一遍（包括在剖析代码段中对子程序的调用）消耗的最大时钟周期（由于每次进入剖析代码段的初始条件不同等原因，每次运行剖析代码段消耗的时钟周期可能不同）	用户关心的代码执行的时钟周期
Incl. Minimum	执行剖析代码段一遍（包括在剖析代码段中对子程序的调用）消耗的最小时钟周期	
Incl. Average	剖析代码段执行一遍（包括在剖析代码段中对子程序的调用）消耗的平均时钟周期	
Excl. Count	在统计过程中，程序运行进入剖析代码段的次数，与 Count 的值相同	
Excl. Maximum	剖析代码段执行一遍（不包括在剖析代码段中对子程序的调用）消耗的最大时钟周期	
Excl. Minimum	剖析代码段执行一遍（不包括在剖析代码段中对子程序的调用）消耗的最小时钟周期	
Excl. Average	剖析代码段执行一遍（不包括在剖析代码段中对子程序的调用）消耗的平均时钟周期	

（6）以剖析函数为例，首先找到该函数，然后将光标放在该函数的函数名上，选择建立剖析区域按钮，如图 3-51 所示。

（7）出现如图 3-52 所示对话框，因为做的是函数，所以“Type”默认的“Function”不用修改，如果做的是一段代码，只要把下拉菜单里的“Function”改成“Range”即可。

（8）单击“OK”后，各个字段已经被赋予了初值，如图 3-53 所示。

（9）接下来运行程序就可以剖析出选中的代码的执行周期了，且这些值是随着程序运行的时间而变化的，如图 3-54 所示。

2. 剖析时钟的精确性

在程序正常运行时，剖析时钟能够准确地计算时钟周期，包括等待状态和流水线冲突等。然而为了读出剖析时钟的值，必须使 DSP 暂停运行，这样会引入剖析时钟的误差，主要包括以下几点：

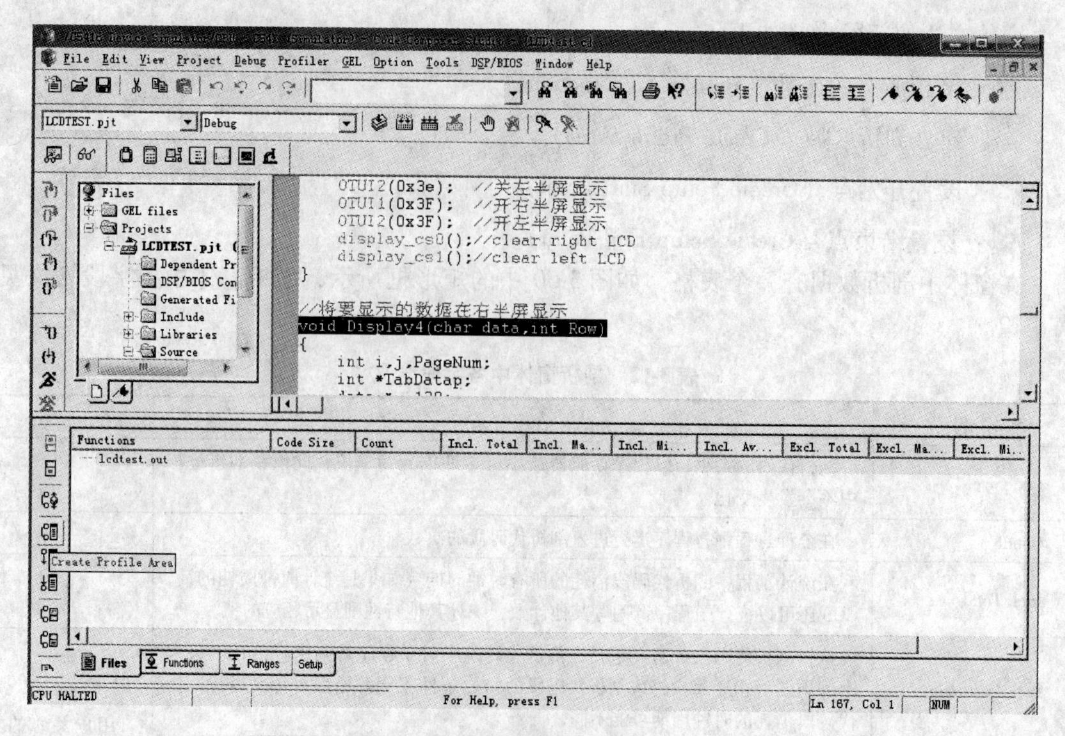

图 3-51 选择剖析函数

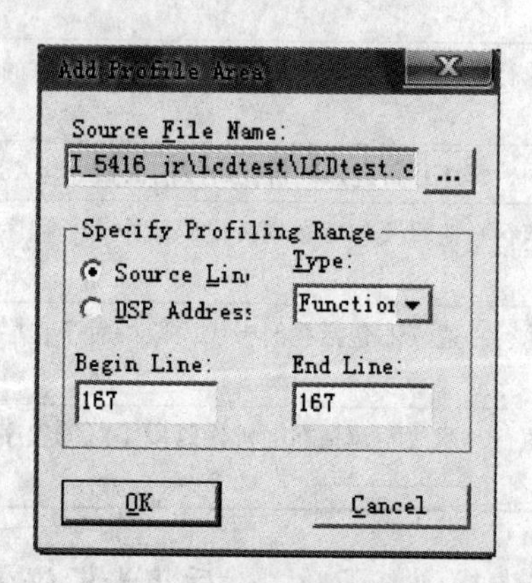

图 3-52 剖析设置

Functions	Code Size	Count	Incl. Total	Incl. Ma...	Incl. Mi...	Incl. Av...	Excl. Total	Excl. Ma...
lcdtest.out								
lcdtest.c								
Display4()	65	0	0	0	0	0	0	0

图 3-53 不同字段的初值

Functions	Code Size	Count	Incl. Total	Incl. Ma...	Incl. Mi...	Incl. Av...	Excl. Total	Excl. Ma...	Excl. M
lcdtest.out									
lcdtest.c									
Display4()	65	2	20676	10338	10338	10338	6668	3334	3334

图 3-54 剖析后不同字段的值

（1）因为暂停 DSP 运行时必须清空流水线，因此需要消耗额外的时钟。

（2）由于清空了流水线，下次继续运行时的流水线冲突丢失，没有计算到。

（3）如果是软件断点使程序暂停运行，会有额外的取中断指令和译码过程。一般来说，此时间与清空流水线操作同步，不会再产生额外的计算误差。但是，如果指令所在的程序存储器的等待周期不为 0，就会导致剖析时钟计算了额外的时钟周期。

仅仅设置正确的流水线校正值还不足以补偿所有的误差，特别是丢失流水线冲突导致的误差。因此，在剖析过程中，单步运行和启动/暂停程序的次数越多，剖析时钟越不精确。同样，在程序运行中碰到的断点和探针点越多，剖析时钟越不精确。为了获得程序中从 A 点到 B 点的准确时钟，可以采用下面的步骤：

（1）按照程序流程在 B 点后面至少 4 个周期的 C 点设置断点。

（2）在 A 点设置断点，让程序运行到 A 点。

（3）复位剖析设置，清除 A 点的断点。

（4）运行程序到 C 点的断点，记录剖析时钟的值 CLK1，表示从 A 点运行到 C 点消耗的时钟周期。

（5）重复步骤（2）~（4），但是使用 B 点而不是 A 点，同时需要注意与第一次运行时的程序状态应该完全相同，即保证必须有相同的初始状态和输入，从而保证程序走过的路径完全一样。记录剖析时钟值 CLK2。

（6）CLK1 ~ CLK2 即为从 A 点到 B 点的准确时钟，通过相减的方法消除了 C 点处断点引入的统计误差。

3. 剖析需要注意的问题

在程序的剖析过程中，还有一些影响剖析结果的因素。作为开发人员，对这些因素对剖析结果的影响必须要有一定的认识，这样才能客观地对待最后的结果。

（1）程序分支和子程序调用　在剖析代码段中的程序分支和子程序调用越多，剖析得到的时钟周期就越大。剖析器除了在剖析代码段的开始和结束处设置断点外，在每个程序分支和子程序调用的前后也会设置。每个断点都要消耗时钟周期用于暂停处理器，收集剖析数据，然后重新启动处理器。可见，断点越多，剖析越慢。

（2）复位剖析时钟　剖析器利用在剖析代码段起始点和结束点得到的剖析时钟值来计算剖析结果，因此如果在剖析代码段中间复位剖析时钟，得到的剖析结果会有错误。也正因为如此，在剖析时钟的设置中不要选择自动复位，而是选择手工复位。

（3）剖析 ROM 中的代码　在剖析代码段位于 ROM 中的情况下，因为剖析器无法在 ROM 中设置软件断点，只能使用硬件断点。但是每种 DSP 芯片上的硬件断点数量是有限的，有时候会发现无法剖析一段代码，因为其中包含的程序分支和子程序调用太多。此时只有将代码分成更多的小段分别剖析，一般是在程序分支处将代码分段，这样能避免使用硬件断点。最后将各个小段代码的剖析结果相加，得到最终结果。

（4）剖析结果与基准测试　用基准测试程序测量的 DSP 性能数据与剖析结果会有出入，即使是使用同一个 DSP 芯片也会如此。这其中的因素很多，例如 CPU 时钟速度、使用内部还是外部存储器、外部存储器的宽度、是否有高速缓存、缓存的级数等。因此，必须参考相应的器件手册，综合考虑这些因素的影响。

3.5 DSP/BIOS实时内核的应用

在CCS中，不仅集成了常规的开发工具如源程序编辑器、代码生成工具（编译、链接器）以及调试环境，还提供了DSP/BIOS开发工具。目前，DSP/BIOS已经成为DSP开发过程中重要的工具。

3.5.1 DSP/BIOS简介

DSP/BIOS实时操作系统是一个简易的嵌入式操作系统，是TI公司的DSP开发软件之一，它能大大方便用户编写多任务应用程序。DSP/BIOS同时也是一个可升级的实时内核，它主要是为需要实时调度和同步、主机—目标系统通信和实时监测（Instrumentation）的应用而设计的。DSP/BIOS是CCS的重要组成部分，它实质上是一种基于TMS320C5000和TMS320C6000系列DSP平台的规模可控实时操作系统内核，它也是TI公司实时软件技术eXpressDSP技术的核心部分。

DSP/BIOS本身只占用很少的资源，而且是可裁减的，它只把直接或间接调用的模块和API连接到目标文件中，最多为6500字，因此在多数应用中是可以接受的。它提供底层的应用程序接口，支持系统实时分析、线程管理、调用软件中断、周期函数与后台运行函数（idle函数）以及外部硬件中断与多种外设的管理。利用DSP/BIOS编写代码，借助CCS提供的多种分析与评估工具，如代码执行时间统计、显示输出、各线程占用CPU的时间统计等，可以直观地了解各部分代码的运行开销，高效地调试实时应用程序，缩短软件开发时间，而且DSP/BIOS是构建于已被证实为有效的技术之上的，创建的应用程序稳定性好，软件标准化程度高，可重复使用，这也减少了软件的维护费用。

在DSP的程序开发过程中，DSP/BIOS工具不是必备的，但DSP/BIOS工具可以帮助开发人员更加容易地控制DSP的硬件资源，更加灵活地协调各个软件模块的执行，从而大大加快软件的开发和调试进度。

使用DSP/BIOS进行开发有两个重要特点：第一，所有与硬件有关的操作都必须借助DSP/BIOS本身提供的函数完成，开发者应避免直接控制硬件资源，如定时器、DMA控制器、串口、中断等。开发人员可以通过CCS提供的图形化工具在DSP/BIOS的配置文件中完成这些设置，也可以在代码中通过API调用完成动态设置。第二，带有DSP/BIOS功能的程序在运行时与前面的程序有所不同。在传统开发过程中，用户自己的程序完全控制DSP，软件按顺序依次执行，而在使用DSP/BIOS后，由DSP/BIOS程序控制DSP，用户的应用程序建立在DSP/BIOS的基础之上。用户程序也不再是按编写的顺序执行，而是在DSP/BIOS的调度下按任务、中断的优先级排队等待执行。

DSP/BIOS组件由以下3部分组成：

（1）DSP/BIOS实时多任务内核与API函数　使用DSP/BIOS开发程序主要就是通过调用DSP/BIOS实时库中的应用程序接口（API）函数来实现的。所有API都提供C语言程序调用接口，只要遵从C语言的调用约定，汇编代码也可以调用DSP/BIOS API。DSP/BIOS API被分为多个模块，根据应用程序模块的配置和使用情况的不同，DSP/BIOS API函数代码长度为500~6500字。

（2）DSP/BIOS 配置工具　基于 DSP/BIOS 的程序都需要一个 DSP/BIOS 的配置文件，其扩展名为 . CDB。DSP/BIOS 配置工具有一个类似 Windows 资源管理器的界面，它主要有两个功能：

1）在运行时设置 DSP/BIOS 库使用的一系列参数。

2）静态创建被 DSP 应用程序调用的 DSP/BIOS API 函数所使用的运行对象，这些对象包括软件中断、任务、周期函数及事件日志等。

（3）DSP/BIOS 实时分析工具　DSP/BIOS 分析工具可以辅助 CCS 环境实现程序的实时调试，以可视化的方式观察程序的性能，并且不影响应用程序的运行。通过 CCS 下的 DSP/BIOS 工具控制面板可以选择多个实时分析工具，包括 CPU 负荷图、程序模块执行状态图、主机通道控制、信息显示窗口、状态统计窗口等。与传统的调试方法不同的是，程序的实时分析要求在目标处理器上运行监测代码，使 DSP/BIOS 的 API 和对象可以自动监测目标处理器，实时采集信息并通过 CCS 分析工具上传到主机。实时分析包括：程序跟踪、性能监测和文件服务等。

3.5.2　建立 DSP/BIOS 配置文件

每个使用 DSP/BIOS 的程序，都需要建立一个 DSP/BIOS 的配置文件，并应将该配置文件添加到工程文件中。该配置文件的扩展名为 . CDB。这是一个 Windows 界面的参数设置窗口，主要有两种功能：

（1）确定 DSP/BIOS 使用的各种参数。

（2）可以静态说明需要调用的 DSP/BIOS 模块，包括软/硬件中断、I/O 和逻辑事件等。

根据该配置文件，系统自动生成 LNK 连接器使用的 . cmd 文件（内存定位文件）和相关的 API 调用汇编代码 . s54 文件（以'C54x 系列 DSP 为例），这些汇编或 CMD 文件也必须添加到工程文件中。可以通过 DSP/BIOS 配置工具新建配置文件，也可以修改一个原来已经存在的配置文件。通过该配置文件还可以定义程序运行中的初始化系统参数，如 PMST、SWWSR、CLKMD 等寄存器。另外，在配置文件中，还可以使用可视化的工具，定义或编辑程序需要使用的各种 DSP/BIOS 提供的模块对象，如中断、数据管道、事件记录、时钟、周期函数等。

建立 DSP/BIOS 配置文件的步骤：

（1）在 CCS 中选择“File”→“New”→“DSP/BIOS Configuration”命令，打开 DSP/BIOS 配置文件的平台选择窗口，如图 3-55 所示。

（2）选择一个配置模板。C5000 系列有两种选择：C55xx 和 C54xx。由于本书中使用的硬件平台 CPU 为 TMS320VC5416，所以这里选择 C54xx 系列的“c54xx. cdb”模板。这是一个 C54xx 通用的配置文件模板，所有的 C54xx 型号都可以选择这个模板。如果用户的模板没有在清单上列出，则可以新建一个，并将其添加到清单里。

（3）单击“OK”按钮，建立新的配置。显示配置窗口，如图 3-56 所示。

（4）在配置窗口里，按照用户应用的要求执行以下任务：

1）建立应用所使用的目标程序。

2）目标程序名。

3）设置应用的全局性质。

4）修改模块管理器的性质。

5）修改目标文件的性质。

6）设置软件中断和任务的性质。

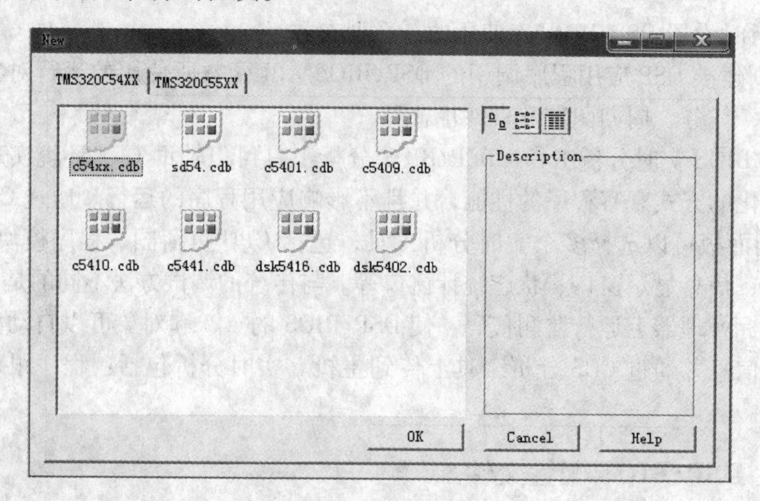

图 3-55 “新建 DSP/BIOS 配置文件”对话框

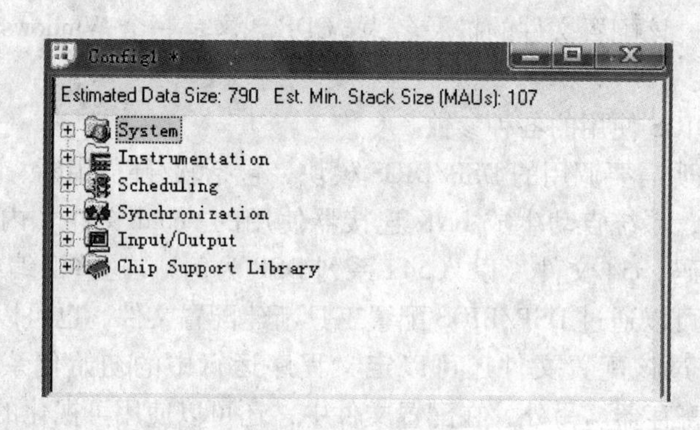

图 3-56 “显示配置”对话框

3.5.3 用 DSP/BIOS 工具创建应用程序

使用 DSP/BIOS 工具开发 DSP 应用程序和不使用 DSP/BIOS 工具的流程基本是一致的。所不同的是，DSP/BIOS 应用程序：

1）不需要添加 C 语言的标准库，如 rts. lib。

2）需要将 DSP/BIOS 的配置文件 . cdb 文件添加到工程文件中。

3）Link 使用的 . cmd 文件，由 DSP/BIOS 配置文件自动生成，所以只需添加由 DSP/BIOS 配置文件自动生成的 . cmd 文件即可。

下面，通过一个实际的例子（Projects \ semtest \ ）来说明 DSP/BIOS 工具的使用：

（1）在 CCS 中新建一个工程文件 semtest. pjt。

在“Project”菜单栏下单击“New”选项，建立一个新的工程。在弹出的“Project Creation”对话框中（见图 3-57），填写工程的名字、存放的位置，并选择开发板的类型。然后单击“完成”，新的工程就建成了。

（2）建立的 DSP/BIOS 配置文件 semtest. cdb，完成相应的模块设置，将生成的 semtest. cmd 添加到工程文件中。详细步骤如下：

1）新建一个 DSP/BIOS 配置文件，选择配置文件的类型，如图 3-58 所示。

2）单击“OK”，配置文件就构建成功了，如图 3-59 所示。

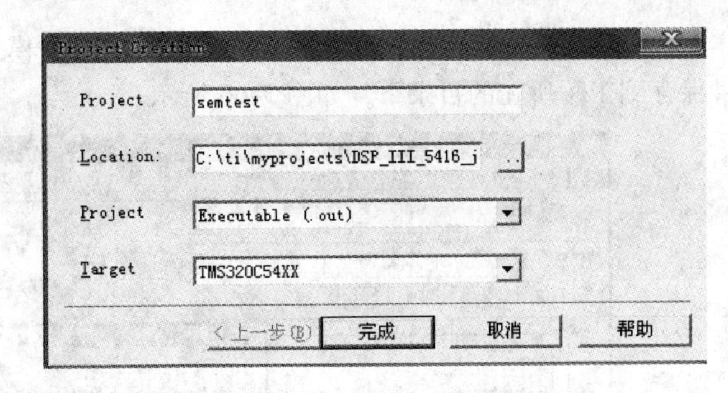

图 3-57　“创建工程”对话框

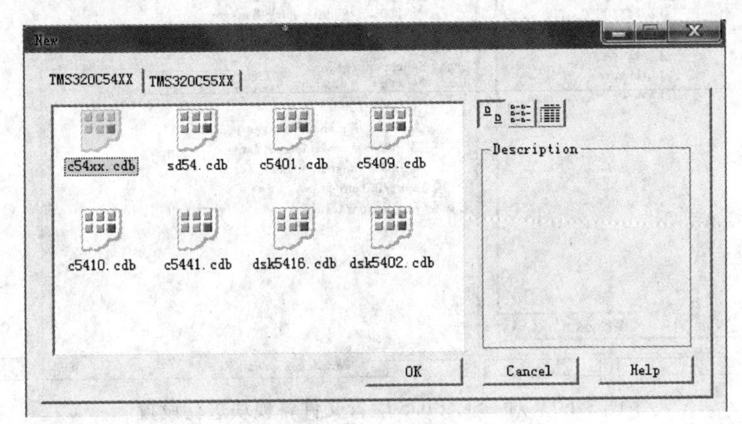

图 3-58　选择配置文件类型

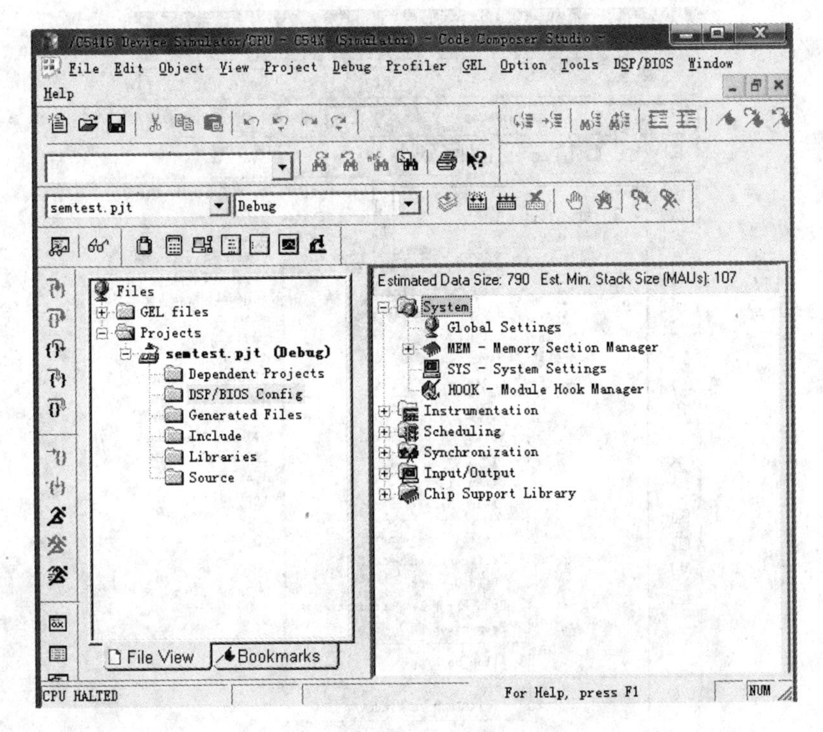

图 3-59　配置文件构建成功

按照程序的要求，对 DSP/BIOS 配置文件的各个模块进行设置，并将设置好的 .cdb 文件保存到工程所在的目录下，如图 3-60 所示。

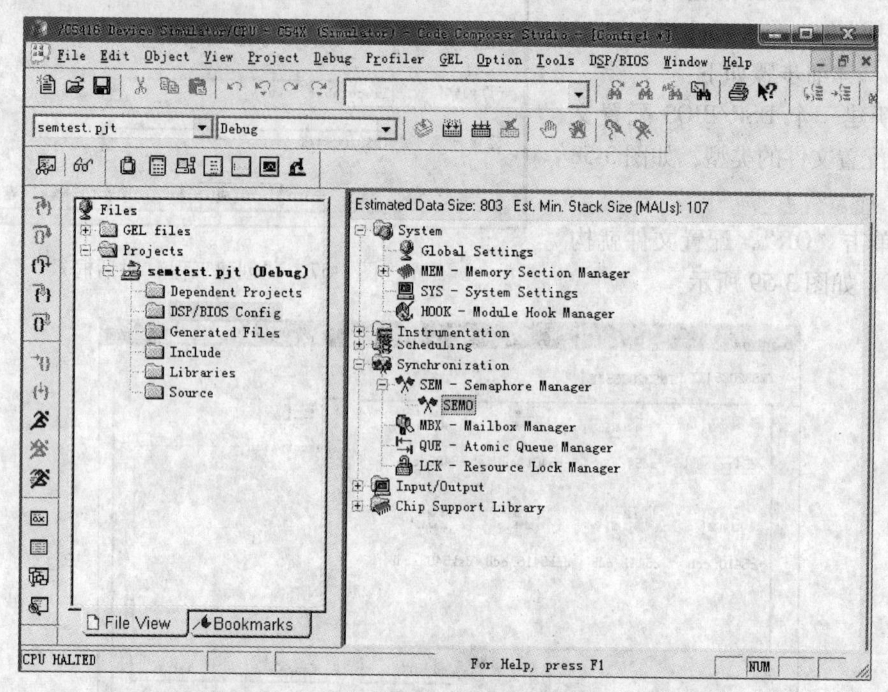

图 3-60　对 DSP/BIOS 配置文件各模块进行设置

将编辑好的配置文件添加到工程文件中，如图 3-61 所示。

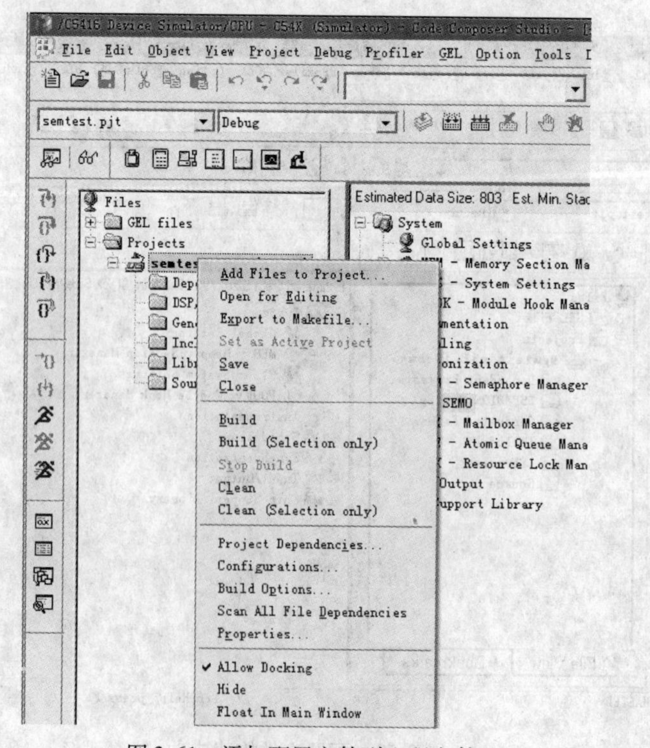

图 3-61　添加配置文件到工程文件

在添加 cdb 文件的同时，semtestcfg. s54、semtestcfg_c. c 这两个文件也被自动地添加到工程文件中，如图 3-62 所示。

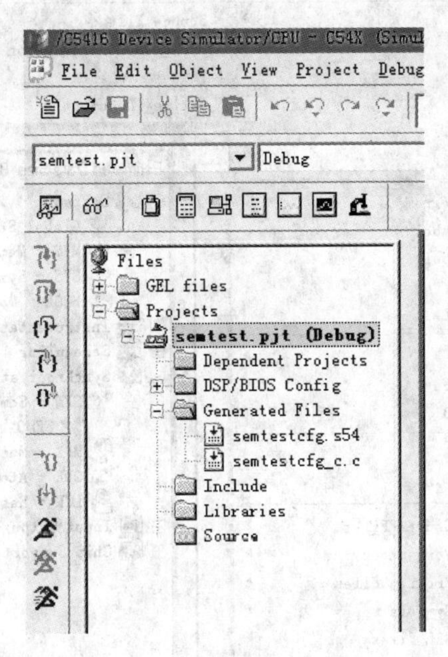

图 3-62　添加 semtestcfg. s54 和 semtestcfg_c. c 文件

将 . cbd 文件生成的 . cmd 文件添加到工程文件中（见图 3-63 和图 3-64）。

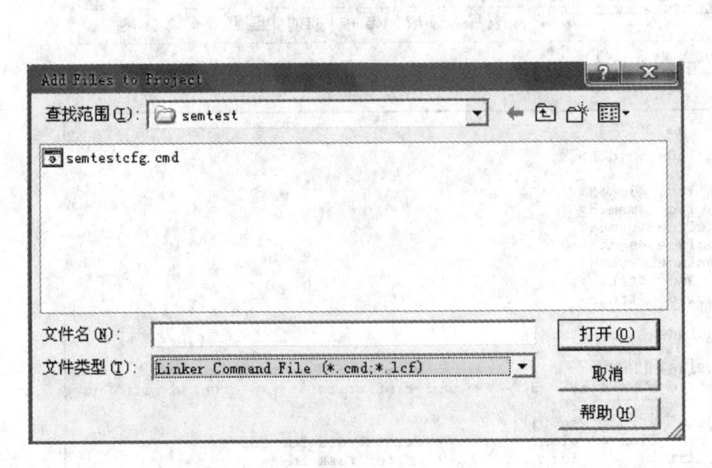

图 3-63　添加 . cmd 文件

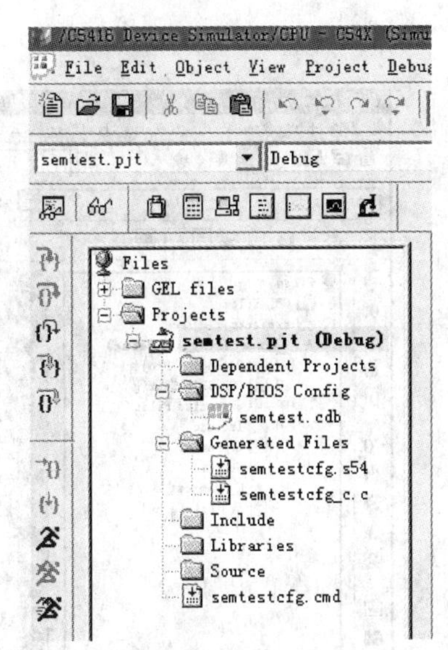

图 3-64　成功添加 . cmd 文件

（3）新建 semtest. c（见图 3-65），编写程序。

在 C 程序前添加 include 语句，包含 semtestcfg. h。该文件包含了 DSP/BIOS 中使用的 API 函数说明、变量说明以及头文件说明，并将编辑好的 C 源程序保存在工程文件中（见图 3-66）。

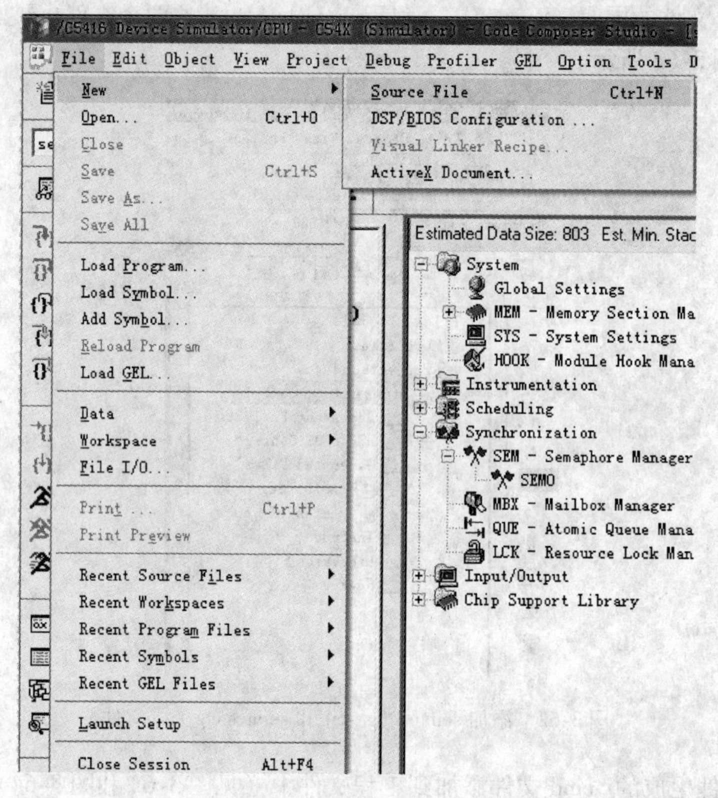

图 3-65　“新建源文件”命令

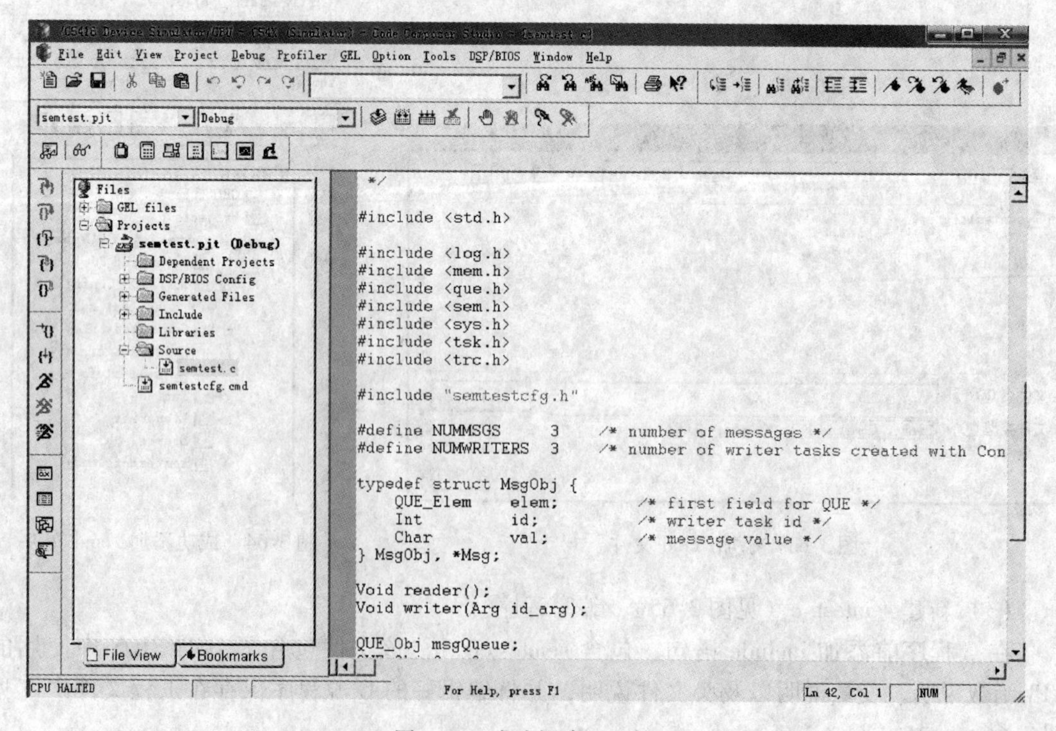

图 3-66　成功新建源文件

（4）编译、连接，调试正确，生成 . out 文件，装入 DSP 的片内存储器。

（5）选择“DSP/BIOS”菜单选项，然后选择“Message Log”选项。选择使用的 LOG 模块的名字，以备观察后面结果的输出。

（6）选择“Debug”菜单中的“Run”，观察运行结果（见图 3-67 和图 3-68）。

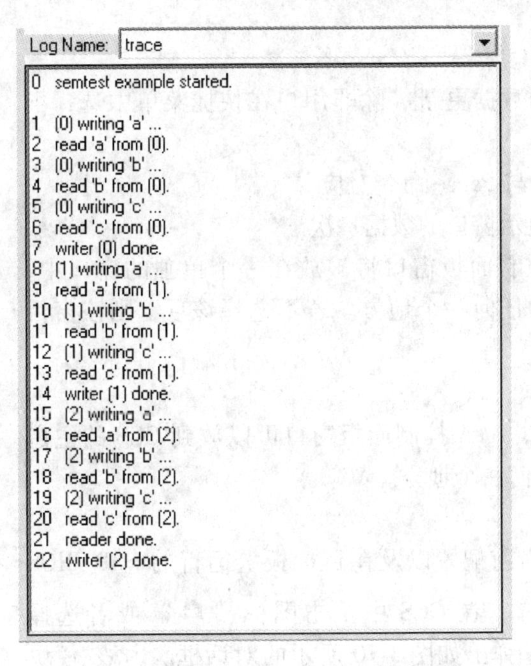

图 3-67 不执行任务切换时的运行结果

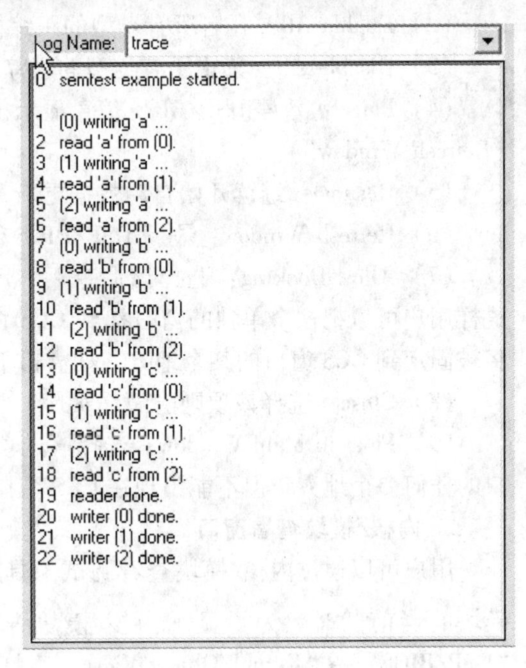

图 3-68 执行任务切换时的运行结果

3.5.4 DSP/BIOS 系统工具的使用

在前文中我们已经介绍了 DSP/BIOS 内核的基本情况和使用方法，包括配置文件的建立以及包含 DSP/BIOS 内核的 DSP 应用程序的基本开发过程。从上节的例子可以看出，DSP/BIOS 内核的使用简单地说就是 DSP/BIOS 提供的 API 模块的调用过程。本节主要介绍 CCS 中为使用 DSP/BIOS 内核的应用程序提供的系统分析工具。

1. DSP/BIOS 工具控制面板

为了显示 RTA 控制面板，用户可以在 CCS 中的快捷工具栏单击图标“ ”，或者在菜单栏中选择“DSP/BIOS→RTA Control Panel”命令。若没有装入一个带有 DSP/BIOS 内核的 OUT 文件，将无法打开该控制面板。在该窗口中，用户可以看到一系列复选框，利用这些复选框激活或禁止各种类型的实时跟踪，如图 3-69 所示。在 CCS 2.0 以后的版本中，如果进行默认设置，那么所有类型的跟踪都处于激活状态。为了激活各种跟踪类型，全局使能框（即最下面一个选项“Global host enable”）必须处于选中状态。例如，若用户需要显示 CPU 的负荷图、各个 DSP/BIOS 模块的运行状态图、信息输

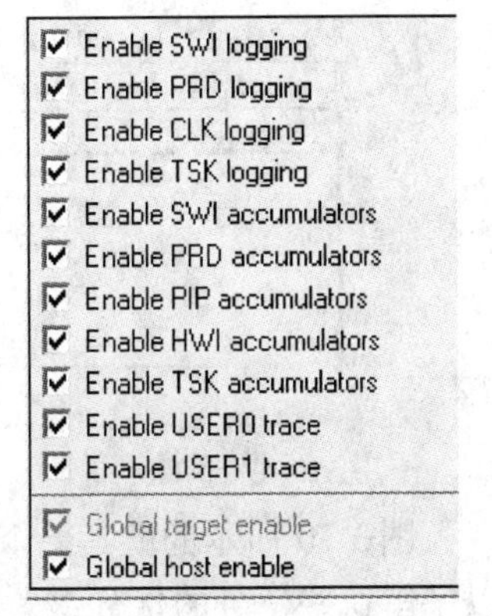

图 3-69 DSP/BIOS 工具控制面板

出等。就必须将在本窗口中选中对应的复选框。使用鼠标右键单击该控制面板窗口。用户可以改变窗口的设置参数，其弹出菜单包括以下命令：

（1）Property Page：用户可以在该窗口内修改各种DSP/BIOS信息，如显示窗口的数据更新速率，也可以改变默认的窗口打开形式。

（2）Enable All：开启所有类型的跟踪模式。

（3）Disable All：禁止所有类型的跟踪模式。

（4）Pause：暂停DSP/BIOS信息显示窗口的数据更新（除非用户在快捷菜单中选择了"Refresh Window"）。

（5）Resume：继续开始自动数据更新，该项与Pause命令对应。

（6）Refresh Window：刷新DSP/BIOS信息显示窗口的数据一次。

（7）Allow Docking：选择该命令后，RTA控制面板窗口将被放在一个单独的窗口中，这样用户可以把这个单独的窗口拖到CCS窗口的任何一个地方。若不选择该项，则该窗目将被固定到CCS窗口的某个地方，如窗口下部。

（8）Close：选择该项则隐藏（关闭）该工具。

（9）Float in Main Window：选择该选项之后，RTA控制面板窗口可以放到CCS的主窗口的任何一个地方，但不能出现在CCS窗口的任何一个地方。

2. 内核/模块查看窗口

用户可以通过内核/模块查看调试工具观察当前配置以及在目标板上运行的DSP/BIOS模块的当前状态。为了显示内核/模块查看窗口，在CCS中单击图标" "或者选择"DSP/BIOS"→"Kernel/Object View"菜单命令，弹出如图3-70所示的对话框。内核/模块查看窗口将以表格的形式显示如下信息。

（1）KNL：显示系统内核使用信息。

（2）TSK：显示任务线程的运行状态。

（3）MBX：显示邮箱模块的使用情况。

（4）SEM：显示旗语模块的使用情况。

（5）MEM：显示存储段的使用情况。

（6）SWI：显示软件中断线程的运行情况。

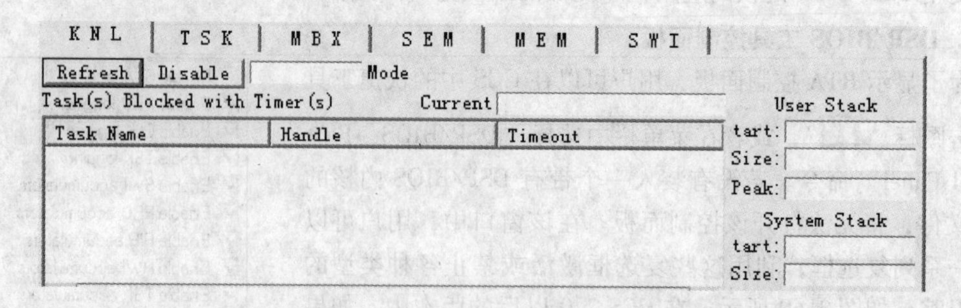

图3-70　DSP/BIOS内核/模块查看窗口

图3-70所示的就是一个DSP/BIOS程序的所有任务模块运行状态。通过该窗口，用户可以了解这些任务的优先级、运行状态、堆栈使用情况等。内核/模块查看工具是DSP/BIOS内核提供的一个重要工具，后面还要专门讨论这个工具的使用情况。

在图 3-70 所示的内核/模块查看工具窗口中都有一个“Refresh”（刷新）按钮。如果用户按下每一个表格右上角的刷新按钮，CCS 将会同时刷新所有表格内的数据，所以说刷新的过程是同步的。当目标板上的 DSP 处于运行时，按下刷新按钮后，CCS 会自动停止目标板的 DSP 的运行并开始收集数据，然后继续目标板 DSP 的运行。若用户打开了该内核/模块查看窗口，无论什么时候目标板 DSP 停止运行，如遇到断点等，CCS 将自动进行刷新。为了方便观察，若刷新后的显示数据与前一次的数据不同，变化的数据将用红色指出。

3. CPU 负荷图

为了显示 CPU 的负荷图，可以在 CCS 的快捷按钮中单击“ ”图标，或者选择“DSP/BIOS”→“Load Graph”菜单命令。在该窗口中，用户可以看到目标板 DSP 处理负荷的曲线。当前 CPU 负荷在图表的左下角，而 CPU 所达到的最高负荷则出现在右下角。用户可以通过调整窗口来改变图表的大小。

CPU 负荷包括了从目标板到主机和运行附加的后台任务所需要的所有时间。CPU 负荷数据在一次查询周期内统计。用户可以设定或修改这个查询周期：打开“RTA Control Panel”窗口，在该窗口上右击鼠标，在快捷菜单上选择“Property Page”。在“Host Refresh Rates”框中通过移动滑动块“Statistics View/CPU Load Graph”设定查询速率，然后单击“OK”按钮。

4. 程序模块执行状态图

为了显示执行状态图窗口，在 CCS 中单击图标“ ”，或者选择“DSP/BIOS”→“Execution Graph”菜单选项，打开“Execution Graph”对话框，如图 3-71 所示。在这个窗口中，用户可以看见程序中的各个线程运行状态图。除非在“RTA Control Panel”窗口中禁止记录各种目标类型，否则该图表会被更新。为了控制该窗口的更新频率，可以设置刷新率。

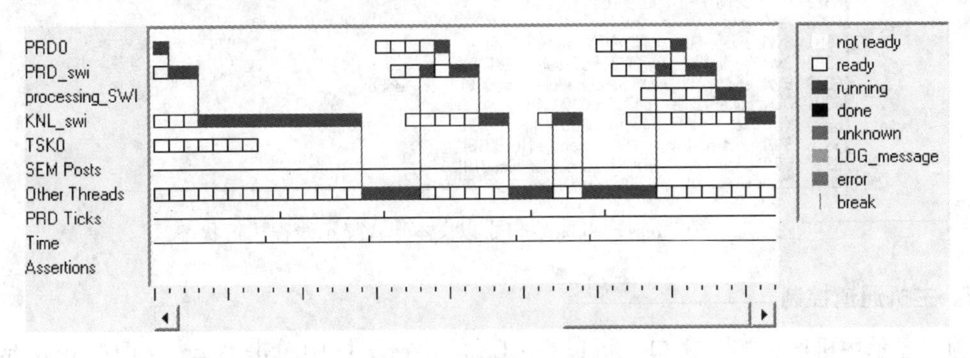

图 3-71　程序模块执行状态图

该图表还包括了很多行，其中包括 DSP/BIOS 程序中定义的 HWI 硬件中断服务程序，SWI 软件中断、TSK 任务、旗语模块、周期函数以及时钟模块信号。另外，还包括了内核线程和其他的 IDL 空闲线程，如图 3-71 所示显示的 initTsk 任务、KNL_ swi 内核线程以及 SEM 旗语的释放标记。另外，“Time”和“PRD Ticks”将分别标记定时器中断和周期性函数执行的时刻。

在图 3-71 的线程显示中，其优先级是从高到低显示，并使用不同颜色表示各个线程的状态，具体如下：

（1）白色表示线程没有运行或者没有准备好运行。

（2）白框表示线程已经进入执行队列等行执行，即已经准备好运行。

（3）蓝框表示线程正在运行，也就是说该线程正在使用 CPU。

（4）黑框表示线程运行完毕，如图 3-71 中的 initTsk 任务。

（5）蓝绿框表示在该轮询间隔开始到结束的时间片中没有该线程的状态信息。

（6）绿框识别程序对“LOG_message”功能的调用，它把用户的信息写到系统日志中。

（7）红框表示有错误发生。比如说，当调用 LOG_error 功能或者执行状态图检测出某线程没有满足实时要求时，则表示有错误发生。当有无效日志记录出现时，也意味着错误的发生，而无效的日志记录可能是在程序记录系统日志时产生的。

（8）红线表示超过了数据记录的大小。如果系统数据记录缓冲区设置成循环状态，那么每个红线表示重复使用缓冲区的开始。

注意，对于图 3-71 中显示的信息，DSP/BIOS 内核将使用一段内存（DSP 的一段数据存储器）来存放。用户可以在 DSP/BIOS 的配置文件中通过修改 LOG 模块参数来改变存储器长度。当然存储器越大，能记录的信息量也越大。由于 DSP 的数据存储器有限，所以一般将这个存储器的长度设置为 256B 或 512B，并同时允许循环使用该存储器。

如果要在消息日志窗口（Message Log 窗口）中显示程序模块执行状态图的数据详情，可以在 Message Log 窗口中选择“Execution Graph Details”，这样就可以以文本的形式看到事件的详情，如图 3-72 所示。

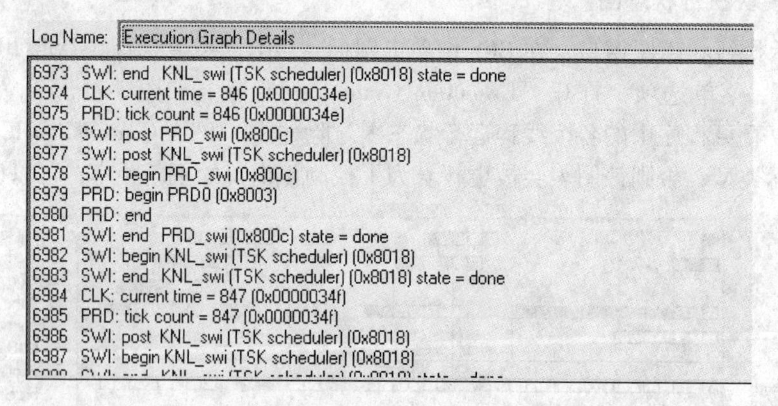

图 3-72 在 Message Log 窗口中以文本形式显示线程执行状态

5. 主机通道控制

为了显示主机通道控制窗口，可以在 CCS 的快捷图标中单击“ ”图标，或者选择“DSP/BIOS”→“Host Channel Control”菜单选项，弹出“Host Channel Control”对话框。在这个对话框中，可以看到程序定义的主机通道，如 input_HST、output_HST。用户可以使用这个窗口来指定与这些通道相连接的数据文件，这些文件被存放在主机（如 PC）的磁盘中，这就是通常所谓的绑定（Bind）。在该控制窗口中，还可以在一个通道开始数据传输时监视传输数据量。

用户可以通过拉动列标题栏间的分割线来改变主机通道控制中各栏的宽度。若在窗口内右击一个通道的名称，将出现一个弹出快捷菜单，其中包含以下命令。

（1）Property Page：通常不需要为主机通道控制设定属性。

（2）Bind：通过该命令，可以打开一个窗口使用户在主机上选择一个文件与该通道绑定。对于一个输入通道来说，需要选择一个现有的文件，文件的内容被传送（写）到 DSP 目标板。对于一个输出通道来说，需要选择一个新文件名。如果选择的文件名已经存在，则单击“OK”按钮，CCS 会覆盖原文件。这时 DSP 目标板就会使用这个主机通道，把数据写到该文件中。当绑定了某个通道后，可以设定个允许写入该文件字数的限定值。

（3）Unbind：通过该命令解除了通道与文件之间的绑定，然后可以选择其他的文件与该通道绑定。

（4）Start：选择该命令，则告知 DSP 目标系统已经准备好从输入通道读入数据或从输出通道接收数据。如果选择了多个通道，那么这些通道的工作就可以同时进行。

（5）Stop：选择该命令则停止了数据通过该通道传输，如果选择了多个通道，那么这些通道的工作就可以同时停止。

（6）Allow Docking：当移去该选项后面的选中标记后，CCS 会将这个工具窗口放在一个单独的窗口中，这样用户可以把这个单独的窗口拖到 CCS 主窗口屏幕中的任何位置。

（7）Close：选择该项则隐藏（关闭）该工具。

（8）Float in Main Window：在该选项之后放置一个选中标志，CCS 会将这个控制窗口放到一个单独的窗口中运行，而且该窗口可以被拖动到 CCS 窗口中的任何位置。

6. 信息显示窗口

DSP/BIOS 内核专门提供了一个信息输出窗口，用来替代标准 C 语言下的 stdout 窗口，同时使用 LOG_ printf 函数替代标准 C 语言中的 printf 函数。使用 DSP/BIOS 内核提供的 LOG_ printf 函数比标准 C 语言中的 printf 函数有更高的效率。可以在 CCS 中单击快捷图标按钮“ ”，或者选择“DSP/BIOS”→“Message Log”菜单选项来打开信息输出窗口，如图 3-73 所示。

不仅用户自己编写的应用程序可以利用该窗口输出信息（如调试信息），CCS 本身也利用该窗口输出系统内部的一些日志消息。所以，为了方便查看需要的信息，可以在该窗口的“Log Name”栏中选择相应输出对象。例如，在图 3-73 中，应用程序在调用函数 LOG_printf 时指定了参数 trace，也就是说用户应该在“Log Name”中选择“trace”才能看到打印输出的内容。再例如，如果用户选择了“Execution Graph Details”，该窗口将输出程序模块执行状态图的详细文本信息。

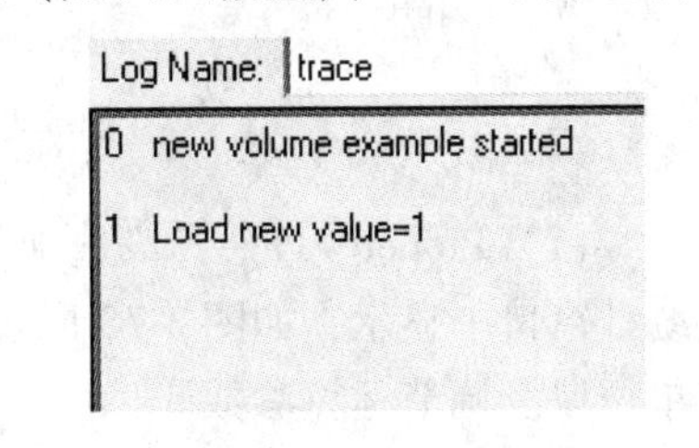

图 3-73　DSP/BIOS 下信息输出窗口

用户可以通过“RTA Control Panel”控制窗口设置一些信息输出窗口的参数，如窗口内数据更新的频率等。另外，一旦当应用程序运行时，即使在“RTA Control Panel”窗口中取消了日志记录功能，由程序直接输出的消息仍然会显示出来，它仅仅会忽略一些系统的日志消息。

如果在窗口中右击鼠标，将看到一个弹出菜单，其中快捷菜单包括以下命令：

（1）Property Page：允许在文件中存储窗口输出的消息，如图 3-74 所示。

（2）Pause：暂停信息的显示。

（3）Resume：继续以在 RTA 控制面板中“Property Page”设置的速率显示日志信息。

（4）Refresh Window：查询 DSP 目标系统一次，并刷新窗口的输出信息。

（5）Clear：消除该窗口内的日志消息。此命令对于存储在 DSP 目标板中的日志消息无效。

（6）Copy：把窗口内选择的文本复制到剪贴板，这样就可以在别的应用中使用该文本。

（7）Select All：选择窗口内的所有文本。注意，只有在窗口处于暂停状态或者程序没有运行的时候才可以使用“Select All”命令。

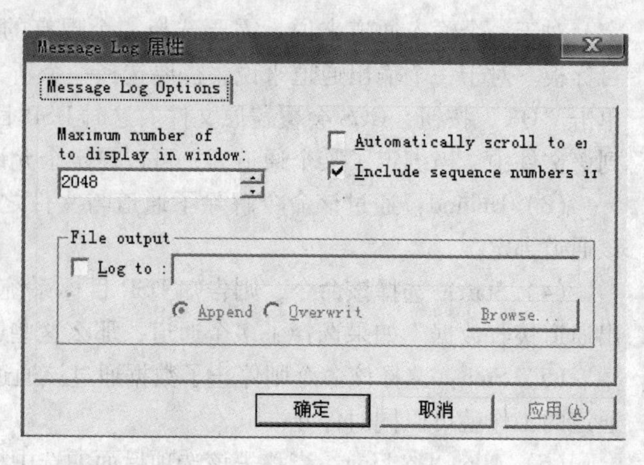

图 3-74　将 Message Log 窗口中的信息记录到文件中

7. 状态统计窗口

为了显示状态统计窗口，在 CCS 的快捷工具栏中单击“▦”按钮，或者选择“DSP/BIOS”→“Statistic View”菜单命令。为了控制数据更新的频率，可以设定查询速率。可以通过“RTA Control Panel”窗口调整刷新速率。在统计窗口中的每个统计模块可以有不同的单位，如指令数、时间等。如果用户在“RTA Control Panel”窗口中取消了统计数据累加功能，那么统计窗口的统计数据（指由 DSP/BIOS 系统自动创建的统计对象）不会自动更新，但由应用程序直接记录的统计资料仍然会被更新。如果用户在模块统计窗口中（见图 3-75）右击鼠标，则可以弹出一个快捷菜单，该菜单包含以下命令：

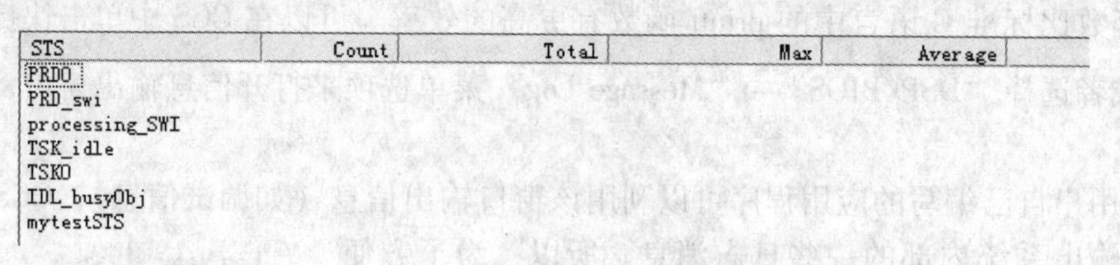

图 3-75　DSP/BIOS 内核提供的模块统计窗口

（1）Property Page：该选项可以选择 DSP/BIOS 内核中的 STS 统计模块中哪些项需要在统计窗口中显示，如图 3-76 所示。另外，该参数设置窗口还可以设置各个统计对象的数据单位以及调节运算参数。

（2）Pause：暂停自动刷新统计数据的显示（除非用户在快捷菜单中选择了“Refresh Window”，否则统计数据不会更新）。

（3）Resume：继续自动刷新统计数据的显示。其统计数据的更新频率由 RTA 控制面板中的“Property Page”窗口设置。

（4）Refresh Window：强制刷新统计数据窗口。

（5）Clear：清除该窗口内的数据。

（6）Copy：把窗口中的数据以分割制

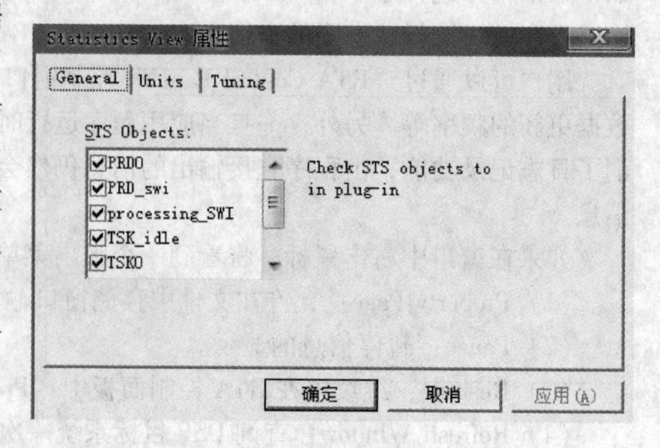

图 3-76　选择需要显示的统计模块

表符的格式复制到剪贴板，这种格式可以在别的应用中，比如在电子表格中直接应用。如果窗口处于暂停状态或目标处于停止状态，也可以使用此命令。

3.6　小结

本章主要介绍了 DSP 的集成开发环境 CCS 的使用。通过本章的学习，读者将对 CCS 开发环境的使用有深入的了解，应能正确地安装 CCS 并配置其开发环境，并能掌握开发一个 DSP 工程的流程。同时能对 DSP 工程进行调试并掌握 DSP/BIOS 实时内核的使用方法，为今后深入学习 DSP 打下基础。

思考题与习题

1. 简述 CCS 软件配置步骤。
2. CCS 开发平台都有哪些功能？
3. CCS 环境提供了哪些菜单和工具条？
4. 如何对事件进行仿真分析？
5. CCS 的 Simulator 和 Emulator 有区别吗？都适用于哪些场合？在 CCS 开发环境中哪些地方两者有区别？
6. DSP/BIOS 的启动过程是什么？
7. 在 CCS 2.0 环境下，没有 DSP 开发板，能否用 C54xx functional simulator 仿真方式建立 DSP/BIOS configuration 文件？

第 4 章　DSP 程序设计

本章首先介绍与汇编程序设计有关的内容，包括汇编语言的概述、'C54x 系列 DSP 的指令、COFF 文件等，然后介绍汇编语言及 C 语言程序设计的方法。

4.1　汇编语言的概述

'C54x 系列 DSP 汇编语言源程序由源语句组成。这些语句可以包含汇编语言指令、汇编伪指令和注释。'C54x 系列 DSP 汇编语言语句的书写有两种形式：助记符和代数形式。本节及后续有关的汇编语言以助记符形式介绍汇编语言源程序的格式、寻址方式、指令系统、汇编程序的编辑、汇编和链接过程，最后完成完整的汇编程序设计。

下面首先介绍汇编语言源程序的格式以及常数和字符串规定。

4.1.1　汇编语言的格式

程序的编写必须符合一定的格式，以便汇编器将源文件转换成目标文件。助记符指令一般包含 4 个部分，其一般组成形式为

[标号] [:] 助记符 [操作数] [; 注释]

例如：

Begin：LD#2，AR1；将 2 装入 AR1

其书写规则如下：

1）所有语句必须以标号、空格、星号或分号开始。

2）所有包含汇编伪指令的语句必须在一行完全指定。

3）标号可选，若使用标号，则标号必须从第一列开始。

4）每个区必须用一个或多个空格分开，TAB 键与空格等效。

5）程序中可以有注释，注释在第一列开始时前面需标上星号（*）或分号（;），但在其他列开始的注释前面只能标分号。

1. 标号区

所有汇编指令和大多数汇编伪指令前面都可以带标号，供本程序或其他程序调用。标号可以长达 32 个字符，由 A ~ Z、a ~ z、0 ~ 9、_和 $ 符号组成，且第一个字符不能是数字。使用标号时，标号的值是段程序计数器（SPC）的值。当标号独自占一行时，SPC 值不增加，标号指向下一行指令的地址。

例如：　Start：　LD#1234H，16，A；将 1234H 左移 16 位后加载到累加器 A 中

假定上述汇编指令经编译后在输出的列表文件中为如下的形式：

35 000006 F062 LD#1234H，16，A

第一列表示行号，第二列表示段程序计数器（SPC）的值，第 3 列表示 SPC 所指向的存储单元中的值。上述语句中，标号 Start 的值即为 000006。

2. 助记符区

助记符用来表示指令所完成的操作，助记符区不能从第一列开始，否则会被编译器认为是标号。助记符可以是汇编指令助记符（如 ABS、STH 等）、汇编伪指令（如 . data、. list 等）、宏伪指令（如 . macro 等）以及宏调用。

3. 操作数区

操作数区是一个操作数列表，可以是常数、符号或常数与符号构成的表达式。操作数间需用“,”号隔开。操作数前不同的前缀表示操作数的含义不同，其规定如下：

#前缀表示操作数为立即数，例如：

ADD#123，B；表示将操作数 123 和累加器 B 中的内容相加，和存到累加器 B 中。

* 前缀表示操作数为间接地址，例如：

LD * AR2，A；表示将 AR2 中的内容作为地址，然后将该地址的内容装入 A 中。

@ 前缀表示操作数作为直接地址。由指令中给出的地址和基地址（由数据页指针 DP 或堆栈指针 SP 给出）相结合共同形成 16 位的数据存储器地址。

4. 注释区

注释用来说明指令功能，便于用户阅读。注释可用于句首或句尾，位于句首时，以“*”或“;”开始，位于句尾时，以分号“;”开始。注释是可选项。

4.1.2　汇编语言中的常数和字符串

DSP 汇编程序中的常数与字符串见表 4-1。

表 4-1　常数与字符串

数据形式	举　例
二进制	11100110B（多达 16 位，后缀为 B）
八进制	572Q（多达 6 位，后缀为 Q）
十进制	1234（数的范围为 -32768 ~ 65535）
十六进制	0A40H 或 0xA40（多达 4 位，后缀为 H，或加前缀 0x）
浮点数	1.2e-4（仅 C 语言程序中能用，汇编程序中不能用）
字符常数	‘D’（单引号内的一个或两个字符，内部为 8 位的 ASCII 值）
字符串	. sect “myscetion”（双引号内的一串字符）

4.2　'C54x 系列 DSP 的指令

4.2.1　汇编指令的寻址方式

指令的寻址方式是指当 CPU 执行指令时寻找指令指定的参与运算的操作数的方法。'C54x 系列 DSP 共有 7 种数据寻址方式：立即寻址、绝对寻址、累加器寻址、直接寻址、间接寻址、存储器映像寄存器寻址和堆栈寻址。表 4-2 列出了寻址方式中用到的一些缩略语名称及其含义。

表 4-2 寻址方式中用到的一些缩略语名称及其含义

名 称	含 义
Smem	单个的数据存储器操作数
1k	16 位长立即数
Xmem	双数据存储器操作数，用于双操作数或部分单操作数指令，从 DB 数据总线上读取
Ymeme	双数据存储器操作数，用于双操作数指令，从 CB 数据总线上读取
dmad	数据存储器地址（0≤dmad≤65535）
pmad	程序存储器地址（0≤pmad≤65535）
PA	I/O 地址（0≤pmad≤65535）
src	源累加器（A 或 B）
dst	目的累加器（A 或 B）

1. 立即寻址

立即寻址主要用于初始化，在指令中包含有指令所需要的一个固定的立即数。立即数有短立即数和长立即数两类。短立即数长度为 3 位、5 位、8 位或 9 位，可以放在一个字长的指令中；长立即数长度为 16 位，应该放在两个字长的指令中。立即数的长度由使用的指令类型决定。表 4-3 列出了可以包含立即数的指令，并指出了立即数的位数。

表 4-3 支持立即数的指令

3 位或 5 位立即数	8 位立即数	9 位立即数	16 位立即数
LD	FRAME LD RPT	LD	ADD ADDM AND ANDM BITF CMPM LD MAC OR ORM RPT RPTZ ST STM SUB XOR XORM

在立即寻址方式指令中，数字或符号前面加“#”，表示该数字或符号是一个立即数，以同地址相区别。例如，将一个十六进制数 2000H 装入累加器 B 的指令为

LD#2000H，B

指令执行前、后的结果如下：

执行前

B	00 0000 0000
SXM	1

执行后

B	00 0000 2000
SXM	1

SXM 为符号扩展方式位，若 SXM = 0，表示禁止符号位扩展；若 SXM = 1，则允许符号位扩展。

2. 绝对寻址

绝对寻址的特点是指令中包含要寻址的存储单元的 16 位地址。在绝对寻址中，一般用“ * ”来表示后面的是地址。例如：

（1） MVKD 2000H， *（2001H）；将数据存储器地址为 2000H 单元中的数据
；复制到数据存储器地址为 2001H 的单元中

数据存储器

	执行前		执行后
2000H	1234	2000H	1234
2001H	0000	2001H	1234

（2）MVPD 1000H，＊AR2　　　　；将程序存储器地址为 1000H 单元中的数据
　　　　　　　　　　　　　　　；复制到寄存器 AR2 的值为地址的数据存储器单元中

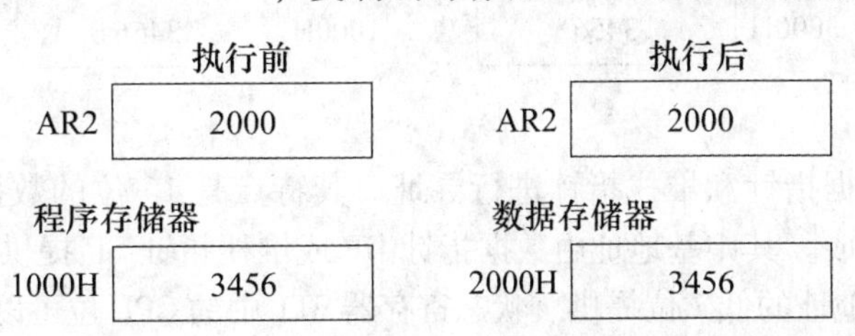

（3）PORTR 0100H，＊AR3　　　；把一个数据从端口地址为 0100H 的 I/O 口
　　　　　　　　　　　　　　　；复制到寄存器 AR3 的值为地址的数据存储器单元中

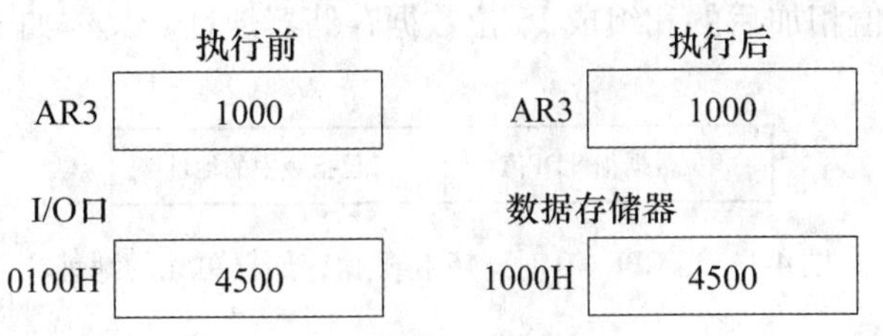

（4）LD＊(1000H)，A　　　　　；将数据存储器地址为 1000H 单元中的数据装入累加器 A 中

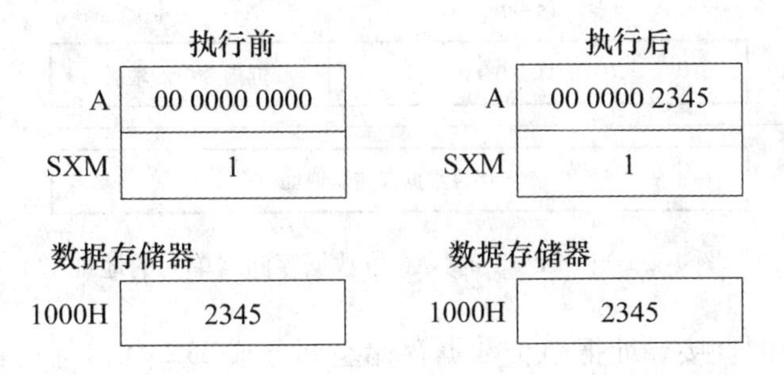

3. 累加器寻址

累加器寻址是将累加器中的值作为地址去读/写程序存储器。仅有两条指令 READA、WRITA 可以采用累加器寻址。例如：

（1）READA 3000H　　　　　　；将累加器 A 中的值作为地址所确定的程序存储器单元
　　　　　　　　　　　　　　　；中的数据传送到数据存储器地址为 3000H 的单元中

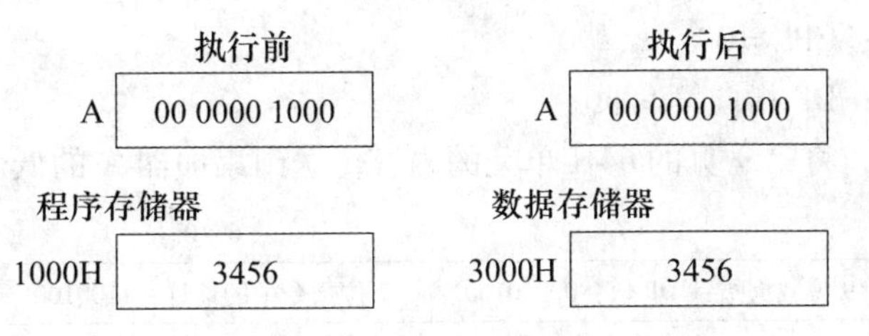

（2） WRITA 3000H　　　　；将数据存储器地址为 3000H 的单元中的数据传送到

　　　　　　　　　　　　　；累加器 A 中的值作为地址所确定的程序存储器单元

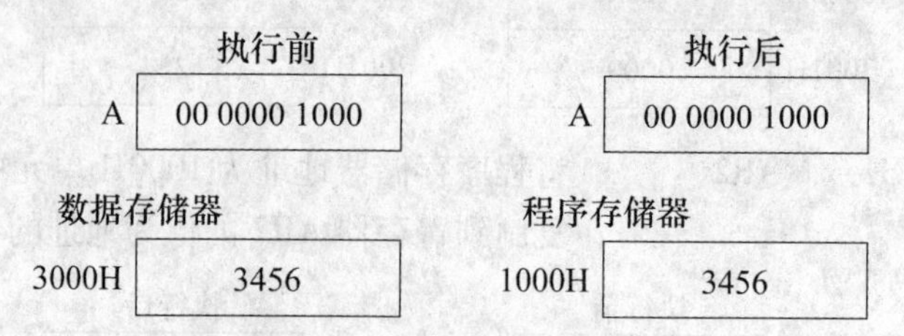

4. 直接寻址

直接寻址利用数据指针和堆栈指针进行寻址。其特点是 16 位的数据存储器地址由基地址和偏移地址共同构成。其中基地址由数据指针 DP 或堆栈指针 SP 提供，偏移地址由指令中所包含的数据存储器地址的低 7 位提供。状态寄存器 ST1 中的 CPL 位可以选择采用 DP 还是 SP 作为基地址来生成实际的数据存储器地址。若 CPL = 0，则 9 位数据指针（状态寄存器 ST0 的低 9 位）和指令中的 7 位地址组成 16 位数据存储器地址；若 CPL = 1，则 16 位的堆栈指针和指令中的 7 位地址值相加后的和组成 16 位数据存储器地址。具体如图 4-1 和图 4-2 所示。

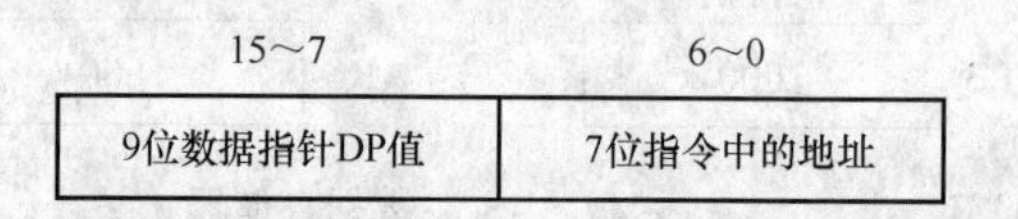

图 4-1　当 CPL = 0 时，16 位数据存储器单元的地址

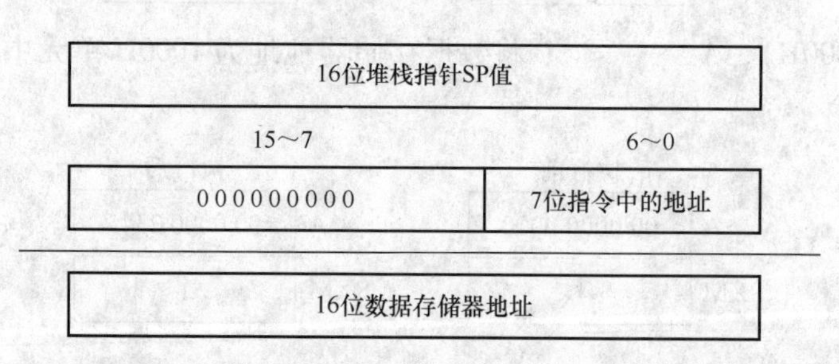

图 4-2　当 CPL = 1 时，16 位数据存储器单元的地址

以 DP 为基地址的直接寻址把整个数据存储空间分成 512 页，每页有 128 个存储单元。由状态寄存器 ST0 的低 9 位（即数据指针）决定是 512 页中的哪一页，由指令中的低 7 位决定是该页中的哪一个单元。

直接寻址的特点是在变量或常数前加符号“@”，表示该寻址方式是直接寻址。但值得注意的是，直接寻址时变量或常数前面也可不加符号“@”。

下列程序段将第 9 页中的 64H 存储单元的数据传送到累加器 A 的低 16 位。

```
RSBX CPL    ; CPL = 0
LD#9, DP    ; DP 指向第 9 页
LD@64H, A   ; 将第 9 页的 64H 单元的内容传送到累加器 A 的低 16 位
```

15 ~ 7	6 ~ 0
9 位数据指针 DP 值：000001001	7 位指令中的地址：1100100

16 位数据存储器地址：0000 0100 1110 0100

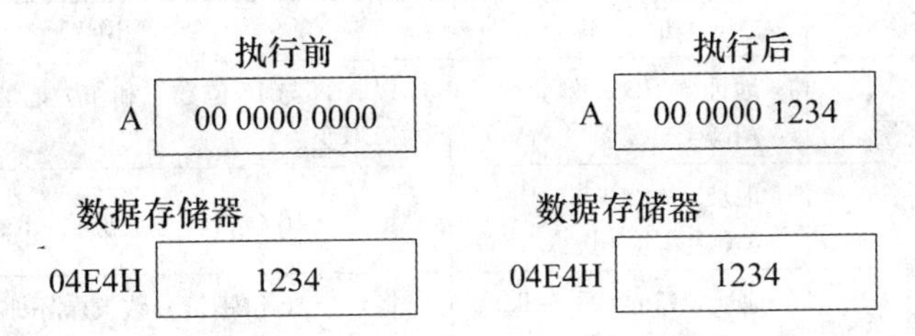

5. 间接寻址

间接寻址利用 8 个 16 位辅助寄存器（AR0 ~ AR7）中的值作为地址来访问存储器，故可以用来寻址 64K 字数据存储空间中的任何一个存储单元。'C54x 系列 DSP 有两个辅助寄存器算术运算单元（ARAU0 和 ARAU1），它们与 8 个辅助寄存器（AR0 ~ AR7）一起，完成 16 位无符号数算术运算。间接寻址有两种方式：单操作数寻址和双操作数寻址。单操作数寻址是指一条指令中只有一个存储器操作数。双操作数寻址是指在一条指令中访问两个数据存储单元（包括读两个独立的数据存储单元，或者读和写两个顺序的存储单元，或者读一个数据存储单元的同时写另一个存储单元）。

（1）单操作数寻址　表 4-4 列出了 16 种单操作数间接寻址的功能及其说明。

表 4-4　16 种单操作数间接寻址的功能及其说明

序　号	操作码语法	功　能	说　明
0	* ARx	地址 = ARx	ARx 的内容为数据存储器地址
1	* ARx -	地址 = ARx ARx = ARx - 1	寻址结束后，ARx 地址减 1②
2	* ARx +	地址 = ARx ARx = ARx + 1	寻址结束后，ARx 地址加 1①
3	* + ARx	ARx = ARx + 1 地址 = ARx	ARx 中的地址加 1 后，再寻址①②③
4	* ARx - 0B	地址 = ARx ARx = B(ARx - AR0)	寻址结束后，用位倒序进位的方法从 ARx 中减去 AR0 的值
5	* ARx - 0	地址 = ARx ARx = ARx - AR0	寻址结束后，从 ARx 中减去 AR0 的值
6	* ARx + 0	地址 = ARx ARx = ARx + AR0	寻址结束后，把 AR0 加到 ARx 中
7	* ARx + 0B	地址 = ARx ARx = B(ARx + AR0)	寻址结束后，用位倒序进位的方法将 AR0 加到 ARx 中
8	* ARx - %	地址 = ARx ARx = Circ(ARx - 1)	寻址结束后，ARx 中的地址值按循环减的方法减 1①
9	* ARx - 0%	地址 = ARx ARx = Circ(ARx - AR0)	寻址结束后，按循环减的方法从 ARx 中减去 AR0 中的值
10	* ARx + %	地址 = ARx ARx = Circ(ARx + 1)	寻址结束后，ARx 中的地址值按循环加的方法加 1①
11	* ARx + 0%	地址 = ARx ARx = Circ(ARx + AR0)	寻址结束后，按循环加的方法将 AR0 中的值加到 ARx

（续）

序　号	操作码语法	功　　能	说　　明
12	* ARx(1k)	地址 = ARx + lk ARx = ARx	以 ARx 与 16 位数之和作为地址，寻址结束后，ARx 中的值不变
13	* +ARx(1k)	地址 = ARx + lk ARx = ARx + lk	将一个 16 位带符号数加到 ARx，然后寻址③
14	* +ARx(1k)%	地址 = Circ(ARx + lk) ARx = Circ(ARx + lk)	将一个 16 位带符号数按循环加的方法加至 ARx，然后再寻址
15	*(1k)	地址 = (lk)	利用 16 位无符号数作为地址，寻址数据存储器③

① 寻址 16 位字时增/减量为 1，32 位字时增/减量为 2。
② 这种方式只能用写操作指令。
③ 这种方式不允许对存储器映像寄存器寻址。

由表 4-4 可见，在 TMS320C54x 间接寻址方式中，除了常见的增量、减量和变址寻址功能外，还增加了一些特殊的间接寻址功能，它们是：

1）位码倒序寻址功能。位码倒序主要用于 FFT 算法。FFT 算法要求采样点输入是倒序时，输出才是顺序的。若输入是顺序的，则输出是倒序的。以 16 点 FFT 为例，位码倒序寻址见表 4-5。

表 4-5　位码倒序寻址

存储单元地址	FFT 变换结果	位码倒序寻址	位码倒序寻址结果
0000	X (0)	0000	X (0)
0001	X (8)	1000	X (1)
0010	X (4)	0100	X (2)
0011	X (12)	1100	X (3)
0100	X (2)	0010	X (4)
0101	X (10)	1010	X (5)
0110	X (6)	0110	X (6)
0111	X (14)	1110	X (7)
1000	X (1)	0001	X (8)
1001	X (9)	1001	X (9)
1010	X (5)	0101	X (10)
1011	X (13)	1101	X (11)
1100	X (3)	0011	X (12)
1101	X (11)	1011	X (13)
1110	X (7)	0111	X (14)
1111	X (15)	1111	X (15)

由表 4-5 可见，位码倒序寻址的下一个数可由上一个数通过位倒序进位加 1 产生。位倒序进位是指进位不是加到左边一位，而是加到右边的那位。例如：

进位加到左边（正序）	进位加到右边（倒序）
1100	1100
+ 1000	+ 1000
10100	0010

16 点蝶形 FFT 运算中，可将 FFT 长度的一半（8）存放到 AR0 中，如果 AR3 指向 X（0）首址 3000H，则执行下面 2 条程序后将以倒序地址：3000H，3008H，3004H，300CH，…，3007H，300FH 向 PA 口输出。

```
RPT#15
PORTW* AR3 +0B,PA
```

2）循环寻址功能。在卷积、相关和 FIR 滤波算法中，要求在存储器中设置一个缓冲区作为滑动窗，保存最新一批数据。循环寻址过程中，不断有新的数据覆盖旧的数据，从而实现循环缓冲区寻址。

循环缓冲区长度 BK 决定了缓冲区的大小，循环寻址时首先应将缓冲区的长度值 R 加载至循环缓冲区长度寄存器 BK。

STM#lk，BK；设置循环缓冲区的大小

循环缓冲区从 N 位的地址边界（N 位 0）开始，$R<2^N$。若 $R=40$，则 $N=6$，开始地址为 XXXX XXXX XX00 0000。

循环寻址时用一个 ARx 指向缓冲区，根据 ARx 的低 N 位作为循环缓冲区的偏移量进行寻址操作。循环寻址的算法如下：

If　0≤偏移量 + 步长 < BK；
偏移量 = 偏移量 + 步长；
Else if 偏移量 + 步长≥BK；
偏移量 = 偏移量 + 步长 - BK；
Else if 偏移量 + 步长 <0；
偏移量 = 偏移量 + 步长 + BK；

上述算法中，偏移量即为 ARx 的低 N 位。步长是指一次加到或从辅助寄存中 ARx 减去的值。

举例对上述循环寻址进行说明。若缓冲区的长度值 $R=20$，则由 $R<2^N$ 得到 $N=5$，设定 AR2 = 2000H 指向缓冲区的首地址。因为 AR2 的低 5 位为 0，得到偏移量 = 0，若用循环寻址 * + AR2（7）%，则步长 = 7。则下列指令指令序列将实现循环寻址。

```
STM #0014H,BK
STM #2000H,AR2
LD  * +AR2(7)%,A
LD  * +AR2(7)%,B
STL A,* +AR2(7)%
```

执行指令 LD　* + AR2(7)%，A 时，偏移量 = 偏移量 + 步长 = 0 + 7 = 7，则寻址 2000H + 7 = 2007H 存储单元；执行指令 LD　* + AR2(7)%，B 时，偏移量 = 偏移量 + 步长 = 7 + 7 = 14 < BK，则寻址 2000H + 14 = 200EH 单元；执行指令 STL A，* + AR2(7)%时，偏移量 = 偏移量 + 步长 = 14 + 7 = 21 > BK，则偏移量 = 21 - 20 = 1，则寻址 2000H + 1 = 2001H 单元。

（2）双操作数寻址　双操作数寻址是指在一条指令中完成两次读或一次读一次写操作，它需要在一条指令中访问两个存储器单元的操作数。表4-6列出了双操作数间接寻址的类型。

表4-6　双操作数间接寻址的类型

操作码语法	功　能	说　明
* ARx	地址 = ARx	ARx中的内容是数据存储器地址
* ARx -	地址 = ARx ARx = ARx - 1	寻址后，ARx的地址减1
* ARx +	地址 = ARx ARx = ARx + 1	寻址后，ARx的地址加1
* ARx + 0%	地址 = ARx ARx = circ（ARx + AR0）	寻址后，AR0以循环寻址方式加到ARx中去

双操作数寻址中所用的辅助寄存器只能是AR2，AR3，AR4，AR5。双操作数间接寻址的特点是：占用程序空间小，运行速度快。

下列程序段实现将地址为2000H存储单元的内容左移16位后加载至累加器A，同时将T寄存器与地址为3000H存储单元的内容相乘后和累加器B相加，相加后的和存储到累加器B中。

```
STM#2000H,AR2
STM#3000H,AR3
LD * AR2,A||MAC* AR3, B
```

6. 存储器映像寄存器寻址

存储器映像寄存器（MMR）寻址用来修改存储器映像寄存器的值而不影响当前数据页指针DP或堆栈指针SP的值。只有8条指令能使用存储器映像寄存器寻址。

```
LDM MMR,dst          ;把MMR的值传送到累加器
MVDM dmad,MMR        ;把数据存储单元的值传送到MMR
MVMD MMR,dmad        ;把MMR的值传送到数据存储单元
MVMM MMRx,MMRy       ;把MMRx的值传送到MMRy,MMRx、MMRy是指AR0~AR7
STLM src,MMR         ;把累加器的低16位传送到MMR
STM #lK,MMR          ;把一个16位的长立即数传送到MMR
POPM MMR             ;把SP指定的存储单元的值传送到MMR，然后SP自加1
PSHM MMR             ;把MMR的值传送到SP指定的存储单元，然后SP自减1
```

7. 堆栈寻址

堆栈寻址用于发生中断或子程序调用时保护现场或传送参数，如自动保存程序计数器（PC）中的值。'C54x系列DSP的堆栈是从高地址向低地址方向生长的，用堆栈指针SP来对堆栈进行管理，它始终指向堆栈的栈顶，即堆栈中的最后一个元素。堆栈寻址遵循先进后出的原则，当把一个数据压入堆栈时，SP先减1然后再将数据压入；当把一个数据从堆栈中弹出时，先将数据弹出再将SP加1。只有4条指令采用堆栈寻址方式。

```
POPD  Smem           ;从堆栈栈顶弹出一个数据到数据存储单元
```

```
POPM  MMR        ;从堆栈栈顶弹出一个数据到 MMR
PSHD  Smem       ;把数据存储单元中的一个数压入堆栈栈顶
PSHM  MMR        ;把 MMR 的值压入堆栈栈顶
```

4.2.2 'C54x 系列 DSP 的汇编指令系统

1. 指令系统中的符号和缩略语

'C54x 系列 DSP 的助记符指令由操作码和操作数两部分组成。操作码和操作数都用助记符表示，例如：

LD#1234H，A；将立即数 1234H 传送到累加器 A

上条指令中，LD 即为操作码，它表示当前指令的操作类型；立即数 1234H 和累加器 A 均为操作数。分号后面部分为注释。

在介绍指令系统之前，先介绍指令系统中用到的符号和缩略语，见表 4-7。

表 4-7　指令系统中用到的符号和缩略语

符　号	含　义
A	累加器 A
ALU	算术逻辑运算单元
AR	泛指通用辅助寄存器
ARx	指定某一辅助寄存器 AR0 ~ AR7
ARP	ST0 中的 3 位辅助寄存器指针
ASM	ST1 中的 5 位累加器移位方式位（$-16 \leqslant ASM \leqslant 15$）
B	累加器 B
BRAF	ST1 中的块重复操作标志
BRC	块重复操作寄存器
BITC	用于测试指令，指定数据存储器单元中的哪一位被测试（$0 \leqslant BITC \leqslant 15$）
C16	ST1 中的双 16 位/双精度算术运算方式位
C	ST0 中的进位位
CC	2 位条件码（$0 \leqslant CC \leqslant 3$）
CMPT	ST1 中的 ARP 修正方式位
CPL	ST1 中的直接寻址编辑方式位
cond	表示一种条件的操作数，用于条件执行指令
[d]，[D]	延时选项
DAB	D 地址总线
DAR	DAB 地址寄存器
dmad	16 位立即数数据存储器地址（$0 \leqslant dmad \leqslant 65535$）
Dmem	数据存储器操作数
DP	ST0 中的数据存储器页指针（$0 \leqslant DP \leqslant 511$）
dst	目的累加器（A 和 B）
dst_	与 dst 相反的目的累加器

（续）

符　号	含　义
EAB	E 地址总线
EAR	EAB 地址总线
extpmad	23 位立即数表示的程序存储器地址
FRCT	ST1 中的小数方式位
hi（A）	累加器 A 的高阶位（AH）
HM	ST1 中的保持方式位
IFR	中断标志寄存器
INTM	ST1 中的中断屏蔽位
K	少于 9 位的短立即数
k3	3 位立即数（$0 \leqslant k3 \leqslant 7$）
k5	5 位立即数（$-16 \leqslant k5 \leqslant 15$）
k9	9 位立即数（$0 \leqslant k9 \leqslant 511$）
lk	16 位长立即数
Lmem	利用长字寻址的 32 位单数据存储器操作数
mmr，MMR	存储器映像寄存器
MMRx，MMRy	存储器映像寄存器，AR0 ~ AR7 或 SP
n	指令后面的字数，取 1 或 2
N	指定状态寄存器，N = 0，为 ST0；N = 1，为 ST1
OVA	ST0 中的累加器 A 溢出标志
OVB	ST0 中的累加器 B 溢出标志
OVdst	目的累加器（A 或 B）的溢出标志
OVdst_	与 Ovdst 相反的目的累加器的溢出标志
OVsrc	源累加器（A 或 B）的溢出标志
OVM	ST1 中的溢出方式位
PA	16 位立即端口地址（$0 \leqslant PA \leqslant 65535$）
PAR	程序存储器地址寄存器
PC	程序计数器
pmad	16 位立即数表示的程序存储器地址（$0 \leqslant pmad \leqslant 65535$）
pmem	程序存储器操作数
PMST	处理器工作方式状态寄存器
prog	程序存储器操作数
[R]	舍入选项
rnd	舍入
RC	重复计数器
RTN	快速返回寄存器
REA	块重复结束地址寄存器

（续）

符　号	含　义
RSA	块重复起始地址寄存器
SBIT	用于指定状态寄存器位的 4 位地址（0≤SBIT≤15）
SHFT	4 位移位值（0≤SHFT≤15）
SHIFT	5 位移位值（－16≤SHIFT≤15）
Sind	间接寻址的单数据存储器操作数
Smem	16 位单数据存储器操作数
SP	堆栈指针寄存器
src	源累加器（A 或 B）
ST0，ST1	状态寄存器 0，状态寄存器 1
SXM	ST1 中的符号扩展方式位
T	暂存器
TC	ST0 中的测试/控制标志
TOS	堆栈顶部
TRN	状态转移寄存器
TS	由 T 寄存器的 5～0 位所规定的移位数（－16≤TS≤31）
uns	无符号数
XF	ST1 中的外部标志状态位
XPC	程序计数器扩展寄存器
Xmem	16 位双数据存储器操作数，用于双数据操作数指令
Ymem	16 位双数据存储器操作数，用于双数据操作数指令和单数据操作指令

2. 指令系统中的记号和运算符

指令系统中所用的记号见表 4-8。

表 4-8　指令系统中所用的记号

记　号	含　义
[X]	方括号内的操作数是可选项。例如：LD Smem [，SHIFT]，dst 指令中必须有 Smem 和 dst，但 SHIFT 是可选的
#	用来表示指令中的立即数
(abc)	小括号表示一个寄存器或存储单元的内容。例如：(src) 表示源累加器中的内容
x→y	x 值被传送到 y 中
r(n－m)	表示寄存器或存储器 r 的第 n～m 位
<< nn	移位 nn 位，nn 为正时左移，为负时右移。
||	表示两指令并行操作
\\\\	循环左移
//	循环右移
$\overline{X}$	X 取反
|X|	X 取绝对值
AAH	AA 代表一个十六进制数

指令系统中所用的运算符号见表 4-9。

表 4-9　指令系统中所用的运算符号

符　号	运　算	求值顺序
+ - ~ !	取正、取负、按位求补、逻辑负	从右至左
*/%	乘法、除法、求模	从左至右
+　-	加法、减法	从左至右
^	指数	从左到右
<< >>	左移、右移	从左至右
< ≤	小于、小于等于	从左至右
> ≥	大于、大于等于	从左至右
≠　! =	不等于	从左至右
&	按位与运算	从左至右
∧	按位异或运算	从左至右
|	按位或运算	从左至右

3. 指令系统分类

'C54x 系列 DSP 的指令系统共有 129 条基本指令，由于操作数的寻址方式不同，由它们可以派生多至 205 条指令。按指令的功能可分成 8 大类：算术运算指令、逻辑运算指令、长字运算指令、程序控制指令、I/O 指令、加载和存储指令、数据传送指令和并行操作指令。

（1）算术运算指令　算术运算指令是实现数学计算的重要指令集合。TMS320C54x 的算术指令具有运算功能强、指令丰富等特点，它包括加法指令、减法指令、乘法指令、乘法-累加指令、乘法-减法指令、特殊运算指令等。

1）加法指令。'C54x 系列 DSP 的加法指令共有 13 条，可完成两个操作数的加法运算、移位后的加法运算、带进位的加法运算和不带符号位扩展的加法运算。

加法指令列于表 4-10。

表 4-10　加法指令

语　法	运行结果	注　释
ADD　Smem, src	src = src + Smem	操作数加至累加器
ADD　Smem, TS, src	src = src + Smem << TS	操作数移位后加至累加器
ADD Smem, 16, src[, dst]	dst = src + Smem << 16	操作数左移 16 位加至累加器
ADD Smem, [, SHIFT], src[, dst]	dst = src + Smem << SHIFT	操作数移位后加至累加器
ADD Xmem, SHFT, src	src = src + Xmem << SHFT	操作数移位后加至累加器
ADD Xmem, Ymem, dst	dst = Xmem << 16 + Ymem << 16	两操作数分别左移 16 位后相加送至累加器
ADD#lk, [, SHFT], src[, dst]	dst = src + #lk << SHFT	长立即数移位后加至累加器
ADD#lk, 16, src[, dst]	dst = src + #lk << 16	长立即数左移 16 位加至累加器
ADD src, [, SHIFT][, dst]	dst = dst + src << SHIFT	累加器移位后相加
ADD src, ASM[, dst]	dst = dst + src << ASM	累加器按 ASM 移位后相加
ADDC Smem, src	src = src + Smem + C	操作数带进位加至累加器
ADDM　#lk, Smem	Smem = Smem + #lk	长立即数加至存储器
ADDS Smem, src	src = src + uns(Smem)	操作数符号位不扩展加至累加器

移位操作数的范围为 -16≤SHIFT≤15，0≤SHFT≤15。移位位数为正数时左移，移位时低位添 0，高位受 SXM 位影响。如果 SXM =1，则高位进行符号扩展；如果 SXM =0，则高位清 0。移位位数为负数时右移，如果 SXM =1，则高位进行符号扩展；如果 SXM =0，则高位清 0。

【例 4-1】　ADD#9056H，8，A，B　；立即数 9056H 左移 8 位后与累加器 A 相加
　　　　　　　　　　　　　　　　　　　；和存到累加器 B 中

	执行前		执行后
A	00 0000 1234	A	00 0000 1234
B	00 0000 0000	B	FF FF90 6834
SXM	1	SXM	1
C	0	C	0

说明：因为 SXM =1，故立即数 9056H 左移 8 位后为 FF FF90 5600H，与累加器 A 相加，得到 B = FF FF90 834H，相加运算没产生进位，C =0。

2）减法指令。减法指令列于表 4-11。

表 4-11　减法指令

语　法	运行结果	注　释
SUB　Smem,src	src = src - Smem	从累加器中减去操作数
SUB　Smem,TS,src	src = src - Smem << TS	从累加器中减去移位后的操作数
SUB Smem,16,src[,dst]	dst = src - Smem << 16	累加器减去左移 16 位的操作数
SUB Smem,[,SHIFT],src[,dst]	dst = src - Smem << SHIFT	操作数移位后与累加器相减
SUB Xmem,SHFT,src	src = src - Xmem << SHFT	操作数移位后与累加器相减
SUB Xmem,Ymem,dst	dst = Xmem << 16 - Ymem << 16	两操作数分别左移 16 位后相减送至累加器
SUB#lk,[,SHFT],src[,dst]	dst = src - #lk << SHFT	长立即数移位后与累加器相减
SUB#lk,16,src[,dst]	dst = src - #lk << 16	长立即数左移 16 位与累加器相减
SUB src,[,SHIFT][,dst]	dst = dst - src << SHIFT	目标累加器减去移位后的源累加器
SUB src,ASM[,dst]	dst = dst - src << ASM	源累加器按 ASM 移位与目标累加器相减
SUBB Smem,src	src = src - Smem - C	累加器与操作数带借位减操作
SUBC Smem,src	If(src - Smem << 15) >0, src = (src - Smem << 15) << 1 + 1 Else src = src << 1	条件减法操作
SUBS Smem,src	src = src - uns(Smem)	累加器与符号位不扩展的操作数减操作

【例 4-2】　SUB#9056H，8，A，B　；累加器 A 与立即数 9056H 左移 8 位后相减
　　　　　　　　　　　　　　　　　　　；差存到累加器 B 中

	执行前		执行后
A	00 0000 1234	A	00 0000 1234
B	00 0000 0000	B	FF FF90 6834
SXM	1	SXM	1
C	0	C	0

说明：因为 SXM = 1，立即数 9056H 左移 8 位后为 FF FF90 5600H，累加器 A 中的数与之相减，故 00 0000 1234 – FF FF90 5600H = 00 006F BC34H，相减运算产生了借位，C = 0。

3）乘法指令。'C54x 系列 DSP 有大量的乘法指令，指令运算结果都是 32 位，放在累加器 A 或 B 中。乘法指令列于表 4-12。

表 4-12 乘法指令

语 法	运行结果	注 释
MPY Smem, dst	dst = T * Smem	T 寄存器与操作数相乘
MPYR Smem, dst	dst = rnd(T * Smem)	T 寄存器与操作数带舍入相乘
MPY Xmem, Ymem, dst	dst = Xmem * Ymem, T = Xmem	两操作数相乘
MPY Smem, #lk, dst	dst = Smem * #lk, T = Smem	长立即数与操作数相乘
MPY #lk, dst	dst = T * #lk	长立即数与 T 寄存器相乘
MPYA dst	dst = T * A(32 ~ 16)	T 寄存器与累加器 A 高位相乘
MPYA Smem	B = Smem * A(32 ~ 16), T = Smem	操作数与累加器 A 高位相乘
MPYU Smem, dst	dst = uns(T) * uns(Smem)	无符号数相乘
SQUR Smem, dst	dst = Smem * Smem, T = Smem	操作数的二次方
SQUR A, dst	dst = A(32 ~ 16) * A(32 ~ 16)	累加器 A 高位的二次方

【例 4-3】 MPY#0FFFEH，A ；长立即数与 T 寄存器相乘，结果放在累加器 A 中。

	执行前		执行后
A	00 0000 1234	A	FF FFFF C000
T	2000	T	2000
FRCT	0	FRCT	0

4）乘法-累加指令。乘法-累加指令完成乘法运算，将乘积再与源累加器的内容相加。指令中使用 R 后缀的，其运算结果要进行舍入。表 4-13 列出了乘法-累加指令。

表 4-13 乘法-累加指令

语 法	运行结果	注 释
MAC Smem, src	src = src + T * Smem	操作数与 T 相乘加到累加器
MAC Xmem, Ymem, src[, dst]	dst = src + Xmem * Ymem, T = Xmem	两操作数相乘加到累加器
MAC#lk, src[, dst]	dst = src + T * #lk	长立即数与 T 相乘加到累加器

（续）

语　法	运行结果	注　释
MAC　Smem,#lk,src[,dst]	dst = src + Smem * #lk,T = Smem	长立即数与操作数相乘加到累加器
MACR　Smem,src	src = rnd(src + T * Smem)	操作数与 T 相乘加到累加器(带舍入)
MACR Xmem,Ymem,src[,dst]	dst = rnd(src + Xmem * Ymem),T = Xmem	两操作数相乘加到累加器(带舍入)
MACA　Smem[,B]	B = B + Smem * A(32 ~16),T = Smem	操作数与累加器 A 高位相乘加到累加器 B
MACA　T,src[,dst]	dst = src + T * A(32 ~16)	T 与 A 的高位相乘加到累加器
MACAR Smem[,B]	B = rnd(B + Smem * A(32 ~16)),T = Smem	操作数与累加器 A 高位相乘加到累加器 B(带舍入)
MACAR T,src[,dst]	dst = rnd(src + T * A(32 ~16))	T 与 A 高位相乘加到累加器(带舍入)
MACD Smem,Pmad,src	src = src + Smem * Pmad,T = Smem,(Smem +1) = Smem	操作数与程序存储器内容相乘后加到累加器并延迟
MACP Smem,Pmad,src	src = src + Smem * Pmad,T = Smem	操作数与程序存储器内容相乘后加到累加器
MACSU Xmem,Ymem,src	src = src + uns(Xmem) * Ymem,T = Xmem	无符号操作数与有符号操作数相乘后加到累加器
SQURA　Smem,src	src = src + Smem * Smem,T = Smem	操作数的二次方与累加器相加

【例 4-4】　MAC#2000H，A，B；长立即数 2000H 与 T 寄存器相乘，乘积再与累加器 A 相加，结果放在累加器 B 中。

	执行前		执行后
A	00 0000 1234	A	00 0000 1234
B	00 0000 0000	B	00 0D15 9234
T	3456	T	3456
FRCT	1	FRCT	1

'C54x 系列 DSP 提供了一个状态位 FRCT，如果将其设为 1，则乘法器相乘后会自动地左移一位，再将结果传送到累加器，从而消除冗余符号位。立即数 2000H 与 T 寄存器值 3456H 相乘后得到 68AC000H，左移一位后为 D158000H，再与累加器 A 中的值 00 0000 1234H 相加后，得到 00 0D15 9234H，存到累加器 B 中。

5）乘法-减法指令。乘法-减法指令完成乘法运算，将累加器的内容与乘积相减。表 4-14 中列出了乘法-减法指令。

表 4-14　乘法-减法指令

语　法	运行结果	注　释
MAS　Smem,src	src = src - T * Smem	累加器减去 T 与操作数的乘积
MAS Xmem,Ymem,src[,dst]	dst = src - Xmem * Ymem,T = Xmem	累加器减去两操作数的乘积
MASR Xmem,Ymem,src[,dst]	dst = rnd(src - Xmem * Ymem),T = Xmem	累加器减去两操作数的乘积(带舍入)
MASR　Smem,src	src = rnd(src - T * Smem)	累加器减去 T 与操作数的乘积(带舍入)
MASA　Smem[,B]	B = B - Smem * A(32~16),T = Smem	累加器 B 减去操作数与累加器 A 高位的乘积
MASA　T,src[,dst]	dst = src - T * A(32~16)	累加器减去 T 与 A 高位的乘积
MASAR　T,src[,dst]	dst = rnd(src - T * A(32~16))	累加器减去 T 与 A 高位的乘积(带舍入)
SQURS　Smem,src	src = src - Smem * Smem,T = Smem	累加器与操作数的二次方相减

【例 4-5】 MAS *AR2，*AR3，A，B；AR2 与 AR3 指定的数据存储单元中的数据相乘后，累加器 A 乘积与之相减，相减后的结果放在累加器 B 中，AR2 指定的数据存储单元中的数据传送到 T 寄存器。

	执行前		执行后
A	00 0000 0100	A	00 0000 0100
B	00 0000 0000	B	00 0000 00EC
T	0000	T	0005
FRCT	0	FRCT	0
AR2	1000	AR2	1000
AR3	2000	AR3	2000

	数据存储器		数据存储器
1000H	0005	1000H	0005
2000H	0004	2000H	0004

AR2 寄存器中的值为 1000H，它指向的数据存储单元中的数据为 0005H，AR2 寄存器中的值为 2000H，它指向的数据存储单元中的数据为 0004H，0005H * 0004H = 0014H，累加器 A 中的数据 00 0000 0100 与 0014H 相减后得到 00 0000 00ECH，结果传送到累加器 B 中，同时将 AR2 指定的数据存储单元中的数据 0005H 传送到 T 寄存器。

6）特殊运算指令。特殊运算指令列于表 4-15。

表 4-15　特殊运算指令

语　法	运行结果	注　释
ABDST Xmem,Ymem	B = B + |A(32~16)|, A = (Xmem - Ymem) <<16	求两向量间绝对距离

（续）

语 法	运行结果	注 释
ABS src[,dst]	dst = |src|	累加器求绝对值
CMPL src[,dst]	dst = $\overline{\text{src}}$	累加器求反
DELAY Smem	(Smem + 1) = Smem	存储单元延迟
EXP src	T = 带符号数(src) - 8	求累加器的指数
FIRS Xmem, Ymem, Pmad	B = B - A * Pmad, A = (Xmem + Ymem) << 16	对称 FIR 滤波
LMS Xmem, Ymem	B = B + Xmem * Ymem, A = (A + Xmem << 16) + 215	求最小方均值
MAX dst	dst = max(A,B)	求 A 和 B 的较大值
MIN dst	dst = min(A,B)	求 A 和 B 的较小值
NEG src[,dst]	dst = - src	累加器变负
NORM src[,dst]	dst = src << TS, dst = norm(src, T)	归一化
POLY Smem	B = Smem << 16, A = rnd(A * T + B)	求多项式的值
RND src[,dst]	dst = src + 215	累加器舍入运算
SAT src	Saturate(src)	累加器饱和运算
SQDST Xmem, Ymem	B = B + A(32 ~ 16) * A(32 ~ 16) A = (Xmem - Ymem) << 16	计算两点之间距离的二次方

【例 4-6】 ABS A，B；计算累加器 A 的绝对值，传送到累加器 B 中。

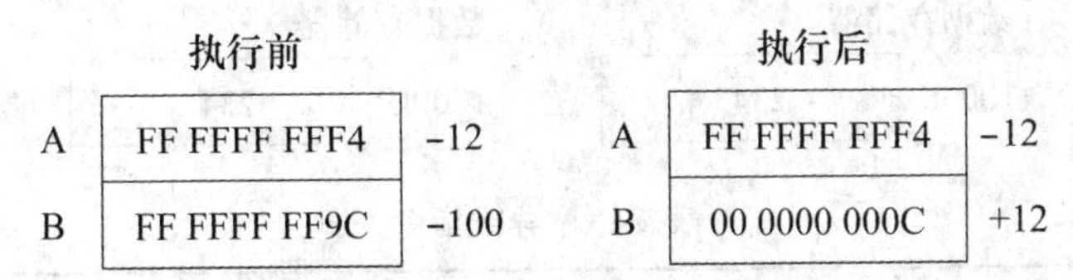

（2）逻辑运算指令 'C54x 系列 DSP 的指令系统具有丰富的逻辑运算指令。它包括与、或、异或、移位、测试指令，分别列于表 4-16 ~ 表 4-21。

表 4-16 与指令

语 法	运行结果	注 释
AND Smem, src	src = src&Smem	源操作数与累加器与运算
AND#lk[,SHFT], src[,dst]	dst = src&#lk << SHFT	长立即数移位后与累加器与运算
AND#lk, 16, src[,dst]	dst = src&#lk << 16	长立即数左移 16 位与累加器与运算
ANDsrc[,SHIFT][,dst]	dst = dst&src << SHIFT	源累加器移位后与目标累加器与运算
ANDM #lk, Smem	Smem = Smem&#lk	目标操作数与长立即数与运算

与运算指令中，如果有移位，操作数在移位后再进行与运算，左移时低位添 0；右移时高位添 0。不受 SXM 影响。

【例 4-7】 AND A，3，B；累加器 A 左移 3 位后与累加器 B 进行与运算，结果存到累加器 B 中。

	执行前		执行后
A	00 0000 1200	A	00 0000 1200
B	00 0000 1800	B	00 0000 1000

表 4-17 或指令

语　法	运行结果	注　释
OR　Smem, src	src = src | Smem	源操作数与累加器或运算
OR#lk[,SHFT], src[,dst]	dst = src | #lk << SHFT	长立即数移位后与累加器或运算
OR#lk,16, src[,dst]	dst = src | #lk << 16	长立即数左移 16 位与累加器或运算
ORsrc[,SHIFT][,dst]	dst = dst | src << SHIFT	源累加器移位后与目标累加器或运算
ORM　#lk, Smem	Smem = Smem | #lk	目标操作数与长立即数或运算

【例 4-8】 OR *AR3+，A；AR3 中的值作为地址所指定的数据存储单元中的数与累加器 A 进行或运算，结果存到累加器 A 中。

	执行前		执行后
A	00 0000 19A7	A	00 0000 3BE7
AR3	1000	AR3	1001
	数据存储器		数据存储器
1000H	2345	1000H	2345

表 4-18 异或指令

语　法	运行结果	注　释
XOR　Smem, src	src = src ∧Smem	源操作数与累加器异或运算
XOR#lk[,SHFT], src[,dst]	dst = src ∧#lk << SHFT	长立即数移位后与累加器异或运算
XOR#lk,16, src[,dst]	dst = src ∧#lk << 16	长立即数左移 16 位与累加器异或运算
XOR src[,SHIFT][,dst]	dst = dst ∧src << SHIFT	源累加器移位后与目标累加器异或运算
XORM　#lk, Smem	Smem = Smem ∧#lk	目标操作数与长立即数异或运算

【例 4-9】 XOR A，3，B；累加器 A 左移 3 位后与累加器 B 进行异或运算，结果存到累加器 B 中。

	执行前		执行后
A	00 0000 1200	A	00 0000 1200
B	00 0000 1800	B	00 0000 8800

表 4-19　移位指令

语　法	运行结果	注　释
ROL src	C→src(0) src(30~0)→src(31~1) src(31)→C 0→src(39~32)	累加器循环左移一位
ROLTC src	TC→src(0) src(30~0)→src(31~1) src(31)→C 0→src(39~32)	累加器带 TC 位循环左移
ROR src	C→src(31) src(31~1)→src(30~0) src(0)→C 0→src(39~32)	累加器循环右移一位
SFTA src,SHIFT[,dst]	If SHIFT <0 Then src((-SHIFT)-1)→C src(39~0) << SHIFT→src 或 dst If SXM =1 Then src(39)→src(39-(39+SHIFT+1)) 或 src(39)→dst(39-(39+SHIFT+1)) Else 0→src(39-(39+SHIFT+1)) 或 0→dst(39-(39+SHIFT+1)) Else src(39-SHIFT)→C (src) > > SHIFT→src 或 dst 0→src((SHIFT-1)-0) 或 0→dst((SHIFT-1)-0)	累加器算术移位

SFTC src	If(src) =0
	Then
	1→TC
	Else
	If(src(31)XOR(src(30)) =0
	Then
	0→TC
	(src) << 1→src
	Else
	1→TC
		累加器条件移位

SFTL src,SHIFT[,dst]	If SHIFT <0 Then src((-SHIFT)-1)→C src(31~0) << SHIFT→src 或 dst 0→src(39-(31+SHIFT+1)) 或 0→dst(39-(31+SHIFT+1)) If SHIFT =0 Then 0→C Else src((31-SHIFT)+10)→C src((31-SHIFT)-0) << SHIFT→src or dst 0→src((SHIFT-1)-0)or dst((SHIFT-1)-0) 0→src(39~32)or dst(39~32)	累加器逻辑移位

【例 4-10】 ROL A；累加器 A 循环左移 1 位。

	执行前		执行后
A	00 1234 5678	A	00 2468 ACF0
C	0	C	0

表 4-20 测试指令

语 法	运行结果	注 释
BIT Xmem,BITC	TC = Xmem(15 - BITC))	测试 Xmem 的指定位

BITF Smem,#lk	If((Smem) AND#lk) = 0
	Then
	TC = 0
	Else
	TC = 1
		测试 Smem 中指定的某些位

BITT Smem	TC = Smem(15 - TREG(3 ~ 0))	测试 Smem 中由 T 寄存器指定的位

CMPM Smem,#lk	If(Smem) = #lk
	Then
	TC = 1
	Else
	TC = 0
		比较 Smem 和长立即数是否相等

CMPR CC,ARx	If(condition)
	Then
	TC = 1
	Else
	TC = 0
		比较 ARx 与 AR0

指令 CMPR 中的 CC 为测试条件代码，见表 4-21。比较时 ARx 与 AR0 中的操作数都当作无符数处理。

表 4-21 测试条件与代码

条件代码 CC	condition	说 明
00	EQ	Test if(ARX) = (AR0)
01	NEQ	Test if(ARX)! = (AR0)
10	GT	Test if(ARX) > (AR0)
11	LT	Test if(ARX) < (AR0)

【例 4-11】 CMPR 1，AR3；比较 AR3 和 AR0 是否不相等，若不相等，则 TC = 1；否则 TC = 0。

	执行前		执行后
TC	0	TC	1
AR0	2000	AR0	2000
AR3	1000	AR3	1000

（3）长字运算指令　长字运算指令也称为双精度/双 16 位数指令，共有 6 条，列于表 4-22。这些指令在 C16 的控制下完成一个 32 位数（即双精度数）或两个 16 位数的运算。若 C16 = 0，指令执行双精度运算；若 C16 = 1，指令执行双 16 位运算。

表 4-22　双精度/双字算术运算指令

语　法	运行结果	注　释

DADD　Lmem, src[, dst]	If(C16) = 0
	Then
	dst = Lmem + src
	Else
	dst(39 ~ 16) = Lmem(31 ~ 16) + src(31 ~ 16)
	dst(15 ~ 0) = Lmem(15 ~ 0) + src(15 ~ 0)
		双精度/双 16 位数加到累加器

DADST Lmem, dst	If(C16) = 0
	Then
	dst = Lmem + (T << 16 + T)
	Else
	dst(39 ~ 16) = Lmem(31 ~ 16) + T
	dst(15 ~ 0) = Lmem(15 ~ 0) - T
		双精度/双 16 位数与 T 寄存器值相加/减

DRSUB Lmem, src	If(C16) = 0
	Then
	src = Lmem - src
	Else
	src(39 ~ 16) = Lmem(31 ~ 16) - src(31 ~ 16)
	src(15 ~ 0) = Lmem(15 ~ 0) - src(15 ~ 0)
		从双精度/双 16 位数中减去累加器的值

DSADT Lmem, dst	If(C16) = 0
	Then
	dst = Lmem - (T << 16 + T)
	Else
	dst(39 ~ 16) = Lmem(31 ~ 16) - T
	dst(15 ~ 0) = Lmem(15 ~ 0) + T
		双精度/双 16 位数与 T 寄存器值相加/减

DSUB Lmem, src	If(C16) = 0
	Then
	src = src - Lmem
	Else
	src(39 ~ 16) = src(31 ~ 16) - Lmem(31 ~ 16)
	src(15 ~ 0) = src(15 ~ 0) - Lmem(15 ~ 0)
		从累加器减去双精度/双 16 位数

DSUBT Lmem, dst	If(C16) = 0
	Then
	dst = Lmem - (T << 16 + T)
	Else
	dst(39 ~ 16) = Lmem(31 ~ 16) - T
	dst(15 ~ 0) = Lmem(15 ~ 0) - T
		从双精度/双 16 位数中减去 T 寄存器的值

【例 4-12】　DSUBT * AR3 + , A；由 AR3 指定的数据存储单元中的双精度/双 16 位数中减去 T 寄存器的值，结果存到累加器 A 中。

	执行前		执行后
A	00 0000 0064	A	00 8ACE CF13
T	9876	T	9876
C16	0	C16	0
AR3	2000	AR3	2002

数据存储器

2000H	2345	2000H	2345
2001H	6789	2001H	6789

由于 C16 =0，上条指令执行双精度数运算。AR3 指定的双精度数为 23456789H，T 寄存器左移 16 位后为 98760000H，加上原 T 寄存器的值 9876H 后变为 98769876H，23456789H 减去 98769876H 后得到 8ACECF13，结果存到累加器 A 中。

（4）程序控制指令　'C54x 系列 DSP 的程序控制指令包括分支转移指令、子程序调用指令、中断指令、返回指令、重复指令、堆栈操作指令及其他程序控制指令，分别列于表 4-23 ~ 表4-29。

表 4-23　分支转移指令

语　法	运行结果	注　释
B[D]pmad	PC = pmad(15 ~ 0)	无条件转移
BACC[D]src	PC = src(15 ~ 0)	转移到累加器所指定的地址

BANZ[D]pmad, Sind	If((ARx)! =0)
	Then
	PC = pmad
	Else
	PC = PC + 2
		当辅助寄存器不为 0 时转移

BC[D]pmad, cond[, cond][, cond]	If(cond(s))
	Then
	PC = pmad
	Else
	PC = PC + 2
		条件转移

FB[D]extpmad	PC = pmad(15 ~ 0) XPC = pmad(22 ~ 16)	远程无条件转移
FBACC[D]src	PC = src(15 ~ 0) XPC = src(22 ~ 16)	远程转移到累加器所指定的地址

注：上述表中的转移指令，若带上后缀 D，则延时后转移，先执行转移指令后续的一条 2 字指令或两条 1 字指令后再转移。

【例 4-13】 BANZ 2000H， * AR3 - ；当辅助寄存器 AR3 不为 0 时转移到地址为 2000H 处继续执行。

	执行前		执行后
PC	1000	PC	2000
AR3	0005	AR3	0004

子程序调用指令共 5 条，见表 4-24。

表 4-24　子程序调用指令

语　法	运行结果	注　释
CALA[D]src	SP = SP − 1 TOS = PC + 1 PC = src(15 ~ 0)	调用起始地址为累加器所指定地址处的子程序
CALL[D]pmad	SP = SP − 1 TOS = PC + 2 PC = pmad	调用 pmad 地址处的子程序

CC[D]pmad, cond[, cond][, cond]	If(cond(s))
	Then
	SP = SP − 1
	TOS = PC + 2
	PC = pmad
	Else
	PC = PC + 2
		条件调用

FCALA[D]src	SP = SP − 1 TOS = PC + 1 SP = SP − 1 TOS = XPC PC = src(15 ~ 0) XPC = src(22 ~ 16)	远程调用起始地址为累加器所指定地址处的子程序
FCALL[D]extpmad	SP = SP − 1 TOS = PC + 2 SP = SP − 1 TOS = XPC PC = extpmad(15 ~ 0) XPC = extpmad(22 ~ 16)	远程调用 expmad 地址处的子程序

注：上述表中的调用指令，若带上后缀 D，则延时后调用子程序，即先执行调用指令后续的一条 2 字指令或两条 1 字指令后再调用子程序。

【例 4-14】　CALA A；调用起始地址为累加器 A 所指定地址处的子程序

	执行前		执行后
A	00 0000 3000	A	00 0000 3000
PC	0025	PC	3000
SP	1111	SP	1110

	数据存储器		数据存储器
1110H	4567	1110H	0026

中断指令共两条，见表 4-25。

表 4-25　中断指令

语　法	运行结果	注　释
INTR K	SP = SP − 1 TOS = PC + 1 PC = PMST(15 ~ 7) + K << 2 INTM = 1	软件中断
TRAP K	SP = SP − 1 TOS = PC + 1 PC = PMST(15 ~ 7) + K << 2	软件中断

【例 4-15】 INTR 3

	执行前		执行后
PC	0025	PC	FF8C
INTM	0	INTM	1
PMST	FFC0	PMST	FFC0
SP	1000	SP	0FFF
数据存储器		**数据存储器**	
0FFFH	4567	0FFFH	0026

传递给 PC 的中断向量的地址由 PMST 处理器方式状态寄存器中的（15 ~ 7）这 9 位作为高 9 位（即 111111111），5 位操作数 K 左移 2 位后变为 7 位（即 0001100），共组成 16 位的中断向量地址（即 1111 1111 1000 1100），故 PC 的值为 FF8CH。

返回指令共 6 条，见表 4-26。

表 4-26　返回指令

语　法	运行结果	注　释
FRET[D]	XPC = (TOS) SP = SP + 1 PC = (TOS) SP = SP + 1	远程返回
FRETE[D]	XPC = (TOS) SP = SP + 1 PC = (TOS) SP = SP + 1 INTM = 0	远程返回且允许中断

RC[D]cond[,cond][,cond]	If(cond(s))
	Then
	　PC = (TOS)
	　SP = SP + 1
	Else
	　PC = PC + 1
		条件返回

（续）

语　法	运 行 结 果	注　释
RET[D]	PC = (TOS) SP = SP + 1	无条件返回
RETE[D]	PC = (TOS) SP = SP + 1 INTM = 0	无条件返回且允许中断
RETF[D]	PC = (RTN) SP = SP + 1 INTM = 0	无条件快速返回且允许中断

注：指令若带上后缀 D 表示延时。

【例 4-16】 RET；无条件返回

执行前		执行后	
PC	2112	PC	1000
SP	0300	SP	0301
数据存储器		数据存储器	
0300H	1000	0300H	1000

堆栈操作指令共 5 条，见表 4-27。

表 4-27　堆栈操作指令

语　法	运 行 结 果	注　释
FRAME K	SP = SP + K	堆栈指针与短立即数 K 相加
POPD Smem	Smem = (TOS) SP = SP + 1	从堆栈栈顶弹出数据到 Smem
POPM MMR	MMR = (TOS) SP = SP + 1	从堆栈栈顶弹出数据到 MMR
PSHD Smem	SP = SP − 1 (TOS) = Smem	Smem 的值压入堆栈栈顶
PSHM MMR	SP = SP − 1 (TOS) = PSHM	MMR 的值压入堆栈栈顶

【例 4-17】 POPD 10；从堆栈栈顶弹出数据到数据存储器中

执行前		执行后	
DP	0008	DP	0008
SP	0300	SP	0301
数据存储器		数据存储器	
0300H	0092	0300H	0092
040AH	0055	040AH	0092

上条指令的寻址方式为直接寻址。设 CPL = 0，则数据存储器的地址由 DP 提供高 9 位（000001000），指令中的 10 提供 7 位地址（0001010），共同构成 16 位地址 0000 0100 0000 1010，也即 040AH。

重复操作指令共 5 条，见表 4-28。

表 4-28 重复操作指令

语 法	运行结果	注 释
RPT Smem	RC = (Smem)	重复执行下一条指令(Smem) + 1 次
RPT#K	RC = K(0≤K≤255)	重复执行下一条指令 K + 1 次
RPT#lk	RC = 1k(0≤1k≤65535)	重复执行下一条指令 1k + 1 次
RPTB[D]pmad	BRAF = 1 RSA = PC + 2(带后缀 D 时 RSA = PC + 4) REA = pmad	块重复指令
RPTZ dst,lk	dst = 0 RC = 1K(0≤1k≤65535)	目的累加器清 0,重复执行下一条指令 1k + 1 次

【例 4-18】 RPTZ A，20；重复执行下条指令 21 次

STL A，＊AR2 +

	执行前		执行后
A	00 0000 1234	A	00 0000 0000
RC	0000	RC	0014

其他程序控制指令共 7 条，见表 4-29。

表 4-29 其他程序控制指令

语 法	运行结果	注 释
IDLE K	PC = PC + 1	保持空闲状态直到有中断产生

MAR Smem	If(CMPT = 1)
	Then
	If(ARx = AR0 or ARx = null)
	Then
	修改 AR(ARP)
	不修改 ARP
	Else
	修改 ARx
	ARP = x
	Else
	修改 ARx
	不修改 ARP
		修改辅助寄存器

NOP	None	除了执行 PC 加 1 外,不执行任何操作
RESET	Reset	软件复位
RSBX N,SBIT	STN(SBIT) = 0	状态寄存器 ST0 或 ST1 的指定位复位
SSBX N,SBIT	STN (SBIT) = 1	状态寄存器 ST0 或 ST1 的指定位置位
XC n,cond[,cond][,cond]	If(cond(s)) Then 执行后面 n 条指令(n = 1 或 2)	条件执行

【例 4-19】　RSBX 1，8；状态寄存器 ST1 的第 8 位复位，即 SXM = 0

	执行前		执行后
ST1	35CD	ST1	34CD

（5）I/O 指令　I/O 指令共 2 条，见表 4-30。

表 4-30　I/O 指令

语　法	运行结果	注　释
PORTR PA,Smem	Smem = (PA)	从外部端口读数据到 Smem 中
PORTWSmem,PA	(PA) = Smem	将 Smem 指定的数据写到外部端口中

【例 4-20】　PORTR 05，60H；将 I/O 存储单元 0005H 中的数据读入 0060H 数据存储单元中

	执行前		执行后
DP	0000	DP	0000
I/O存储器		I/O存储器	
0005H	7FFA	0005H	7FFA
数据存储器		数据存储器	
0060H	0000	0060H	7FFA

（6）加载和存储指令　加载和存储指令包括加载指令和存储指令，分别列于表 4-31、表 4-32。

表 4-31　加载指令

语　法	运行结果	注　释
DLD Lmem,dst	dst = Lmem	双精度/双 16 位长字加载到累加器
LD Smem,dst	dst = Smem	Smem 加载到累加器
LD Smem,TS,dst	dst = Smem << TS	Smem 移位后加载到累加器
LD Smem,16,dst	dst = Smem << 16	Smem 左移 16 位后加载到累加器
LD Smem[,SHIFT],dst	dst = Smem << SHIFT	Smem 移位后加载到累加器
LD Xmem,SHFT,dst	dst = Smem << SHFT	Xmem 移位后加载到累加器
LD#K,dst	dst = #K	短立即数 K 加载到累加器
LD#lk[,SHFT],dst	dst = #lk << SHFT	长立即数移位后加载到累加器
LD#lk,16,dst	dst = #lk << 16	长立即数左移 16 位后加载到累加器
LD src,ASM[,dst]	dst = src << ASM	源累加器移位 ASM 后加载到目的累加器
LD src,[,SHIFT][,dst]	dst = src << SHIFT	源累加器移位后加载到目的累加器
LD Smem,T	T = Smem	Smem 加载到 T 寄存器
LD Smem,DP	DP = Smem(8 ~0)	Smem(8 ~0)加载到数据指针 DP
LD#k9,DP	DP = #k9	9 位立即数加载到数据指针 DP

（续）

语　法	运行结果	注　释
LD#k5, ASM	ASM = #k5	5 位立即数加载到 ASM
LD#k3, ARP	ARP = #k3	3 位立即数加载到 ARP
LD Smem, ASM	ASM = Smem(4 ~ 0)	Smem(4 ~ 0)加载到 ASM
LDM　MMR, dst	dst(15 ~ 0) = MMR dst(39 − 16) = 00 0000H	MMR 加载到累加器低 16 位
LDR Smem, dst	dst = Smem << 16 + 1 << 15	Smem 带舍入加载到累加器高 16 位
LDU Smem, dst	dst(15 ~ 0) = Smem dst(39 − 16) = 00 0000H	Smem 加载到累加器低 16 位
LTD Smem	T = Smem (Smem + 1) = Smem	Smem 加载到 T 寄存器及 Smem + 1 存储单元

【例 4-21】 LD ∗ AR3 +, 16, A

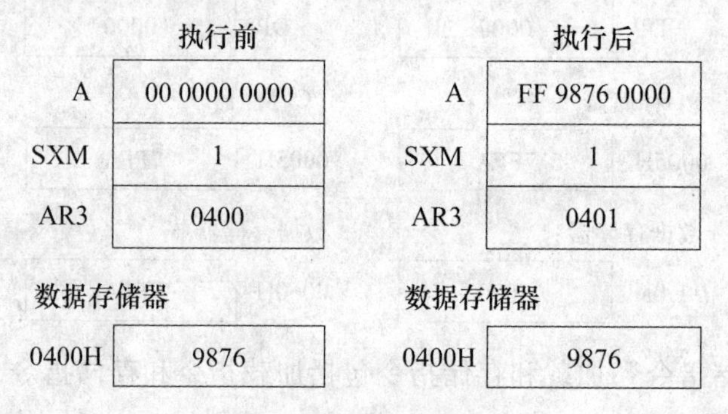

表 4-32　存储指令

语　法	运行结果	注　释
DST　src, Lmem	Lmem = src	累加器值存入长字存储单元
ST　T,　Smem	Smem = T	暂存器值存入存储单元
ST　TRN, Smem	Smem = TRN	状态寄存器值存入存储单元
ST　#lk, Smem	Smem = #lk	长立即数存入存储单元
STH　src, Smem	Smem = src(31 ~ 16)	累加器高阶位存入存储单元
STH　src, ASM, Smem	Smem = src(31 ~ 16) << ASM	累加器高阶位移位后存入存储单元
STH　src, SHFT, Xmem	Xmem = src(31 ~ 16) << SHFT	累加器高阶移位后存入存储单元
STH src[, SHIFT], Smem	Smem = src(31 ~ 16) << SHIFT	累加器高阶位移位后存入存储单元
STL　src, Smem	Smem = src(15 ~ 0)	累加器低阶位存入存储单元
STL　src, ASM, Smem	Smem = src(15 ~ 0) << ASM	累加器低阶位移位后存入存储单元
STL　src, SHFT, Xmem	Xmem = src(15 ~ 0) << SHFT	累加器低阶位移位后存入存储单元
STL src[, SHIFT], Smem	Smem = src(15 ~ 0) << SHIFT	累加器低阶位移位后存入存储单元
STLM src, MMR	MMR = src(15 ~ 0)	累加器低阶位存入 MMR
STM #lk, MMR	MMR = #lk	长立即数存入 MMR

（续）

语　法	运行结果	注　释

CMPS src, Smem	If(src(31 ~16) > src(15 ~0))
	Then
	Smem = src(31 ~16)
	Else
	Smem = src(15 ~0)
		比较源累加器的高阶位和低阶位，把较大值存入 Smem

SACCD src, Xmem, cond	If(cond) Then Xmem = src << (ASM - 16)	条件存储累加器的值
SRCCD Xmem, cond	If(cond) Then Xmem = BRC	条件存储块循环计数器
STRCD Xmem, cond	If(cond) Then Xmem = T	条件存储 T 寄存器

【例 4-22】 STH A, 10

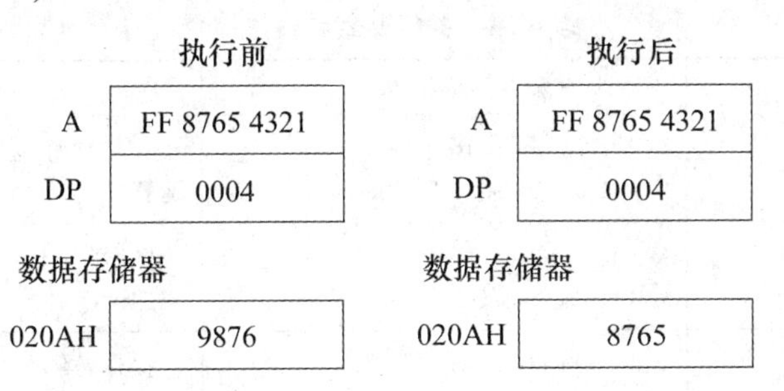

（7）数据传送指令（见表 4-33）。

表 4-33　传送指令

语　法	运行结果	注　释
DELAY Smem	(Smem +1) = Smem	数据存储单元 Smem 的值传送到 Smem +1 单元
MVDD Xmem, Ymem	Ymem = Xmem	数据存储单元 Xmem 的值传送到 Ymem 单元
MVDK Smem, dmad	(dmad) = Smem	数据存储单元 Smem 的值传送到 dmad 单元
MVDM dmad, MMR	MMR = (dmad)	数据存储单元 dmad 的值传送到 MMR
MVDP Smem, pmad	(pmad) = Smem	数据存储单元 Smem 的值传送到程序存储单元 pmad
MVKD dmad, Smem	Smem = (dmad)	数据存储单元 dmad 的值传送到 Smem 单元
MVMD MMR, dmad	(dmad) = MMR	MMR 传送到数据存储单元 dmad
MVMM MMR1, MMR2	MMR2 = MMR1	MMR1 传送到 MMR2，包括 AR0 ~ AR7，SP
MVPD pmad, Smem	Smem = (pmad)	序存储单元 pmad 的值传送到数据存储单元 Smem
READA Smem	Smem = (A)	累加器 A 中的值所指定的程序存储单元的值传送到 Smem
WRITA Smem	(A) = Smem	Smem 的值传送到累加器 A 中的值所指定的程序存储单元

【例 4-23】　WRITA 5

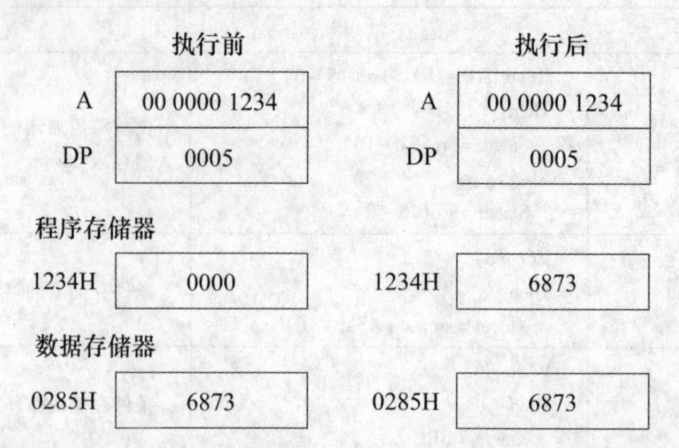

（8）并行操作指令　'C54x 系列 DSP 有一些指令可以充分发挥流水线及硬件乘法器等并行操作的优势。这些指令的数据传送和存储与各种运算同时进行，提高了代码和时间效率。并行操作指令包括并行装载和乘法指令、并行装载和存储指令、并行存储和加/减指令、并行存储和乘法指令，分别列于表 4-34 ~ 表 4-37。

表 4-34　并行装载和乘法指令

<table>
<tr><th>语　法</th><th>运行结果</th><th>注　释</th></tr>
<tr><td>LD　Xmem,dst
|| MAC Ymem,dst_</td><td>dst = Xmem << 16
| | dst_ = dst_ + T * Ymem</td><td>操作数移位加载累加器并行乘法累加运算</td></tr>
<tr><td>LD　Xmem，dst
| |　MACR Ymem，dst_</td><td>dst = Xmem << 16
| | dst_ = rnd（dst_ + T * Ymem）</td><td>操作数移位加载累加器并行带舍入乘法累加运算</td></tr>
<tr><td>LD　Xmem，dst
| |　MAS Ymem，dst_</td><td>dst = Xmem << 16
| | dst_ = dst_ − T * Ymem</td><td>操作数移位加载累加器并行乘法减法运算</td></tr>
<tr><td>LD　Xmem，dst
| |　MASR Ymem，dst_</td><td>dst = Xmem << 16
| | dst_ = rnd（dst_ − T * Ymem）</td><td>操作数移位加载累加器并行带舍入乘法减法运算</td></tr>
</table>

表 4-35　并行装载和存储指令

<table>
<tr><th>语　法</th><th>运行结果</th><th>注　释</th></tr>
<tr><td>ST src,Ymem
|| LD Xmem,dst</td><td>Ymem = src << (ASM − 16)
||dst = Xmem << 16</td><td>累加器移位存储并行移位加载累加器</td></tr>
<tr><td>ST src,Ymem
|| LD Xmem,T</td><td>Ymem = src << (ASM − 16)
||T = Xmem</td><td>累加器移位存储并行加载 T 寄存器</td></tr>
</table>

表 4-36　并行存储和加/减指令

<table>
<tr><th>语　法</th><th>运行结果</th><th>注　释</th></tr>
<tr><td>ST src,Ymem
|| ADD Xmem,dst</td><td>Ymem = src << (ASM − 16)
||dst = dst_ + Xmem << 16</td><td>累加器移位存储并行移位加法运算</td></tr>
<tr><td>ST src，Ymem
| |　SUB Xmem，dst</td><td>Ymem = src <<（ASM − 16）
| | dst =（Xmem << 16）− dst_</td><td>累加器移位存储并行移位减法运算</td></tr>
</table>

表 4-37　并行存储和乘法指令

语　法	运行结果	注　释
ST　src, Ymem || MAC Xmem, dst	Ymem = src << (ASM − 16) || dst = dst + T * Xmem	累加器移位存储并行乘法累加运算
ST　src, Ymem || MACR Xmem, dst	Ymem = src << (ASM − 16) || dst = rnd(dst + T * Xmem)	累加器移位存储并行乘法累加运算
ST　src, Ymem || MAS Xmem, dst	Ymem = src << (ASM − 16) || dst = dst − T * Xmem	累加器移位存储并行乘法减法运算
ST　src, Ymem || MASR Xmem, dst	Ymem = src << (ASM − 16) || dst = rnd(dst − T * Xmem)	累加器移位存储并行乘法减法运算
ST　src, Ymem || MAY Xmem, dst	Ymem = src << (ASM − 16) || dst = T * Xmem	累加器移位存储并行乘法运算

【例 4-24】 ST A, *AR2 +
　　||SUB *AR3 +0% , B

	执行前	执行后
A	00 1234 5678	00 1234 5678
B	00 1000 0001	00 2221 A988
ASM	07	07
SXM	1	1
AR0	0002	0002
AR2	2000	2001
AR3	3000	3002

数据存储器	执行前	数据存储器	执行后
2000H	1234	2000H	1A28
3000H	3456	0300H	3456

上条并行指令实现存储和减法并行操作。累加器 A 左移（ASM − 16），即右移 9 次，结果为 00091A2BH，将累加器 A 中的低 16 位存储到 AR2 指定的数据存储单元 2000H 中，故执行后数据存储单元 2000H 中为 1A2BH；同时将 AR3 指定的数据存储单元中的数据 3456H 左移 16 位后与累加器 A 相减，34560000H 减去 12345678H，结果为 2221A988H，存到累加器 B 中。

4.2.3　'C54x 系列 DSP 的伪指令

'C54x 系列 DSP 的伪指令为程序提供数据、控制汇编程序如何汇编源程序，具体完成以下工作：

（1）将代码和数据汇编进指定的段。

（2）为未初始化的变量在存储器中保留存储空间。

（3）控制列表文件是否产生。

(4) 初始化存储器。

(5) 汇编条件块。

(6) 定义全局变量。

(7) 为汇编器指定可以获得宏的库。

(8) 诊断符号调试信息。

多数情况下，伪指令语句可以带有标号和注释。标号只能出现在语句的第一列。注释以分号开始，若一行语句仅有注释，注释以“*”开始。伪指令和它所带的参数必须书写在一行内。'C54x 汇编器共有 64 条汇编伪指令，根据它们的功能，可以将其分成如下 8 类。

1. 段定义伪指令

(1) .bss 伪指令。

格式：.bss symbol,size in words[,[blocking flag][,alignment flag]]

参数 symbol 定义了一个标号，它指向所保留的存储空间的第一个存储单元。

参数 size in words 表示保留空间的大小。

参数 blocking flag 是一可选项，若为该参数指定了一个大于 0 的值则表示所保留的存储空间是连续的。这就意味着所分配的存储空间不能超过一页（128 个字），除非参数 size 比一页的字数大，这种情况下，所分配的存储空间从一页的边界开始。

参数 alignment flag 是一可选项，该标志指示汇编器将保留空间分配在长字边界上。

例如：.bss x，64，1

.bss y，70，1

.bss x，64，1 伪指令指示汇编器在一页内保留 64 个字的空间，这一页还剩下 64 个字的空间，而下条伪指令 .bss y，70，1 要求在一页内连续地保留 70 个字的空间，上一页所剩的空间已不能满足要求，故汇编器从下一页边界开始保留 70 个字的空间。

.bss 伪指令用来为变量在 .bss 段中保留存储空间。

(2) .data 伪指令。

格式：.data

该伪指令不带参数。.data 伪指令用来指示汇编器将源代码汇编到 .data 段，.data 成为汇编的当前段。.data 段通常用来包含数据或已初始化的变量。

(3) .sect 伪指令。

格式：.sect"section name"

参数 section name 必须用双引号括起，可以多达 200 个字符，但 COFF1 格式的文件仅前 8 个字符有效。

.sect 伪指令用来定义一个命名段，它指示汇编器将源代码汇编到该命名段。

(4) .text 伪指令。

格式：.text

该伪指令不带参数。.text 伪指令用来指示汇编器开始汇编到 .text 段。.text 段通常包含可执行代码。

(5) .usect 伪指令。

格式：symbol.usect"section name", size in words[, [blocking flag][, alignment flag]]

参数 symbol 定义了一个符号，它指向所保留的空间中的第一个字。

参数 size in words 表示保留空间的大小。

参数 blocking flag 和 alignment flag 的含义与 . bss 中参数的含义相同。

. usect 伪指令用来为变量在一未初始化的命名段中保留空间。

2. 常数初始化伪指令

常数初始化伪指令的语法格式及作用列于表 4-38。

表 4-38　常数初始化伪指令

伪指令语法格式	作　用
. byte value1[,. . . ,valuen] . ubyte value1[,. . . ,valuen] . char value1[,. . . ,valuen] . uchar value1[,. . . ,valuen]	在当前段的连续字中放一个或多个字节，字的高 8 位被填充为 0
. double　value1[,. . . ,valuen]	初始化一个或多个 IEEE 浮点数，每个浮点数为 32 位，占据两个连续的字
. field value[,size in bits]	在 1 ~ 32 位的范围内初始化值 value
. float value[,⋯,value] . xfloat value[,⋯,value]	初始化一个或多个 IEEE 的单精度(32 位)浮点数，. flolat 不自动定位在长字边界，. xfloat 自动定位在长字边界
. half value1[,. . . ,valuen] . uhalf value1[,. . . ,valuen] . short value1[,. . . ,valuen] . ushort value1[,. . . ,valuen]	把 16 位的值放到当前段的连续的字中
. int value1[,. . . ,valuen] . uint value1[,. . . ,valuen] . word value1[,. . . ,valuen] . uword value1[,. . . ,valuen]	16 位的值放到当前段的连续的字中
. long value1[,. . . ,valuen] . ulong value1[,. . . ,valuen] . xlong value1[,. . . ,valuen]	把 32 位的值放到当前段的连续的字中
. space size in bits . bes size in bits	在当前段中保留指定位数的位并把这些位填为 0
. string" string1" [,. . . ," stringn"] . pstring" string1" [,. . . ," stringn"]	. string 放 8 位字符到一个字中 . pstring 在一个字中放 2 个 8 位字符

例 4-25 讲解了段定义伪指令及常数初始化伪指令的使用。在输出的列表文件中，第 1 列表示行号，第 2 列表示段程序计数器（SPC）的值，第 3 列表示 SPC 所指向的存储单元中的值。每段都有它自己的段程序计数器。当代码第一次放在某个段中时，其 SPC = 0，每分配一个字 SPC + 1。

【例 4-25】　有一段采用助记符指令汇编后的程序的列表文件如下：

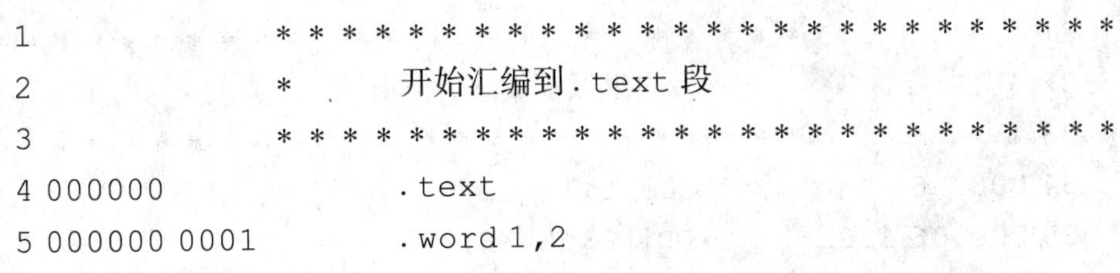

```
1                   * * * * * * * * * * * * * * * * * * * * * * * * * * *
2                   *       开始汇编到 . text 段
3                   * * * * * * * * * * * * * * * * * * * * * * * * * * *
4 000000                   . text
5 000000 0001              . word 1,2
```

```
  000001 0002
6 000002 0003           .word 3,4
  000003 0004
7 000004 000C           .int 12,13
  000005 000D
8                 ****************************
9                 *     开始汇编到.data 段
10                ****************************
11 000000               .data
12 000000 0009          .word 9,10
   000001 000A
13 000002 000B          .word 11,12
   000003 000C
14                ****************************
15                *     开始汇编到命名段 sect1
16                ****************************
17 000000               .sect sect1
18 000000 000E          .word 14,15
   000001 000F
19                ****************************
20                *     再继续汇编到.data 段
21                ****************************
22 000004               .data
23 000004 0061          .byte"abc"
   000005 0062
   000006 0063
24                ****************************
25                *     开始汇编到.bss 段
26                ****************************
27 000000               .bss array,19
28                ****************************
29                *     继续汇编到.data 段
30 000007 000F          .word 15,16
   000008 0010
31                ****************************
32                *     再继续汇编到.text 段
33                ****************************
34 000006               .text
35 000006 F062          LD#1234H,16,A
```

```
    000007 1234
36                .end
```

在此例中，共建立了 4 个段。. text 段内有 8 个字的程序代码；. data 段内有 9 个字的数据；. sect1 是一个用 . sect 命令生成的自定义段，段内有两个字的已初始化数据；. bss 段在存储器中为变量保留 19 个存储单元。

3. 段程序计数器定位伪指令

段程序计数器定位伪指令列于表 4-39，包括 . align 和 . even 伪指令。

表 4-39　段程序计数器定位伪指令

伪指令语法格式	作　用
. align[size]	size 为 1 ~65535 范围内任意 2 的幂次方值，默认值为 128，即定位于页边界
. even	使段程序计数器定位于长字边界

【例 4-26】　本例说明了 . align 4，. align 16，. align 32，. align 的用法。

```
1 000000           .text
2 000000 0001      .word 1,2,3
  000001 0002
  000002 0003
3                  .align 4
4 000004 0001      .word 1,2,3
  000005 0002
  000006 0003
5                  .align 16
6 000010 FFFF      .int -1, -2
  000011 FFFE
7                  .align 32
8 000020 0073      .byte"student"
  000021 0074
  000022 0075
  000023 0064
  000024 0065
  000025 006E
  000026 0074
9                  .align
10 000080 0003     .word 3,4,5
   000081 0004
   000082 0005
11 000083 0005     .int 5,6
   000084 0006
12                 .end
```

在例 4-26 中，. align 4 将段程序计数器定位在第 4 个字，. align 16 将段程序计数器定位在第 16 个字，. align 32 将段程序计数器定位在第 32 个字，. align 将段程序计数器定位在页的边界，即第 128 个字。

4. 输出的列表文件格式化伪指令

表 4-40 列出了对列表文件进行格式化的伪指令。

表 4-40　对列表文件进行格式化的伪指令

伪指令语法格式	作　用
. drlist . drnolist	控制列表文件中是否打印伪指令，未指定时默认 . drlist 伪指令
. fclist . fcnolist	允许/禁止假条件块出现在列表文件中
. length page length . width page width	设置列表文件的页长度和宽度，页长度的范围为 1 ~ 32767 行，宽度范围为 80 ~ 200 个字符. 未指定时默认长度为 60 行，默认宽度为 80 个字符
. list . nolist	控制列表文件中是否打印源代码，若编译时未指定 -l 选项，则忽略 . list 伪指令
. mlist . mnolist	允许/禁止列表文件中宏和可重复块的扩展
. option option list	控制列表文件中的某些选项，选项对大小写不敏感，各选项间用竖线分隔，每个选项选择列表的某个属性
. page	将列表文件分割成若干逻辑页以改善程序的可读性，. page 伪指令本身并不出现在列表文件中
. sslist . ssnolist	允许/禁止替换列表文件中的符号扩展，未指定时默认为 . ssnolist
. tab size	定义制表键 tab 的大小，默认为 8 个空格
. title "string"	设定列表文件的标题，. title 伪指令本身并不出现在列表文件中

表 4-40 中，. option option list 伪指令有效的选项如下：

A：允许列表中出现所有的指令，数据，宏和块的扩展。

B：将 . byte 和 . char 伪指令的列表限制在一行里。

D：不允许某些伪指令出现在列表文件中（相当于执行 . drnolist 伪指令）。

H：将 . half 和 . short 伪指令的列表限制在一行里。

L：将 . long 伪指令的列表限制在一行里。

M：禁止列表中的宏扩展。

N：禁止源代码的列表（相当于执行 . nolist）。

O：允许源代码的列表（相当于执行 . list）。

R：复位 B、H、L、M、T 和 W 选项。

T：将 . string 伪指令的列表限制在一行里。

W：将 . word 和 . int 伪指令的列表限制在一行里。

X：产生一个符号交叉参照列表，等同于汇编时指定 -x 选项。

5. 文件引用伪指令

文件引用伪指令列于表 4-41。

表 4-41　文件引用伪指令

伪指令语法格式	作　用
. copy["]filename["] . include["]filename["]	指示汇编器从其他文件中读入源语句。用 . copy 伪指令所引用的源语句出现在列表文件中，但用 . include 伪指令所引用的源语句不出现在列表文件中，忽略选项 . list/. nolist
. def symbol1[,. . . ,symboln]	标志该符号在当前文件中定义，同时能被其他文件引用
. ref symbol1[,. . . ,symboln]	标志该符号在当前文件中使用，但在其他文件中定义
. global symbol1[,. . . ,symboln]	声明当前符号为全局符号

6. 处理宏的伪指令

处理宏的伪指令列于表 4-42。

表 4-42　处理宏的伪指令

伪指令语法格式	作　用
macname. macro[parameter1][,. . . parametern] model statements or macro directives . endm	定义宏，. macro 和 . endm 必须成对出现
. mlib["]filename["]	引用 filename 所标识的宏库
. var sym1[,sym2,. . . ,symn]	定义宏替代符号

7. 条件汇编伪指令

条件汇编伪指令列于表 4-43。

表 4-43　条件汇编伪指令

伪指令语法格式	作　用
. if well-defined expression . elseif well-defined expression . else . endif	well-defined expression 表示预先定义好的表达式。汇编器按照表达式的计算结果对某段代码块进行汇编
. loop[well-defined expression] . break[well-defined expression] . endloop	指示汇编器对某段代码块进行重复汇编

8. 汇编时定义符号伪指令

汇编时定义符号的伪指令用于使符号名与常数值或字符串等价起来。汇编时定义符号伪指令列于表 4-44。

表 4-44　汇编时定义符号伪指令

伪指令语法格式	作　用
. asg["]character string["],substitution symbol	把字符串赋给替代符号
. eval well-defined expression,substitution symbol	计算表达式的值赋给替代符号
. label symbol	定义一个特殊的符号，它指向当前段的加载时地址

(续)

伪指令语法格式	作　用
symbol. set value symbol. equ value	使符号 symbol 与值 value 等价
[stag] . struct [expr] [mem0] element [expr0] [mem1] element [expr1] … … … [memN] element [exprN] [size]. endstruct label . tag stag	设置类似于 C 语言的结构体。stag 是结构体的名称，expr 标志结构体的起始偏移量，memN 为结构体成员名，element 可以是 . byte,. char,. double,. field,. float,. half,. int,. long,. short,. string,. ubyte,. uchar,. uhalf,. uint,. ulong,. ushort,. uword,. word. 或结构体或联合体，size 标志结构体的大小
[utag] . union [expr] [mem0] element [expr0] [mem1] element [expr1] … … … [memN] element [exprN] [size]. endunion label . tag utag	设置类似于 C 语言的联合体，各参数的含义类似于 . struct 中参数

9. 混合伪指令

混合伪指令列于表 4-45。

表 4-45　混合伪指令

伪指令语法格式	作　用
. end	终止汇编，位于源程序的最后一行
. far_mode	通知汇编器使用扩展地址，其作用类似于 - mf 汇编选项
. mmregs	为存储器映像寄存器定义符号名。使用 . mmregs 的功能和对所有的存储器映像寄存器执行 . set 伪指令相同
. newblock	用于复位局部标号
. version [value]	确定运行指令的处理器，每个 'C54x 器件都有一个与之对应的值
. emsg string	把错误消息送到标准的输出设备
. mmsg string	把汇编时的消息送到标准的输出设备
. wmsg string	把警告消息送到标准的输出设备

4.3 COFF 文件

汇编器建立的目标文件格式称为公共目标文件格式（Common Object File Format, COFF）。COFF 文件有 3 种形式：COFF0、COFF1 和 COFF2。每种形式的 COFF 文件都有不同的头文件，而其数据部分是相同的。TMS320C54x 汇编器和 C 编译器产生的是 COFF2 文件。链接器能够读/写所有类型的 COFF 文件，默认时链接器生成的是 COFF2 文件，采用 - v 链接选项可以选择不同类型的 COFF 文件。

4.3.1　段

段是存储器中占据相邻空间的代码或数据块，是 COFF 文件中最重要的概念。每个目标文件都分成若干段。一个目标文件中的每个段都是分开的和各不相同的。

COFF 目标文件都包含以下 3 种形式的段：

.text 段（文本段），通常包含可执行代码；

.data 段（数据段），通常包含初始化数据；

.bss 段（保留空间段），通常为未初始化变量保留存储空间。

COFF 目标文件中的段有两种基本类型：已初始化段和未初始化段。已初始化段中包含有数据或程序代码，包括 .text、.data 以及 .sect 段；未初始化段为未初始化的数据保留存储空间，包括 .bss 和 .usect 段。

4.3.2　汇编器对段的处理

汇编器将汇编语言的源代码文件编译成机器语言的目标文件，目标文件的格式是 COFF。汇编器用适当的段将各部分程序代码和数据连在一起，构成目标文件。汇编器靠 5 条段伪指令（.text、.data、.bss、.sect 和 .usect）来识别汇编语言程序的各个部分。

汇编器为每个段都安排了一个段程序计数器（SPC）。汇编器第一次遇到新段时，将该段的段程序计数器置为 0，并将随后的程序代码或数据顺序编译进该段中，每分配一个字 SPC +1。汇编器遇到同名段时，将同名段合并，然后将程序代码或数据编译进该段中。下面以一个例子来说明汇编器对段如何处理。

打开 CCS 开发平台，建立如下的汇编源代码文件。

```
;**********************
;*开始汇编到.data 段
;**********************
.data
.word 9,10
.word 11,12
;**************************
;*开始汇编到命名段 sect1
;**************************
.sect sect1
.word 14,15
;**************************
;*开始汇编到.bss 段
;**************************
.bss array,19
;**************************
```

```
;*继续汇编到.data段
;************************
.data
.byte "abc"
;************************
;*开始编到.text段
;************************
.text
LD #1234H,16,A
.end
```

在源代码文件中，“;”表示注释。输入上述的汇编源代码文件后，单击菜单“Project”→“Build Options”，在弹出的对话框中选择标签“Compiler”，将“Generate Assembly Listing Files”前面的复选框打勾，设置汇编选项“-l”，汇编时如果采用“-l”选项，则汇编后产生一个列表文件。列表文件列出源语句和汇编器所产生的目标代码。下面给出上述汇编源代码所产生的列表文件的例子。在输出的列表文件中，第1列表示行号，第2列表示段程序计数器（SPC）的值，第3列表示SPC所指向的存储单元中的值，随后是源代码。

```
 1                    ;************************
 2                    ;*开始汇编到.data段
 3                    ;************************
 4 000000             .data
 5 000000 0009        .word 9,10
   000001 000A
 6 000002 000B        .word 11,12
   000003 000C
 7                    ;************************
 8                    ;*开始汇编到命名段sect1
 9                    ;************************
10 000000             .sect sect1
11 000000 000E        .word 14,15
   000001 000F
12                    ;************************
13                    ;*开始汇编到.bss段
14                    ;************************
15 000000             .bss array,19
16                    ;************************
17                    ;*继续汇编到.data段
18                    ;************************
19 000004             .data
20 000004 0061        .byte "abc"
```

```
   000005 0062
   000006 0063
21                    ;**************************
22                    ;*开始汇编到.text段
23                    ;**************************
24 000000             .text
25 000000 F062        LD #1234H,16,A
   000001 1234
26                    .end
```

在此例中，汇编器为源文件共建立了4个段：

（1）.text：包含2个字的目标代码。

（2）.data：包含7个字的数据。

（3）sect1：由.sect伪指令产生的自定义段，包含2个字的初始化数据。

（4）.bss：为变量array保留19个字的存储空间。

4.3.3　链接器对段的处理

'C54x链接器的作用就是根据链接命令或链接命令文件（.cmd文件），将一个或多个COFF目标文件、命令文件以及库链接起来，生成可执行的输出文件（.out文件）以及存储器映像文件。链接器链接目标文件时，执行下列任务：

（1）将各个段定位到目标系统所配置的存储器中。

（2）对符号和段进行重定位，并为它们分配一个地址。

链接命令文件允许使用伪指令MEMORY和SECTIONS来支持上述任务。MEMORY和SECTIONS伪指令只能出现在链接器命令文件中，它们不能在链接器命令行中使用。

1. MEMORY伪指令

MEMORY伪指令用来定义目标系统的存储器空间，包括对存储器各部分的命名，以及规定它们的起始地址和长度。MEMORY伪指令的语法格式为：

```
MEMORY
  {
  PAGE 0:  name1[(attr)]:origin=constant,length=constant;
  ...
  PAGE n:  namen[(attr)]:origin=constant,length=constant;
  }
```

PAGE n：标记存储器空间，页号n最多可规定为255。每一页代表一个完全独立的地址空间。通常，PAGE 0用于程序存储器；PAGE 1用于数据存储器。若没有指定PAGE，则链接器默认为PAGE 0。

name：存储器区间名称。不同页上的存储器区间可以取相同的名字，但在同一页内的存储器区间名字不能相同，且不允许重叠配置。

attr：attr用来指定已命名的存储器区间的属性，是可选项，使用时用括号括起。有效的属性包括：R——允许读存储器；W——允许写存储器；X——允许存储器装入可执行的程序代码；I——允许对存储器进行初始化。

origin：指定存储器区间的起始地址。输入origin、org或o都可以。这个值是一个16位二进制常数，也可以用十进制、八进制或十六进制表示。

Length：指定一个存储空间范围的长度。

2. SECTIONS伪指令

SECTIONS伪指令告诉链接器如何将输入段组合成输出段，以及在存储器何处存放输出段。SECTIONS伪指令的语法格式为：

```
SECTIONS
 {
   name:  [property[,property][,property]...]
   name:  [property[,property][,property]...]
   name:  [property[,property][,property]...]
 }
```

每个段都以段名name开始，段名后是参数列表，说明段的内容以及段如何分配，可能的参数如下：

（1）load allocation：定义段将被加载到内存空间的何处。格式为：

load = allocation　或

allocation　或

>allocation

（2）run allocation：定义段在内存空间的何处运行。格式为：

run = allocation　或

run >allocation

（3）input sections：定义组成输出段的输入段。格式为：{input_sections}

（4）section type：定义指定段的标记。格式为：

type = COPY　或

type = DSECT　或

type = NOLOAD

这些参数将对程序的处理产生影响，在此就不做详细介绍了，感兴趣的读者可查阅CCS开发平台的联机帮助。

（5）fill value：对未初始化的存储空间定义填充值。格式为：

fill = value　或

name:... {... } = value

需要说明的是，在实际编写链接器命令文件时，许多参数是不一定要用的，因而可以大大简化。

4.3.4　链接器命令文件的编写

链接器命令文件将链接的信息放在一个文件中，这就为多次使用同样的链接信息时提供了很方便地调用。在链接器命令文件中可以使用4.3.3节介绍的伪指令MEMORY和SECTIONS，用来指定实际应用中的存储器结构和地址的映射。

例 4-27 是一个使用 MEMORY 和 SECTIONS 伪指令的链接器命令文件的例子。

【例 4-27】 链接器命令文件举例。

```
a.obj b.obj c.obj          /* 输入文件名* /
-o prog.out                /* 指定输出文件的选项* /
-m prog.map                /* 指定 map 文件的选项* /
MEMORY                     /* MEMORY 伪指令   * /
{
  PAGE 0:ROM: origin =0100h, length =0100h
  PAGE 1:RAM: origin =1000h, length =0100h
}
SECTIONS                   /* SECTIONS 伪指令* /
{
  .text:  >ROM
  .data:  >RAM
  .bss:  >RAM
}
```

在上述的链接器命令文件中，MEMORY 伪指令分配了两页的存储空间，并规定了它们的起始地址和长度。SECTIONS 伪指令将 .text 段定位到 PAGE 0 存储空间，将 .data 段和 .bss 段定位到 PAGE 1 存储空间。

若在链接器命令文件中没有使用 MEMORY 和 SECTIONS 伪指令，链接器将采用下面的默认算法来定位输出段。

```
MEMORY
{
  PAGE 0: PROG:  origin =0x0080, length =0xFF00
  PAGE 1: DATA:  origin =0x0080, length =0XFF80
}
SECTIONS
{
  .text: PAGE =0
  .data: PAGE =0
  .cinit: PAGE =0
  .bss:PAGE =1
}
```

在默认 MEMORY 和 SECTIONS 伪指令情况下，链接器将所有的 .text 输入段链接成一个 .text 输出段，将所有的 .data 输入段链接成一个 .data 输出段。.text 和 .data 段被定位到配置为 PAGE 0 上的存储器，即程序存储空间。所有的 .bss 输入段链接成一个 .bss 输出段，并定位到配置为 PAGE 1 上的存储器，即数据存储空间。如果输入文件中含有自定义已初始化段 (如上面的 .cinit 段)，则链接器将它们定位到程序存储空间，并紧随 data 段之后。如果输入文件中含有自定义未初始化段，则链接器将它们定位到数据存储空间，并紧随 bss 段之后。

4.3.5 链接器对程序的重新定位

汇编器将每个段的起始地址处理为0，而所有需要重新定位的符号在段内都是相对于0地址的。实际上，不可能所有的段都从0地址单元开始，因此链接器通过以下方法将段重新定位：

（1）将各个段定位到存储器空间中，每个段都从合适的地址开始。

（2）将符号值调整到相对于新的段地址的数值。

（3）调整对重新定位后符号的引用。

【例4-28】 产生重定位入口的一段程序的列表文件代码。

```
1                       .ref X
2                       .ref Y
3 000000                .text
4 000000 F073           B Y
  000001 0000!
5 000002 F073           B Z
  000003 0006'
6 000004 F020           LD#Y,A
  000005 0000!
7 000006 F7E0   Z:      RESET
```

目标代码后面的标记表示链接时需要重定位，含义如下：

! 未定义的外部引用

' .text 段重定位

" .data 段重定位

\+ .sect 段重定位

\- .bss 和 .usect 段重定位

在例4-28中，符号X、Y和Z需要重新定位。Z是在这个模块的.text段中定义的，X和Y在另一模块中定义。当程序汇编时，X和Y的值为0，汇编器假定所有未定义的外部符号的值为0，Z的值为0006。汇编器产生3个重定位入口，对X和Y的引用是外部引用（列表文件中用！字符表示），对Z的引用是内部引用（列表文件中用'字符表示）。假定代码链接后，Y重定位在6100H，.text段重定位的起始地址为6200H，链接器使用两个重定位入口在目标代码中修改这两个引用。

```
F073         B Y       变为   F073
0000!                         6206'
F020         LD #Y,A   变为   F020
0000!                         6100!
```

4.4 'C54x 系列 DSP 的汇编程序设计

4.4.1 顺序结构程序

顺序结构程序是最简单、最基本的程序结构形式，源程序中的语句按顺序连续执行。

【例4-29】 用汇编语言编程实现 y = (a + b) * 4 + c。

```
*********************
*   y=(a+b)*4+c           *
*********************
            .mmregs
            .global _c_int00
STACK       .usect  " STACK", 10H
            .bss a, 1
            .bss b, 1
            .bss c, 1
            .bss y, 1                   ; 为变量保留存储空间
            .data
table:      .word 10, 20, 30
            .text
_c_int00:
            STM     #STACK +10, SP
            STM     #a, AR1
            RPT     #2
            MVPD    table, * AR1 +  ; 为变量 a, b, c 赋值
            STM     #a, AR2
            LD      * AR2 +, A      ; A=a
            ADD     * AR2 +, A      ; A=a+b
            LD      A, 2            ; A= (a+b) * 4
            ADD     * AR2 +, A      ; A= (a+b) * 4+c
            STL     A, * AR2        ; y= (a+b) * 4+c
end:        .end
```

本例中主要采用间接寻址方式进行寻址，程序运行后，结果放入变量y中。采用顺序结构编程时应注意：①合理选取算法；②采用合适的寻址方式进行程序设计；③存储数据及结果的方法涉及内存空间的分配和寄存器的使用。

4.4.2 分支结构程序

分支结构程序中包含条件转移指令，如BACC、BANZ、BC等，利用这些指令可改变程序的流向。

【例4-30】 编写程序实现下列的符号函数。

$$y=\begin{cases}1 & x>0\\ 0 & x=0\\ -1 & x<0\end{cases}$$

源代码如下：

```
            .mmregs
            .global   _c_int00
STACK       .usect    " STACK", 10H
            .bssx, 1                     ; 为变量 x 保留一个字的存储单元
            .bssy, 1                     ; 为变量 y 保留一个字的存储单元
            .data
table:      .word     25
            .text
_c_int00:
            STM       #STACK +10,     SP
            STM       #x, AR1
            MVPD      table, * AR1  ; x =25
            LD        * AR1, A      ; 装入 x 的值到累加器 A 中
            BC        plus, AGT     ; 若 x >0, 转移到标号 plus
            BC        zero, AEQ     ; 若 x =0, 转移到标号 zero
            ST        # - -1, * (y) ; x <0, 将 -1 赋给 y
            B         end
plus:       ST        #1, * (y)     ; x >0, 将 1 赋给 y
            B         end
zero:       ST        #0, * (y)     ; ; x =0, 将 0 赋给 y
end:        .end
```

4.4.3 循环结构程序

循环结构程序的编写可分为设置循环初始条件、循环体和循环结束控制条件 3 个部分。循环初始条件是指设置循环次数的计数初值，循环体是循环操作的重复执行部分，循环结束控制条件是指循环运行或结束的条件。编程时可用 BANZ 指令进行循环计数和操作。

【例 4-31】 编写程序，求 $y = \sum_{i=1}^{5} x_i$

源代码如下:

```
            .mmregs
            .global   _c_int00
STACK       .usect    " STACK", 10H
            .bss      x, 5             ; 为 x 保留 5 个字的存储空间
            .bss      y, 1             ; 为 y 保留 1 个字的存储空间
            .data
table:      .word     10, 20, 3, 4, 25
            .text
_c_int00:
            STM       #STACK +10, SP
```

```
         STM     #x, AR1
         RPT     #4
         MVPD    table, * AR1 +; 对 x 的各变量赋值
         LD      #0, A         ; 累加器清 0
SUM:     STM     #x, AR3
         STM     #4, AR2
loop:    ADD     * AR3 +, A
         BANZ    loop, * AR2 - ; 累加求和
         STL     A, * (y)      ; 保存求和的结果到变量 y 中
         .end
```

4.4.4 子程序结构

子程序是一个具有一定功能的程序段，能被其他程序调用，调用子程序的程序称为主程序。子程序的定义格式为：

子程序名：

　　子程序体

　　RET

调用子程序时可采用调用指令（如 CALL、CALA、CC 等），在调用指令后写上子程序名即可。

【例 4-32】 编写程序实现 $z = \sum_{i=1}^{10} a_i x_i$ 。

源代码如下：

```
         .mmregs
         .global  _c_int00
STACK    .usect   " STACK", 10H
         .bss     a, 10
         .bss     x, 10
         .bss     z, 2          ; 为结果保留两个字的存储单元
         .data
table:   .word    10, 11, 12, 13, 14, 15, 16, 17, 18, 19
         .word    10, 11, 12, 13, 14, 15, 16, 17, 18, 19
         .def     _c_int00
         .text
_c_int00:
         STM      #STACK +10, SP
         STM      #a, AR1
         RPT      #19
         MVPD     table, * AR1 +; 装入数据
         CALL     SUM           ; 调用乘法累加子程序
```

```
end:     B end
SUM:     STM     #a, AR2
         STM     #x, AR3
         RPTZ    A,   #9
         MAC     * AR2 +,   * AR3 +,   A   ; 双操作数指令
         STH     A, * (z)
         STL     A, * (z +1)
         RET
         .end
```

4.5 'C54x 系列 DSP 的 C 语言程序设计

采用汇编语言编写的应用程序具有执行速度快的优点，但是，编写汇编语言程序费时费力，而且在一种 DSP 上调试好的汇编程序可能无法移植到其他 DSP 上，这使得汇编语言的设计难度越来越大。用 C 语言开发 DSP 程序不仅使 DSP 开发的速度大大加快，而且 C 程序不依赖或较少依赖具体的硬件，只要经配套的 C 编译器编译后就能运行在各种 DSP 上，所以 C 语言设计程序具有兼容性和可移植性的优点。在 CCS 集成开发环境上编写 C 语言程序有两种方法：一种是纯 C 语言编程；一种是 C 语言和汇编语言混合编程。

4.5.1 C 语言的数据访问方法

1. 'C54x 系列 DSP 支持的 C 语言数据类型

ANSIC 语言中的基本数据类型在'C54x 系列 DSP 的 C 语言编译器中都可以直接使用，但有些数据类型的占位宽度有所不同。表 4-46 所示为'C54x 系列 DSP 的 C/C ++ 语言编译器支持的基本数据类型。

表 4-46 'C54x 系列 DSP 的 C/C ++ 语言编译器支持的基本数据类型

类 型	宽度/位	最 小 值	最 大 值
signed char	16	-32768	32767
char, unsigned char	16	0	65535
short, signed short	16	-32768	32767
int, signed int	16	-32768	32767
unsigned int	16	0	65535
enum	16	-32768	32767
pointers	16	0	0xFFFF
long, signed long	32	-2147483648	2147483647
unsigned long	32	0	4294967295
float, double, long double	32	$1.175494e^{-38}$	$3.40282346e^{+38}$

2. 关键字

（1）const 关键字　用 const 关键字来定义值不变的变量或数组，并把它们分配到系统的 ROM 存储区域中。比如，下列定义声明了一个常数数组。

```
const int digits[] ={0, 1, 2, 3, 4, 5, 6, 7, 8, 9};
```

（2）interrupt 关键字　在函数前加上 interrupt 关键字，表明该函数为中断处理函数。进入函数前需要保护所有被使用的寄存器的值，在中断函数返回时恢复被保护的寄存器。

（3）ioport 关键字　ioport 关键字用于端口类型变量的定义，格式如下：

```
ioport type porthex_num
```

其中，ioport 为端口变量定义关键字；type 表示数据类型，只能是 char，short，int，unsigned；porthex_num 表示端口地址，hex_num 为用 16 进制表示的数字。下面的例子定义了一个 unsigned 的端口 20h，将 a 写入端口 20h 并读端口 20h 到 b 中。

```
  ioport unsigned port20; /* 定义地址为 20h 的 I/O 端口变量* /
int func ()
{
     ...
     port20 =a;        /* 写 a 到端口 20h            * /
     ...
     b =port10;        /* 读端口 20h 到 b           * /
     ...
}
```

（4）near 和 far 关键字　near 和 far 关键字指明函数如何被调用，可以出现在函数类型之前或之后，或存储类型与函数类型之间。如下的例子都是正确的。

```
far int foo( );
static far int foo( );
near foo( );
```

当使用关键字 near 时，编译器将使用 CALL 指令来调用该函数；当使用关键字 far 时，编译器将使用 FCALL 指令来调用该函数。使用编译器选项-mf 将产生 FCALL 调用，这时，函数指针为 24 位，可以指向扩展内存。

（5）volatile 关键字　在变量前使用 volatile 关键字可以避免优化器的优化。优化器分析数据流以尽可能地避免对内存的访问。

3. DSP 片内寄存器的访问

在 C 语言程序中访问 DSP 片内寄存器一般采用指针方式，常用的方法是将 DSP 寄存器用宏的形式定义在头文件（如 reg. h）中，如下所示：

```
#define IMR    (volatile unsigned int* )0x0000
#define IFR    (volatile unsigned int* )0x0001
#define ST0    (volatile unsigned int* )0x0006
#define ST1    (volatile unsigned int* )0x0007
#define AL     (volatile unsigned int* )0x0008
#define AH     (volatile unsigned int* )0x0009
```

```
#define AG      (volatile unsigned int* )0x000A
#define BL      (volatile unsigned int* )0x000B
#define BH      (volatile unsigned int* )0x000C
#define BG      (volatile unsigned int* )0x000D
#define T       (volatile unsigned int* )0x000E
#define TRN     (volatile unsigned int* )0x000F
#define AR0     (volatile unsigned int* )0x0010
#define AR1     (volatile unsigned int* )0x0011
#define AR2     (volatile unsigned int* )0x0012
#define AR3     (volatile unsigned int* )0x0013
#define AR4     (volatile unsigned int* )0x0014
#define AR5     (volatile unsigned int* )0x0015
#define AR6     (volatile unsigned int* )0x0016
#define AR7     (volatile unsigned int* )0x0017
#define SP      (volatile unsigned int* )0x0018
#define BK      (volatile unsigned int* )0x0019
#define BRC     (volatile unsigned int* )0x001A
#define RSA     (volatile unsigned int* )0x001B
#define REA     (volatile unsigned int* )0x001C
#define PMST    (volatile unsigned int* )0x001D
#define XPC     (volatile unsigned int* )0x001E
...
```

在程序中若要访问一个寄存器，就可以对相应的指针进行操作。下例通过指针操作对 AR0 和 AR1 进行初始化。

```
#define AR1    (volatile unsigned int* )0x0011
#define AR2    (volatile unsigned int* )0x0012
Int myfun()
{
...
* AR1 =0x1234;
* AR2 =0x2000;
...
}
```

4. DSP 存储器的访问

同 DSP 片内寄存器的访问相类似，对存储器的访问也采用指针方式来进行。下面的程序通过指针操作对存储单元 0x2000 和 0x3000 进行操作。

```
int* pt1 =0x2000;
int* pt2 =0x3000;
int myfun()
```

```
{
...
* pt1 =0x1000;
* pt2 =0x5000;
...
}
```

4.5.2　C编译器生成的段

C编译器对C语言程序进行编译后生成8个可以进行重定位的代码和数据段，这些段可以用不同的方式分配至存储器以符合不同系统配置的需要。这8个段分为两种类型：已初始化段和未初始化段。

已初始化段包含数据和可执行代码，C编译器建立下列已初始化段：

. text段：包含所有可执行代码。

. cinit段：包含初始化变量和常数表。

. pinit段：包含运行时的全局对象构造器表。

. const段：包含用关键字const定义的字符常数和数据。

. swithc段：包含switch语句跳转表。

未初始化段通常在RAM中保留内存空间，C编译器建立下列的未初始化段：

. bss段：为全局和静态变量保留空间。

. stack段：为C/C ++系统堆栈分配空间，用于变量传递。

. sysmem段：为动态内存分配保留空间，这些空间由函数malloc、calloc和realloc占用。若C/C ++程序未使用这些函数，编译器不建立. sysmem段。

4.5.3　C语言和汇编语言的混合编程

C语言和汇编语言的混合编程方法主要有以下几种：

（1）独立编写C程序和汇编程序，分开编译或汇编形成各自的目标代码模块，然后用链接器将C模块和汇编模块链接起来。例如，主程序用C语言编写，中断向量文件（vector. asm）用汇编语言编写。

（2）在C程序中访问汇编程序变量或常数。

访问常数或在. bss段或. usect命名段中定义的未初始化变量的方法很简单：

1）使用. bss或. usect伪指令定义变量，使用. set伪指令定义常数。

2）使用. def或. global伪指令使变量或常数为外部变量。

3）在变量名前加一下画线“_”。

4）在C程序中将变量定义为外部变量，之后就可以像变通的C语言变量一样对它进行访问。

【例4-33】　在C程序中访问汇编语言变量。

汇编程序：

```
.bss _var, 1;       定义变量
.global _var;       声明变量为外部变量
```

C 程序：

```
extern int var;   /* 外部变量* /
var =2;           /* 访问变量* /
```

(3) 直接在 C 程序的相应位置嵌入汇编语句。

在 C 程序中嵌入汇编语句的方法比较简单，只需在汇编语句的左、右加上一个双引号，用小括弧将汇编语句括住，在括弧前加上 asm 标识符即可，如下所示：

```
asm("汇编语句");
```

在 C 程序中直接嵌入汇编语句的一种典型应用是控制 DSP 芯片的一些硬件资源。例如在程序中可用下列汇编语句实现一些硬件和软件控制：

```
asm("RSBX INTM")/* 开中断* /
asm("SSBX CPL") /* 设置编译模式 CPL =1* /
```

4.5.4 C 语言源程序设计实例

【例 4-34】 用 C 语言编写产生正弦波信号的源程序，并用 CCS 仿真。

(1) 编写 C 语言源代码文件 sinwave. c 正弦波的公式在离散域中可以表示为

$$y(n) = \sin(2\pi n \frac{f}{M})$$

式中，M 为要显示的正弦波的离散点的点数；f 为在整个 M 个点内显示的正弦波的周期数。假定程序中设定一次运算 500 个点，显示 5 个周期的正弦波，则 $M=500$，$f=5$。

在 CCS 开发环境中编写 sinwave. c，源代码如下：

```
#include <stdio.h>
#include <math.h>
float y[500];
int n;
void main()
{
    float x1 =2* 3.14159/500;
    int f =5;
    puts("sinewave example started. \n");
    for(n =0;n <500;n ++)
    {
        y[n] =0;
    }
    while(1)
    {
        for(n =0;n <500;n ++)
        {
            y[n] =sin(f* x1* n);
        }
```

```
        puts("program end");
    }
}
```

（2）编写复位向量文件 sinwave_v.asm　复位向量文件 sinwave_v.asm 的源文件清单如下：

```
        .title "sinwave_v.asm"
        .sect " .vectors"
        .ref _c_int00; C entry point
RESET:  B _c_int00
        .end
```

本例中，一旦 CPU 复位就跳转到 C 语言默认入口_c_int00。

（3）编写链接器命令文件 sinwave.cmd　本例的链接器命令文件 sinwave.cmd 的清单如下：

```
sinwave.obj
-m sinwave.map
-o sinwave.out
MEMORY
{
    PAGE 0:EPROG:origin =0x1000,len =0x2000
           VECT:origin =0x4000,len =0x100
    PAGE 1:USERPAGES:origin =0x1000,len =0x200
           MYDATA:origin =0x3000,len =0x5000
}
SECTIONS
{
    .vectors:    >VECT PAGE 0
    .text:       >EPROG PAGE 0
    .cinit:      >EPROG PAGE 0
    .bss:        >MYDATA PAGE 1
    .const:      >MYDATA PAGE 1
    .switch:     >MYDATA PAGE 1
    .sysmem:     >MYDATA PAGE 1
    .stack:      >MYDATA PAGE 1
}
```

（4）运行应用程序，观察波形　将上述的 3 个文件添加到工程项目中后，再将 C：\ ti \ c5400 \ cgtools \ lib 下的一个 C 语言的标准支持库 rts.lib 添加到工程项目中，之后对工程项目中的文件进行编译、汇编、链接，生成可以在目标系统中运行的可执行的输出文件 sinwave.out。选择“View”→“Graph”→“Time/Frequency”命令，在打开的图形参数设置对话框中设置参数，就可显示出正弦波图表。图形参数对话框中的参数设置和产生的正弦波形如图 4-3 和图 4-4 所示。

Graph Property Dialog

Display Type	Single Time
Graph Title	Graphical Display
Start Address	0x3000
Page	Program
Acquisition Buffer Size	500
Index Increment	1
Display Data Size	500
DSP Data Type	32-bit floating point
Sampling Rate (Hz)	1
Plot Data From	Left to Right
Left-shifted Data Display	Yes
Autoscale	Off
DC Value	0
Maximum Y-value	1
Axes Display	On
Time Display Unit	s
Status Bar Display	On
Magnitude Display Scale	Linear
Data Plot Style	Line
Grid Style	Zero Line
Cursor Mode	Data Cursor

OK　Cancel　Help

图 4-3　图形参数设置对话框

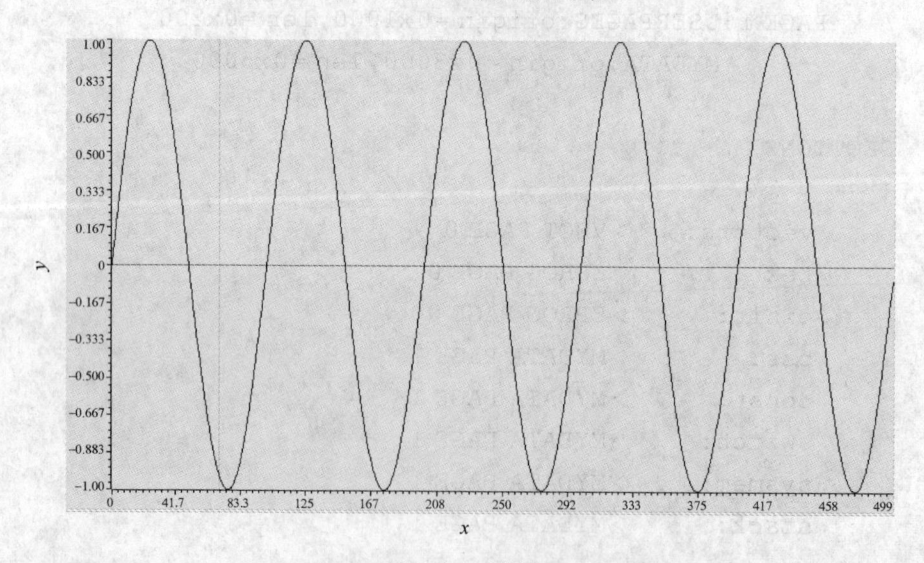

图 4-4　正弦波

4.6　小结

本章讲述了'C54x 系列 DSP 的应用软件开发过程及涉及的一些关键问题。本章的重点知识主要是应用软件开发编写的源程序代码，可以选用汇编或者 C 语言编写，汇编过程、C 编程、混合编程以及汇编过程控制、链接过程控制等。

'C54x 系列 DSP 的应用软件开发过程，主要经过源代码编写、汇编生成中间目标文件、链接生成最终代码、调试过程等几个阶段。所采用的工具可以是分立开发工具或者是使用集成开发环境 CCS。

汇编程序设计是'C54x 系列 DSP 的软件设计的基础，所以当我们在进行编程时，主要是利用'C54x 提供的汇编指令和伪指令编写源代码完成某种功能。在编程之前，需要掌握汇编语言的编写格式、数据的表示形式、伪指令及汇编器的使用，只有掌握了这些基础，才能够完成程序的编写，实现某种特定的功能。

'C54x 系列 DSP 的 C 语言应用程序与汇编语言应用程序相比，C 语言应用程序有着诸多的优势，并且已成为编写应用程序的主流。因此我们需要掌握'C54x 系列 DSP 的 C 语言开发的数据结构特点、开发中连接命令文件的编写、C 语言的库函数等基本技能。希望读者通过学习可以具备能够独立编写 C 应用程序的能力以及熟悉 C 语言与汇编混合编程的方法。

因此本章的重点就在于 DSP 应用开发过程及汇编与 C 语言的编程方法，通过这一章的学习，可以通过编写完整的程序来使用 DSP，并通过上机操作可以查看运行结果，也希望读者能够对'C54x 系列 DSP 的应用开发有一个全面的了解。

思考题与习题

1. 'C54x 系列 DSP 提供几种数据寻址方式？请举例说明它们是如何寻址的。

2. 已知（40H）=20H，AR2 =30H，AR3 =40H，AR4 =70H.

```
MVKD 40H,* AR2
MVDD* AR2,* AR3
MVDM* AR3,AR4
```

运行以上程序后，(40H)、(30H)、* AR3 和 AR4 的值分别等于多少？

3. 在循环寻址方式中，如何确定循环缓冲的起始地址？如果循环缓冲大小为 64，其起始地址必须从哪开始？

4. 请描述'C54x 系列 DSP 的位倒序寻址方式。设 FFT 长度 N =32，AR0 应赋值为多少？

5. 直接寻址方式有哪两种？其实际地址如何生成？

6. 试编制程序，求一个数的绝对值，并送回原处。

第5章　数字信号处理算法的 DSP 实现

数字信号处理主要面向密集型的运算，包括乘法-累加、数字滤波和快速傅里叶变换等。'C54x 系列 DSP 具备了高速完成上述运算的能力，并具有体积小、功耗低、功能强、软硬件资源丰富等优点，现已在通信等许多领域得到了广泛应用。本章结合数字信号处理和通信中最常见、最具有代表性的应用，介绍通用数字信号处理算法的 DSP 实现方法。

5.1　数字滤波器的实现

数字滤波是 DSP 最基本的应用，它是图像处理、模式识别、语音处理、频谱分析等应用的基本处理算法。本节主要介绍最常用的数字滤波器——有限冲激响应（Finite Impluse Response，FIR）滤波器的编程实现方法。

5.1.1　FIR 滤波器的基本结构

图 5-1 是 FIR 滤波器的结构图，它的差分方程表达式为

$$y(n) = \sum_{0}^{N-1} b_i x(n-i) \tag{5-1}$$

式中，$x(n)$为输入序列；$y(n)$为输出序列；b_i 为滤波器系数；N 为滤波器的阶数。

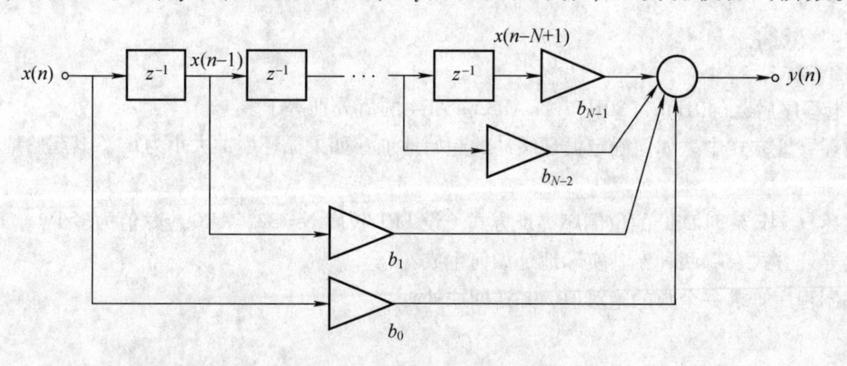

图 5-1　FIR 滤波器的结构图

由图 5-1 可见，FIR 滤波算法实际上是一种乘法累加运算，它不断地输入 $x(n)$，经延时 z^{-1}后，作乘法累加，再输出滤波结果 $y(n)$。

FIR 滤波器的最主要特点是没有反馈回路，因此它是无条件稳定系统。它的单位冲激响应 $h(n)$是一个有限长序列。如果 $h(n)$是实数，且满足偶对称或奇对称的条件，即 $h(n) = h(N-1-n)$或 $h(n) = -h(N-1-n)$，则 FIR 滤波器具有线性相位特性。

5.1.2　FIR 滤波器系数的 MATLAB 设计

MATLAB 是美国 Mathworks 公司于 1984 年正式推出的一套高性能的数值计算和可视化

软件，适用于工程应用各领域的分析设计和复杂计算。MATLAB 中的工具箱包含了许多实用程序，如数值分析、矩阵运算、数字信息处理、建模和系统控制等。滤波器的设计就包含在该工具箱的信号处理工具箱中，它提供了多种 FIR 滤波器设计方法。FIR 滤波器分为低通滤波、高通滤波、带通滤波和带阻滤波。下面以 fir1 为例说明 FIR 滤波器的设计方法。

1. fir1 函数

fir1 用来实现经典的加窗线性相位 FIR 数字滤波器。语法格式如下：

```
b=fir1(n,Wn)
b=fir1(n,Wn,'ftype')
b=fir1(n,Wn,window)
b=fir1(n,Wn,'ftype',window)
```

其中，n 为滤波器的阶数；Wn 为滤波器的截止频率，Wn 介于 0 和 1 之间，1 对应于 Nyquist 频率，即 0.5 倍的采样频率，若 Wn 是一个二维矢量，表示为 Wn = [w1 w2]，则滤波器为带通或带阻滤波器；ftype 参数表示滤波器的类型，为'high'时表示截止频率为 Wn 的高通滤波器，为'stop'时表示带阻滤波器；window 参数用来指定滤波器采用的窗函数类型，其默认值为汉明（Hamming）窗。

使用 fir1 函数可设计低通、高通、带通和带阻滤波器。滤波器的系数包含在返回值 b 中，有 n 个系数，可表示为

$$b(z)=b(0)+b(1)z^{-1}+\cdots+b(n-1)z^{-(n-1)} \tag{5-2}$$

1）采用汉明窗设计低通 FIR 滤波器

```
b=fir1(n,Wn)
```

2）采用汉明窗设计高通 FIR 滤波器

```
b=fir1(n,Wn,'high')
```

3）采用汉明窗设计带通 FIR 滤波器

```
b=fir1(n,[w1 w2])
```

4）采用汉明窗设计带阻 FIR 滤波器

```
b=fir1(n,[w1 w2],'stop')
```

5）采用其他窗口函数设计 FIR 滤波器。使用 window 参数，可以用其他窗口函数设计出各种加窗滤波器。可采用的窗口函数有 Boxcar、Hamming、Bartlett、Blackman、Kasier 和 Chebwin 等，未指定窗口参数时默认为汉明窗。例如，采用 Bartlett 窗设计带通 FIR 滤波器，语法格式为

```
b=fir1(n,[w1 w2],Bartlett(n+1))
```

2. 设计实例

【例 5-1】 设计一个 FIR 低通滤波器，其阶数为 10，截止频率为 10Hz。构造一个输入信号，它由频率 8Hz 和 20Hz 两个正弦信号叠加而成，设采样频率为 $f_s=50$Hz。用设计的低通滤波器对输入序列进行滤波。

源代码程序如下：

```
n=10;
b=fir1(n,0.4);
f1=8;
```

```
f2 =20;
fs =50;
pi =3.14159;
M =200
x = zeros(M);
y = zeros(M);
for i =1:M
        x(i,1) =sin(2.0* pi* i* f1/fs) +sin(2.0* pi* i* f2/fs);%输入信号
end;
subplot(2,1,1),plot(x);%显示输入信号
for i =1:M
        for j =1:n +1
            if(i - j +1) >0
            y(i,1) =y(i,1) +b(1,j) * x(i - j +1);%输出信号
            end;
        end;
end;
subplot(2,1,2),plot(y);%显示输出信号
```

上述程序运行后，得到输入信号和输出信号的波形图如图5-2所示。

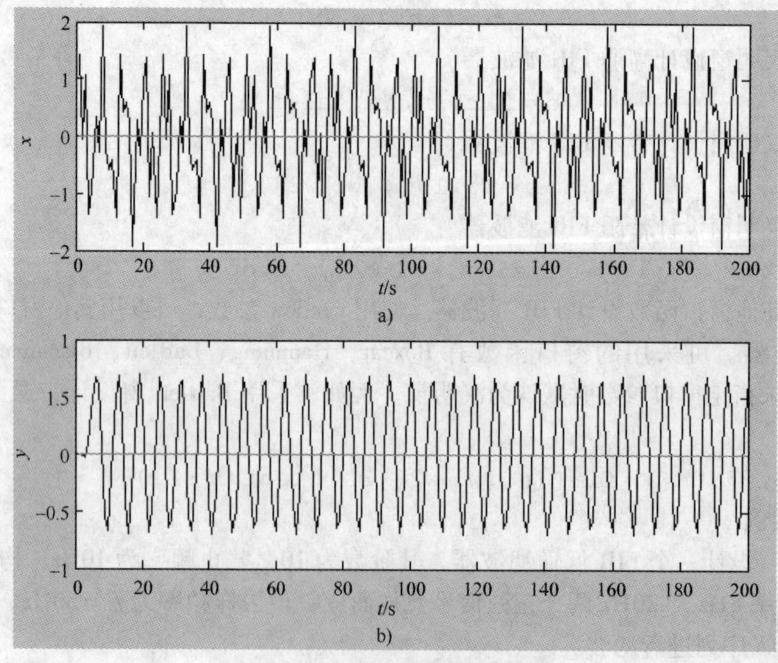

图5-2　FIR低通滤波器实例

a）输入　b）输出

从图5-2可以观察到输出信号中只含有频率为8Hz的低频信号，而20Hz的高频信号已被滤波器过滤掉。

5.1.3　FIR滤波器的C语言程序设计及仿真

滤波器的单位冲激响应可通过下列公式进行计算。

(1) 低通滤波器

$$h_n = \frac{\sin[2n\pi(f_c/f_s)]}{2n\pi} \tag{5-3}$$

(2) 高通滤波器

$$h_n = \delta(n) - \frac{\sin[2n\pi(f_c/f_s)]}{2n\pi} \tag{5-4}$$

式中，$\delta(n) = \begin{cases} 1, & n=0 \\ 0, & n\neq 0 \end{cases}$

(3) 带通滤波器

$$h_n = \frac{\sin[2n\pi(f_{c2}/f_s)]}{2n\pi} - \frac{\sin[2n\pi(f_{c1}/f_s)]}{2n\pi} \tag{5-5}$$

(4) 带阻滤波器

$$h_n = \delta(n) - \left\{\frac{\sin[2n\pi(f_{c2}/f_s)]}{2n\pi} - \frac{\sin[2n\pi(f_{c1}/f_s)]}{2n\pi}\right\} \tag{5-6}$$

【例5-2】 在CCS开发平台中用C语言实现FIR高通滤波器，其阶数为30，截止频率为10Hz。构造一个输入信号，它由频率4Hz和12Hz两个正弦信号叠加而成，设采样频率为f_s=50Hz。用设计的高通滤波器对输入序列进行滤波。

(1) 编写C语言源代码文件FirExam.c，程序清单如下：

```
#include"math.h"
float h[31];                        /*冲激响应系数序列*/
floatsine[500];                     /*输入序列*/
float y[500];                       /*输出序列*/
main()
{
    float pi;                       /*圆周率pi*/
    float wc=0.2;                   /*(截止频率/采样频率)*/
    int n=31;                       /*滤波器的阶数*/
    int k,i;
    int a,b;
    /*参数初始化*/
    for(i=0;i<n;i++)
    {
      h[i]=0;
    }
    pi=4.0*atan(1.0);
    a=(n-1)/2;
```

```
    pi =4.0 * atan(1.0);
    for(i =0;i <n;i ++)
    {/ * 高通滤波器的冲激响应 * /
        if(i = =a)
            h[i] =1 -wc;
        else
        {
            b =i -a;
            h[i] = -1 * sin(pi * b * wc)/(pi * b);
        }
    }
    / * 滤波 * /
    for(i =0;i <500;i ++)
    {
        sine[i] =sin(2.0 * pi * 4 * i/50) +sin(2.0 * pi * 12 * i/50);
                                              / * 输入序列 * /
        y[i] =0;                              / * 输出序列初始化 * /
    }
    for(i =0;i <500;i ++)
    {
        for(k =0;k <n;k ++)
        {
            if((i -k) <0)break;
            y[i] + =h[k] * sine[i -k]; / * 输出序列 * /
        }
    }
}
```

(2) 编写复位向量文件 Fir_v. asm。复位向量文件 Fir_v. asm 的源文件清单如下：

```
        .title"Fir_v.asm"
        .sect" .vectors"
        .ref_c_int00; C entry point
RESET: B_c_int00
        .end
```

本例中，一旦 CPU 复位，就跳转到 C 语言默认入口_c_int00。

(3) 编写链接器命令文件 link. cmd。本例的链接器命令文件 link. cmd 的清单如下：

```
-c
-lrts.lib
MEMORY
{
```

```
    PAGE 0:  PROG:    origin =  1a00h,length =2600h
    PAGE 1:  DATA:   origin =  0200h,length =5000h
}
SECTIONS
{
   .text   >PROG PAGE 0
   .cinit   >PROG PAGE 0
   .switch >PROG PAGE 0
   vect   >3f80h PAGE 0
   .data   >DATA PAGE 1
   .bss     >DATA PAGE 1
   .const   >DATA PAGE 1
   .sysmem >DATA PAGE 1
   .stack   >DATA PAGE 1
}
```

(4) 运行应用程序，观察波形。将上述的 3 个文件添加到工程项目中，之后对工程项目中的文件进行编译、汇编、链接，生成可以在目标系统中运行的可执行输出文件 FIR. out。选择“View”→“Graph”→“Time/Frequency”命令，在打开的图形参数设置对话框中设置参数，就可显示出高通滤波器的频谱响应，输入序列，输出序列。

按图 5-3 所示进行图形参数对话框中的参数设置，生成的高通滤波器的频谱响应如图 5-4所示。

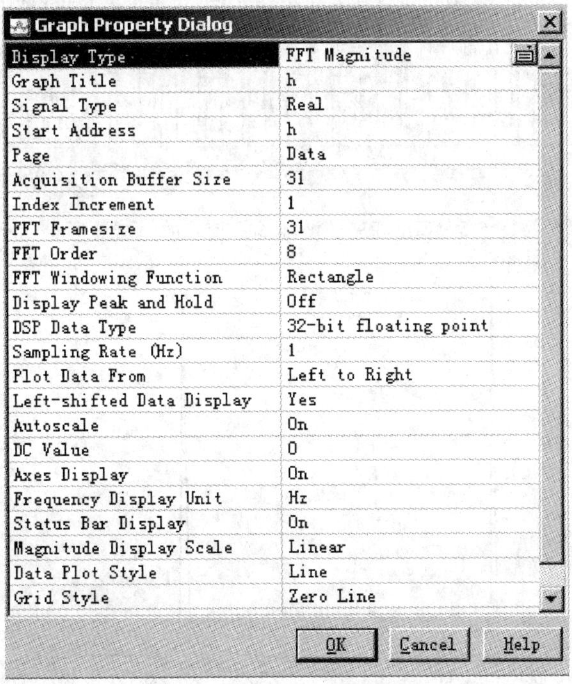

Graph Property Dialog

Display Type	FFT Magnitude
Graph Title	h
Signal Type	Real
Start Address	h
Page	Data
Acquisition Buffer Size	31
Index Increment	1
FFT Framesize	31
FFT Order	8
FFT Windowing Function	Rectangle
Display Peak and Hold	Off
DSP Data Type	32-bit floating point
Sampling Rate (Hz)	1
Plot Data From	Left to Right
Left-shifted Data Display	Yes
Autoscale	On
DC Value	0
Axes Display	On
Frequency Display Unit	Hz
Status Bar Display	On
Magnitude Display Scale	Linear
Data Plot Style	Line
Grid Style	Zero Line

OK　Cancel　Help

图 5-3　高通滤波器的频谱响应的图形参数设置对话框

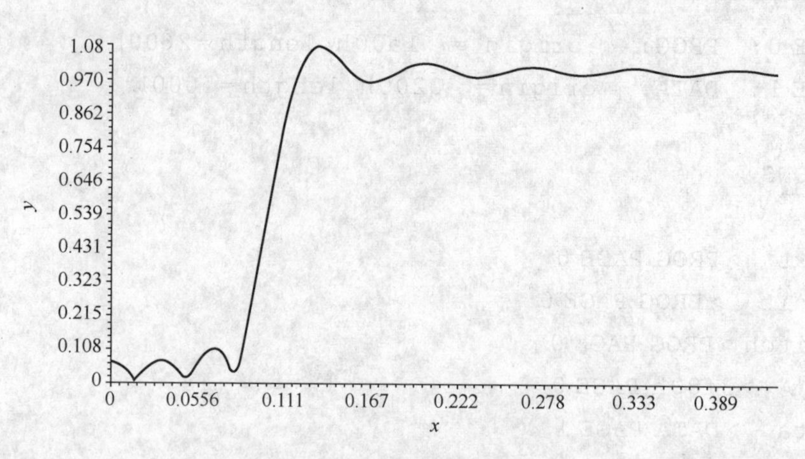

图 5-4　高通滤波器的频谱响应

图 5-5 为输入信号序列的时域波形，它由频率 4Hz 和 12Hz 两个正弦信号叠加而成。图 5-6为输入信号的频域波形，由图 5-6 可观察出输入信号包含两个信号，一个信号的峰值点所对应的横坐标值为 0.08，它所对应的频率为 $0.08f_s = 0.08 \times 50\text{Hz} = 4\text{Hz}$，另一个信号的峰值点所对应的横坐标值为 0.24，它所对应的频率为 $0.24f_s = 0.24 \times 50\text{Hz} = 12\text{Hz}$。

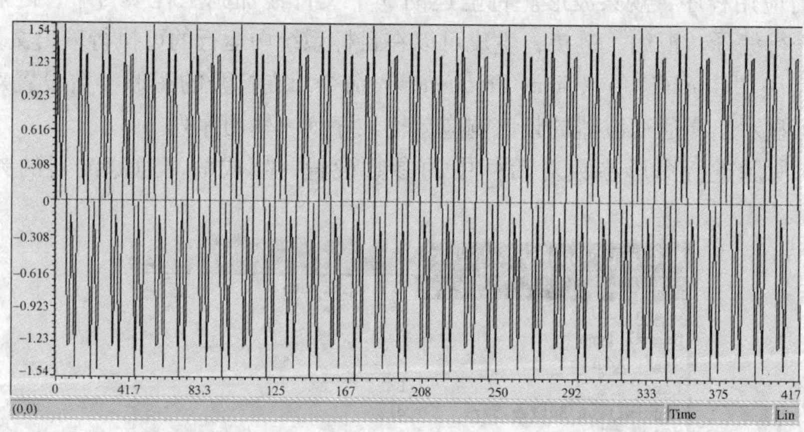

图 5-5　FIR 高通滤波器输入信号的时域波形

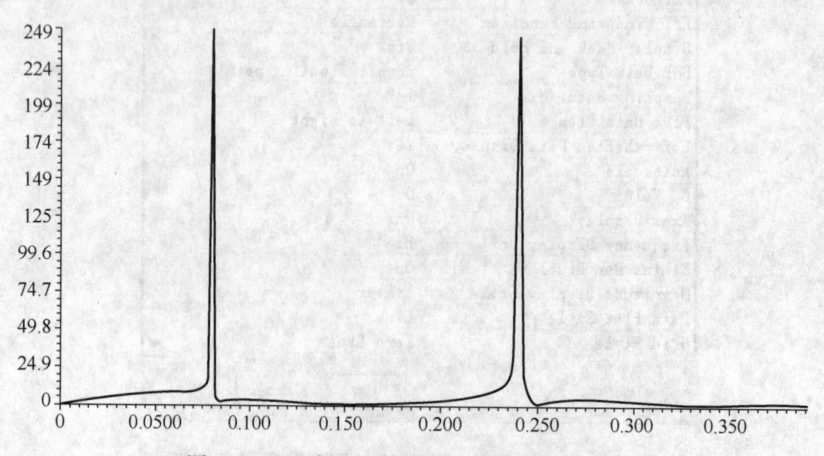

图 5-6　FIR 高通滤波器输入信号的频域波形

图 5-7 为输出信号序列的时域波形。图 5-8 为输出信号的频域波形，由图 5-8 可观察出输出信号仅由一个正弦信号构成，信号的峰值点所对应的横坐标值为 0.24，它所对应的频率为 $0.24f_s = 0.24 \times 50\text{Hz} = 12\text{Hz}$。通过所设计的高通滤波器将输入信号中的低频信号滤掉了，而仅保留了高频信号。

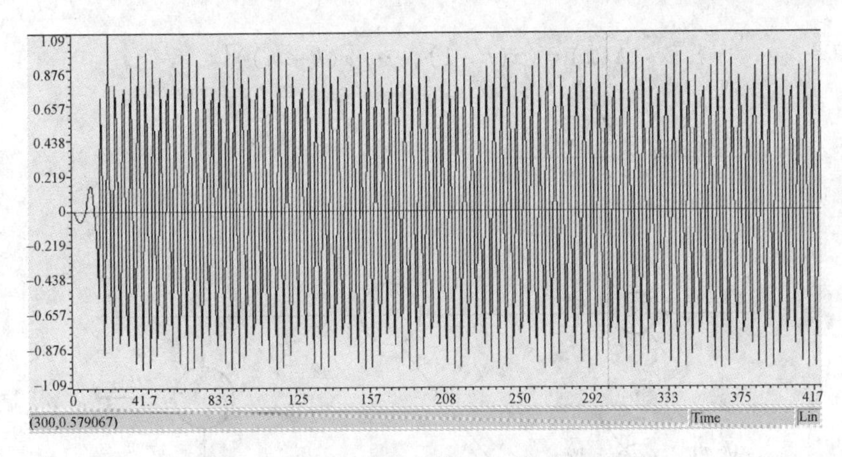

图 5-7　FIR 高通滤波器输出信号的时域波形

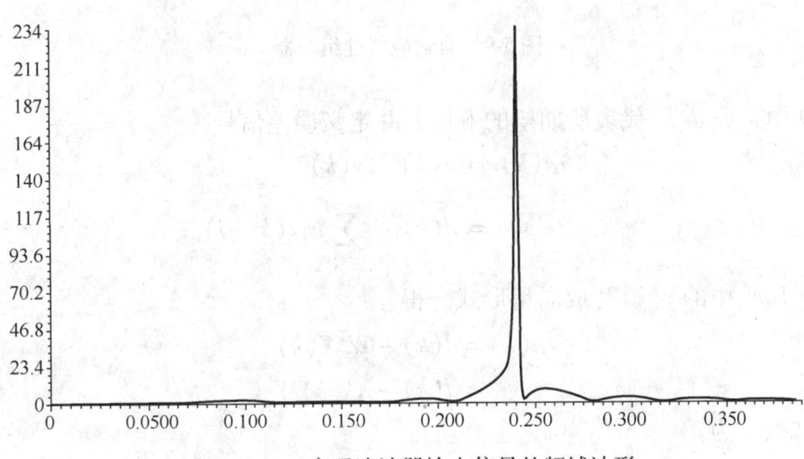

图 5-8　FIR 高通滤波器输出信号的频域波形

5.2　LMS 自适应滤波算法的实现

LMS 自适应滤波器是使滤波器的输出信号与期望响应之间的误差的均方值为最小，因此称为最小方均（Least Mean Square，LMS）自适应滤波器。

5.2.1　LMS 算法的原理

构成自适应数字滤波器的基本部件是自适应线性组合器，如图 5-9 所示。设线性组合器的 m 个输入为 $x(k-1)$，…，$x(k-m)$，其输出 $y(k)$ 是这些输入加权后的线性组合，即

$$y(k) = \sum_{i=1}^{m} w_i x(k-i) \tag{5-7}$$

定义权向量 $\boldsymbol{W}$ 为

$$\boldsymbol{W} = (w_1, w_2, \cdots, w_m)^{\mathrm{T}} \tag{5-8}$$

且定义

$$X(k) = (x(k-1), \cdots, x(k-m))^{\mathrm{T}} \tag{5-9}$$

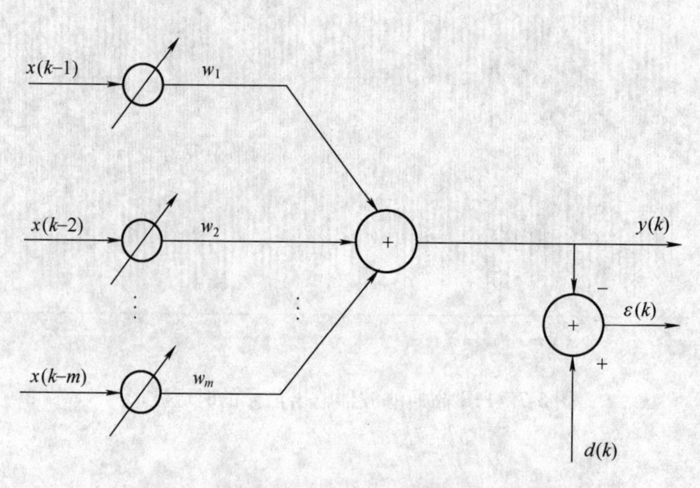

图5-9 自适应线性组合器

在图5-9中，令 $d(k)$ 代表所期望的响应，并定义误差信号

$$\begin{aligned}\varepsilon(k) &= d(k) - y(k) \\ &= d(k) - \sum_{i=1}^{m} w_i x(k-i)\end{aligned} \tag{5-10}$$

将式（5-10）中的 $y(k)$ 写成向量形式，得

$$\begin{aligned}\varepsilon(k) &= d(k) - \boldsymbol{W}^{\mathrm{T}}\boldsymbol{X}(k) \\ &= d(k) - \boldsymbol{X}^{\mathrm{T}}(k)\boldsymbol{W}\end{aligned} \tag{5-11}$$

误差的二次方为

$$\varepsilon^2(k) = d^2(k) - 2d(k)\boldsymbol{X}^{\mathrm{T}}(k)\boldsymbol{W} + \boldsymbol{W}^{\mathrm{T}}\boldsymbol{X}(k)\boldsymbol{X}^{\mathrm{T}}(k)\boldsymbol{W} \tag{5-12}$$

式（5-12）两边取数学期望后，得方均误差

$$E\{\varepsilon^2(k)\} = E\{d^2(k)\} - 2E\{d(k)\boldsymbol{X}^{\mathrm{T}}(k)\}\boldsymbol{W} + \boldsymbol{W}^{\mathrm{T}}E\{\boldsymbol{X}(k)\boldsymbol{X}^{\mathrm{T}}(k)\}\boldsymbol{W} \tag{5-13}$$

定义互相关函数行向量 $\boldsymbol{R}_{\mathrm{xd}}^{\mathrm{T}}$ 为

$$\boldsymbol{R}_{\mathrm{xd}}^{\mathrm{T}} = E\{d(k)\boldsymbol{X}^{\mathrm{T}}(k)\} \tag{5-14}$$

定义自相关函数矩阵 $\boldsymbol{R}_{\mathrm{XX}}$ 为

$$\boldsymbol{R}_{\mathrm{XX}} = E\{\boldsymbol{X}(k)\boldsymbol{X}^{\mathrm{T}}(k)\} \tag{5-15}$$

则方均误差式（5-13）可表述为

$$E\{\varepsilon^2(k)\} = E\{d^2(k)\} - 2\boldsymbol{R}_{\mathrm{xd}}^{\mathrm{T}}\boldsymbol{W} + \boldsymbol{W}^{\mathrm{T}}\boldsymbol{R}_{\mathrm{XX}}\boldsymbol{W} \tag{5-16}$$

这表明，方均误差是权系数向量 $\boldsymbol{W}$ 的二次函数，它是一个中间向上凸的抛物形曲面，是具有唯一最小值的函数。调节权系数使方均误差为最小，相当于沿抛物形曲面下降找最小

值。可以用梯度来求该最小值。将式（5-16）对权系数 $\boldsymbol{W}$ 求导数，得到方均误差函数的梯度

$$\begin{aligned}\nabla(k) &= \Delta E\{\varepsilon^2(k)\}\\ &= \left[\frac{\partial E\{\varepsilon^2(k)\}}{\partial w_1}, \cdots, \frac{\partial E\{\varepsilon^2(k)\}}{\partial w_m}\right] \\ &= -2\boldsymbol{R}_{\mathrm{xd}} + 2\boldsymbol{R}_{\mathrm{XX}}\boldsymbol{W}\end{aligned} \tag{5-17}$$

令$\nabla(k)=0$，即可求出最佳权系数向量

$$\boldsymbol{W}_{\mathrm{opt}} = \boldsymbol{R}_{\mathrm{XX}}^{-1}\boldsymbol{R}_{\mathrm{xd}} \tag{5-18}$$

利用式（5-18）求最佳权系数向量的精确解需要知道 $\boldsymbol{R}_{\mathrm{XX}}$ 和 $\boldsymbol{R}_{\mathrm{xd}}$ 的先验统计知识，而且还需要进行矩阵求逆等运算。Widrow 和 Hoff 于 1960 年提出了一种在这些先验统计知识未知时求 $\boldsymbol{W}_{\mathrm{opt}}$ 的近似值的方法，习惯上称为 Widrow-Hoff LMS 算法。这种算法的根据是最优化方法中的最速下降法。根据最速下降法，“下一时刻”权系数向量 $\boldsymbol{W}$（$k+1$）应该等于“现时刻”权系数向量 $\boldsymbol{W}$（k）加上一个负方均误差梯度$-\nabla(k)$ 的比例项，即

$$\boldsymbol{W}(k+1) = \boldsymbol{W}(k) - \mu\nabla(k) \tag{5-19}$$

式中，μ 是一个控制收敛速度与稳定性的常数，称之为收敛因子。

不难看出，LMS 算法有两个关键：梯度$\nabla(k)$ 的计算以及收敛因子 μ 的选择。

1. $\nabla(k)$的近似计算

精确计算梯度$\nabla(k)$是十分困难的，一种粗略的但是却十分有效的计算的近似方法是：直接取 $\varepsilon^2(k)$作为方均误差 $E\{\varepsilon^2(k)\}$的估计值，即

$$\hat{\nabla}(k) = \nabla[\varepsilon^2(k)] = 2\varepsilon(k)\nabla[\varepsilon(k)] \tag{5-20}$$

式中，

$$\nabla[\varepsilon(k)] = \nabla[d(k) - \boldsymbol{W}^{\mathrm{T}}(k)\boldsymbol{X}(k)] = -\boldsymbol{X}(k) \tag{5-21}$$

将式（5-21）代入式（5-20）中，得到梯度估计值

$$\hat{\nabla}(k) = -2\varepsilon(k)\boldsymbol{X}(k) \tag{5-22}$$

于是，Widrow-Hoff LMS 算法最终为

$$\boldsymbol{W}(k+1) = \boldsymbol{W}(k) + 2\mu\varepsilon(k)\boldsymbol{X}(k) \tag{5-23}$$

2. μ 的选择

对权系数向量更新公式式（5-23）两边取数学期望，得

$$\begin{aligned}E\{\boldsymbol{W}(k+1)\} &= E\{\boldsymbol{W}(k)\} + 2\mu E\{\varepsilon(k)\boldsymbol{X}(k)\}\\ &= E\{\boldsymbol{W}(k)\} + 2\mu E\{\boldsymbol{X}(k)[d(k) - \boldsymbol{X}^{\mathrm{T}}(k)\boldsymbol{W}(k)]\}\\ &= (\boldsymbol{I} - 2\mu\boldsymbol{R}_{\mathrm{XX}})E\{\boldsymbol{W}(k)\} + 2\mu\boldsymbol{R}_{\mathrm{xd}}\end{aligned} \tag{5-24}$$

式中，$\boldsymbol{I}$ 为单位矩阵。

当 $k=0$ 时，得

$$E\{\boldsymbol{W}(1)\} = (\boldsymbol{I} - 2\mu\boldsymbol{R}_{\mathrm{XX}})E\{\boldsymbol{W}(0)\} + 2\mu\boldsymbol{R}_{\mathrm{xd}}$$

对于 $k=1$，利用上式结果则有

$$\begin{aligned}E\{\boldsymbol{W}(2)\} &= (\boldsymbol{I} - 2\mu\boldsymbol{R}_{\mathrm{XX}})E\{\boldsymbol{W}(1)\} + 2\mu\boldsymbol{R}_{\mathrm{xd}}\\ &= (\boldsymbol{I} - 2\mu\boldsymbol{R}_{\mathrm{XX}})2E\{\boldsymbol{W}(0)\} + 2\mu\sum_{i=0}^{1}(\boldsymbol{I} - 2\mu\boldsymbol{R}_{\mathrm{XX}})^i\boldsymbol{R}_{\mathrm{xd}}\end{aligned}$$

起始时 $E\{\boldsymbol{W}(0)\}=\boldsymbol{W}(0)$，故

$$E\{\boldsymbol{W}(2)\}=(\boldsymbol{I}-2\mu\boldsymbol{R}_{\mathrm{XX}})^2\boldsymbol{W}(0)+2\mu\sum_{i=0}^{1}(\boldsymbol{I}-2\mu\boldsymbol{R}_{\mathrm{XX}})^i\boldsymbol{R}_{\mathrm{xd}}$$

重复以上迭代至 $k+1$，则有

$$E\{\boldsymbol{W}(k+1)\}=(\boldsymbol{I}-2\mu\boldsymbol{R}_{\mathrm{XX}})^{k+1}\boldsymbol{W}(0)+2\mu\sum_{i=0}^{k}(\boldsymbol{I}-2\mu\boldsymbol{R}_{\mathrm{XX}})^i\boldsymbol{R}_{\mathrm{xd}} \tag{5-25}$$

由于 $\boldsymbol{R}_{\mathrm{XX}}$ 是实值的对称阵，可以写出其特征值分解式

$$\boldsymbol{R}_{\mathrm{XX}}=\boldsymbol{Q}\sum\boldsymbol{Q}^{\mathrm{T}}=\boldsymbol{Q}\sum\boldsymbol{Q}^{-1} \tag{5-26}$$

这里利用了正定阵 $\boldsymbol{Q}$ 的性质 $\boldsymbol{Q}^{-1}=\boldsymbol{Q}^{\mathrm{T}}$，且 $\sum=\mathrm{diag}(\lambda_1,\cdots,\lambda_m)$ 是对角阵，其对角元素 λ_i 是 $\boldsymbol{R}_{\mathrm{XX}}$ 的特征值，将式（5-26）代入式（5-25）可得

$$E\{\boldsymbol{W}(k+1)\}=(\boldsymbol{I}-2\mu\boldsymbol{Q}\sum\boldsymbol{Q}^{-1})^{k+1}\boldsymbol{W}(0)+2\mu\sum_{i=0}^{k}(\boldsymbol{I}-2\mu\boldsymbol{Q}\sum\boldsymbol{Q}^{-1})^i\boldsymbol{R}_{\mathrm{xd}} \tag{5-27}$$

注意到以下恒等式及关系式：

(1) $(\boldsymbol{I}-2\mu\boldsymbol{Q}\sum\boldsymbol{Q}^{-1})^i=\boldsymbol{Q}(\boldsymbol{I}-2\mu\sum)^i\boldsymbol{Q}^{-1}$ (5-28)

(2) $\lim\limits_{k\to\infty}\sum\limits_{i=0}^{k}(\boldsymbol{I}-2\mu\boldsymbol{Q}\sum\boldsymbol{Q}^{-1})^i=\boldsymbol{Q}[(2\mu\sum)^{-1}]\boldsymbol{Q}^{-1}$ (5-29)

(3) 假定所有的对角元素的值均小于1（这可以通过适当选择 μ 实现），则

$$\lim_{k\to\infty}(\boldsymbol{I}-2\mu\sum)^{k+1}=0 \tag{5-30}$$

(4) $\boldsymbol{R}_{\mathrm{XX}}^{-1}=\boldsymbol{Q}\sum{}^{-1}\boldsymbol{Q}^{-1}$ (5-31)

将式（5-28）~式(5-31）代入式（5-27），得到如下结果

$$E\{\boldsymbol{W}(k+1)\}=\boldsymbol{Q}\sum{}^{-1}\boldsymbol{Q}^{-1}\boldsymbol{R}_{\mathrm{xd}}=\boldsymbol{R}_{\mathrm{XX}}^{-1}\boldsymbol{R}_{\mathrm{xd}}=\boldsymbol{W}_{\mathrm{opt}} \tag{5-32}$$

由此可见，当迭代次数无限增加时，权系数向量的数学期望值可收敛至最佳权系数向量 $\boldsymbol{W}_{\mathrm{opt}}$，其条件是对角阵 $(\boldsymbol{I}-2\mu\sum)$ 的所有对角元素均小于1，即

$$|1-2\mu\lambda_{\max}|<1$$

或

$$0<\mu<\frac{1}{\lambda_{\max}} \tag{5-33}$$

式中，$\lambda_{\max}$ 是 $\boldsymbol{R}_{\mathrm{XX}}$ 的最大特征值；μ 称为收敛因子，它决定达到式（5-32）的速率。事实上，$\boldsymbol{W}(k)$ 收敛于 $\boldsymbol{W}_{\mathrm{opt}}$ 由比值 $d=\lambda_{\max}/\lambda_{\min}$ 决定，该比值叫作谱动态范围。大的 d 值表示要花费很长的时间才会收敛到最佳权值。

基本 LMS 自适应算法如下：

初始化：$\boldsymbol{W}(0)=\boldsymbol{0}$；$\boldsymbol{R}(0)=\boldsymbol{I}$

选择 μ：$0<\mu<\dfrac{1}{\lambda_{\max}}$

For $k=1$ *to* n *do*

$\boldsymbol{W}(k)=\boldsymbol{W}(k-1)+2\mu[x(k)-\boldsymbol{W}^{\mathrm{T}}(k-1)\boldsymbol{X}(k)]\boldsymbol{X}(k)$

5.2.2 LMS算法的C语言程序设计及仿真

【例5-3】 在CCS开发平台中用C语言实现LMS算法的自适应滤波器，其输入信号为正弦信号，期望输出设定为比实际输入超前两个单位时间的信号。

(1) 编写C语言源代码文件LMS_Exam.c，程序清单如下：

```
#include <math.h>
#define pi 3.1415926
float x[500];                    /*输入信号序列*/
float y[500];                    /*输出信号序列*/
float d[500];                    /*期望输出序列*/
float e[500];                    /*输出误差序列,e(n)=d(n)-y(n)*/
float w[5];                      /*滤波器系数*/
float u;                         /*梯度算法步长*/
main()
{
    int i,j;
    u=0.00001;
    /*初始化数据空间*/
    for(i=0;i<500;i++)
    {
        x[i]=0;
        d[i]=0;
        e[i]=0;
        y[i]=0;
    }
    /*设定输入信号为正弦信号
      期望输出设为比实际输入超前两个单位时间的信号*/
    for(i=0;i<500;i++)
    {
        x[i]=(float)10*sin(pi*i/20);
        d[i]=x[i-2];
    }
    /*初始化滤波器系数*/
    for(i=0;i<5;i++)
    {
        w[i]=0;
    }
    /*梯度算法*/
    for(i=5;i<500;i++)
```

```
    {
        for(j=0;j<5;j++)
            y[i]=y[i]+w[j]*x[i-j];
        e[i]=d[i]-y[i];                    /*计算误差*/
        for(j=0;j<5;j++)                   /*根据误差修正滤波器系数*/
            w[j]=w[j]+2*u*e[i]*x[i-j];
    }
}
```

(2) 编写链接器命令文件 LMS_Exam.cmd，程序清单如下：

```
-c
-m LMS_Exam.map
-o LMS_Exam.out
LMS_Exam.obj
-lrts.lib
-stack 0x100
MEMORY
{
    PAGE 0:   PROG:     origin =  3200h, length =0E00h
    PAGE 1:   DATA:     origin =  0200h, length =3000h
}
SECTIONS
{
    .text   >PROG PAGE 0
    .cinit  >PROG PAGE 0
    .switch >PROG PAGE 0
    vect   >3f80h PAGE 0

    .data   >DATA PAGE 1
    .bss    >DATA PAGE 1
    .const  >DATA PAGE 1
    .sysmem >DATA PAGE 1
    .stack  >DATA PAGE 1
}
```

(3) 运行程序，选择“View”→“graph”→“time/frequency…”。设置对话框中的参数：其中“Start Address”设为“x”，“Acquisition buffer size”和“Display Data size”都设为“500”，并且把“DSP Data Type”设为“32-bit floating point”，可观察到输入信号“x”的波形（见图 5-10）；同样方法可观察到输出波形“y”（见图 5-11）和输出误差“e”（见图 5-12）的波形。

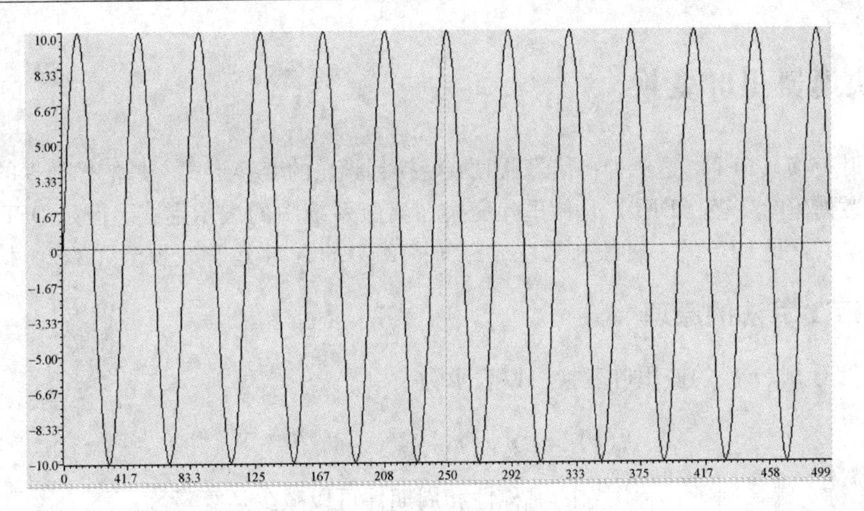

图 5-10　输入信号“x”的波形

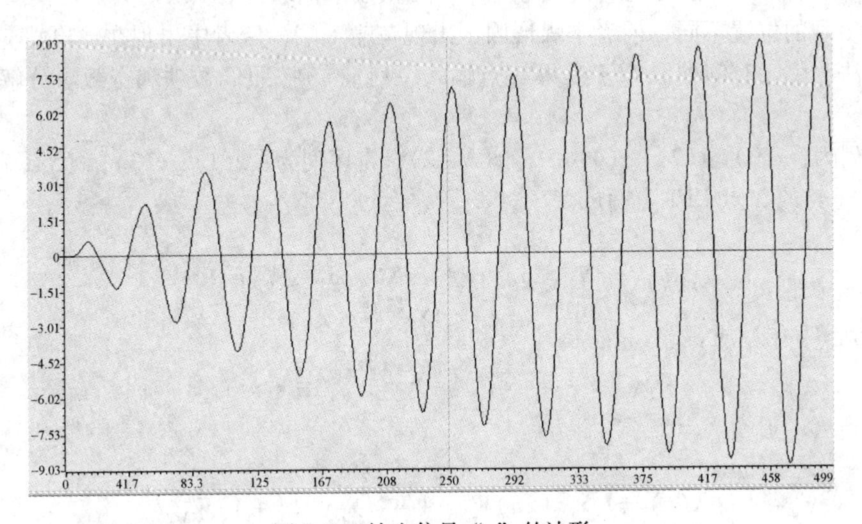

图 5-11　输出信号“y”的波形

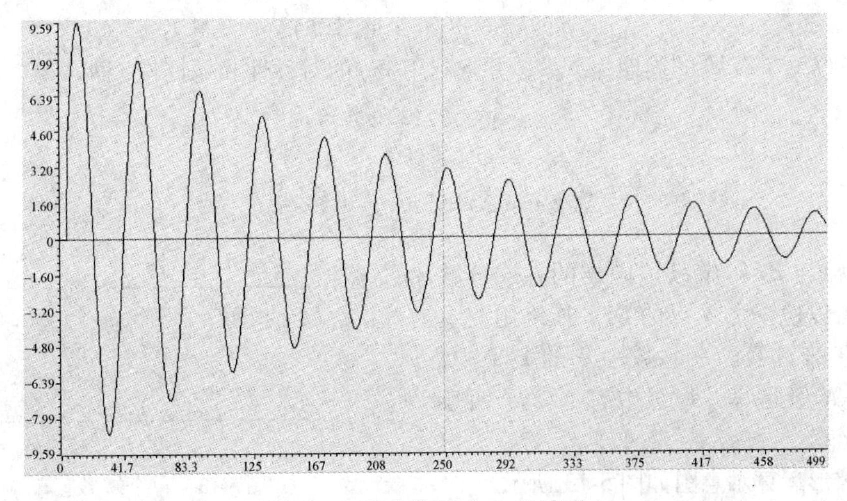

图 5-12　误差信号“e”的波形

5.3 快速傅里叶变换

傅里叶变换（FFT）是一种将信号从时域变换到频域的变换形式，是信号处理的重要分析工具。离散傅里叶变换（DFT）是傅里叶变换在离散系统中的表示形式。但是 DFT 的计算量非常大，FFT 就是 DFT 的一种快速算法，FFT 将 DFT 的 N^2 步运算减少至（$N/2$）$\log_2 N$ 步。

5.3.1 FFT 算法的原理

离散信号 x（n）的傅里叶变换可以表示为

$$X(k) = \sum_{n=0}^{N-1} x[n] W_N^{nk}, \quad W_N = e^{\frac{-j2\pi}{N}} \tag{5-34}$$

式中，W_N 称为蝶形因子，利用它的对称性和周期性可以减少运算量。

一般而言，FFT 算法分为时间抽取（DIT）和频率抽取（DIF）两大类。两者的区别是蝶形因子出现的位置不同，前者中蝶形因子出现在输入端，后者中出现在输出端。本节以时间抽取方法为例。时间抽取 FFT 是将 N 点输入序列 $x(n)$ 按照偶数项和奇数项分解为偶序列和奇序列。

偶序列为：$x(0)$，$x(2)$，$x(4)$，…，$x(N-2)$；奇序列为：$x(1)$，$x(3)$，$x(5)$，…，$x(N-1)$。这样 $x(n)$ 的 N 点 DFT 可写成

$$X(k) = \sum_{n=0}^{\frac{N}{2}-1} x(2n) W_N^{2nk} + \sum_{n=0}^{\frac{N}{2}-1} x(2n+1) W_N^{(2n+1)k} \tag{5-35}$$

考虑到 W_N 的性质，即

$$W_N^2 = (e^{-j2\pi/N})^2 = e^{-j2\pi/(N/2)} = W_{N/2} \tag{5-36}$$

因此有

$$X(k) = \sum_{n=0}^{\frac{N}{2}-1} x(2n) W_{N/2}^{nk} + W_N^k \sum_{n=0}^{\frac{N}{2}-1} x(2n+1) W_{N/2}^{nk} \tag{5-37}$$

式（5-37）可写成

$$X(k) = Y(k) + W_N^k Z(k) \tag{5-38}$$

由于 $Y(k)$ 与 $Z(k)$ 的周期为 $N/2$，并且利用 W_N 的对称性和周期性，即

$$W_N^{k+\frac{N}{2}} = -W_N^k \tag{5-39}$$

可得

$$X(k+N/2) = Y(k) - W_N^k Z(k) \tag{5-40}$$

对 $Y(k)$ 与 $Z(k)$ 继续以同样的方式分解下去，就可以使一个 N 点的 DFT 最终用一组两点的 FFT 来计算。在基数为 2 的 FFT 中，总共有 $\log_2 N$ 级运算，每级中有 $N/2$ 个两点 FFT 蝶形运算。

单个蝶形运算示意图如图 5-13 所示。

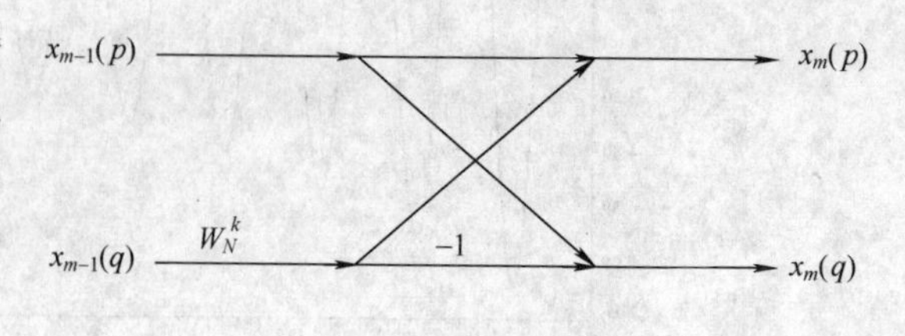

图 5-13　单个蝶形运算

蝶形算法为

$$
\begin{aligned}
x_m(p) &= x_{m-1}(p) + x_{m-1}(q)W_N^k \\
x_m(q) &= x_{m-1}(p) - x_{m-1}(q)W_N^k
\end{aligned}
\tag{5-41}
$$

以 $N=8$ 为例，时间抽取 FFT 的信号流图如图 5-14 所示。

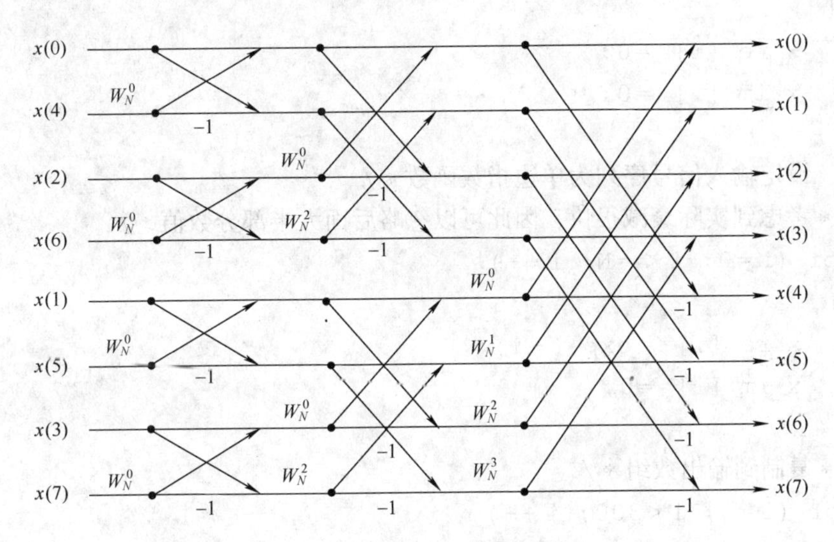

图 5-14　8 点 FFT 的蝶形运算

从图 5-14 可以看出，输出序列是按自然顺序排列的，而输入序列的顺序则是“比特反转”方式排列的。也就是说，将序号用二进制表示，然后将二进制数以相反方向排列，再以这个数作为序号。如 011 变成 110，那么第 3 个输入值和第 6 个输入值就要交换位置，可以采用雷德算法（Rader）来完成这一步工作。

5.3.2　FFT 的 C 语言程序设计及仿真

【例 5-4】　在 CCS 开发平台中用 C 语言实现 64 点 FFT 算法。设输入信号序列为单边指数函数。

（1）编写 C 语言源代码文件 FFT_Exam.c，程序清单如下：

```
include <stdio.h>
const float pi =3.1415926;
int N;                                /* FFT 点数 */
float x_re [300], x_im [300];         /* 输入信号序列 */
float y_re [300], y_im [300];         /* 输出频谱序列 */
float w_re, w_im;                     /* 蝶形因子 */
int m;                                /* 蝶形运算的级数，即 log2 (N) */
main ()
{
   float t_re, t_im, v_re, v_im;  /* 临时变量 */
   int j, i, k, f, n;
```

```
int a, b, c;
N =64;
/*初始化数据空间*/
for (i =0; i <300; i ++)
 {
   x_re [i] =0;
   x_im [i] =0;
}
/*设定输入信号序列为单边指数函数*/
/*考虑到实际衰减很快，因此可以忽略后面大半部分数值*/
for (i =0; i < =N; i ++)
 {
   x_re [i] =exp (-i);
   x_im [i] =0;
}
/*复制到输出数组*/
for (i =0; i <300; i ++)
 {
   y_re [i] =x_re [i];
   y_im [i] =x_im [i];
}
/*用雷德算法对输入信号序列进行倒序重排*/
j =0;
for (i =0; i <N; i ++)
 {
   if (i <j)
    {
     t_re =y_re [j];
     t_im =y_im [j];
     y_re [j] =y_re [i];
     y_im [j] =y_im [i];
     y_re [i] =t_re;
     y_im [i] =t_im;
   }
   k =N/2;
   while ( (k < =j) & (k >0))
    {
     j =j - k;
     k =k/2;
```

```
        }
        j=j+k;
    }
    /*计算蝶形运算的级数 log2 (N) */
    f=N;
    for (m=1; (f=f/2)! =1; m++);
    /***FFT***/
    for (n=1; n<=m; n++)
     {
        a=1;                          /*a=2 的 n 次方*/
        for (i=0; i<n; i++)
           a=a*2;
        b=a/2;
        v_re=1.0;                     /*蝶形因子*/
        v_im=0.0;
        w_re=cos (pi/b);
        w_im= -sin (pi/b);
        for (j=0; j<b; j++)           /*蝶形运算*/
         {
           for (i=j; i<N; i=i+a)
            {
              c=i+b;
              t_re=y_re [c] *v_re-y_im [c] *v_im;
              t_im=y_re [c] *v_im+y_im [c] *v_re;
              y_re [c] =y_re [i] -t_re;
              y_im [c] =y_im [i] -t_im;
              y_re [i] =y_re [i] +t_re;
              y_im [i] =y_im [i] +t_im;
           }
           t_re=v_re*w_re-v_im*w_im;
           t_im=v_re*w_im+v_im*w_re;
           v_re=t_re;
           v_im=t_im;
         }
     }
}
```

(2) 编写链接器命令文件 FFT_Exam.cmd，程序清单如下：

```
FFT_Exam.obj
 -c
```

```
 -m FFT_Exam.map
 -o FFT_Exam.out
 -lrts.lib
 -stack 0x100
MEMORY
{
    PAGE 0:   PROG:    origin =  1a00h, length =2800h
    PAGE 1:   DATA:    origin =  0200h, length =1800h
}
SECTIONS
{
    .text   >PROG PAGE 0
    .cinit   >PROG PAGE 0
    .switch >PROG PAGE 0
    vect   >3f80h PAGE 0
    .data   >DATA PAGE 1
    .bss     >DATA PAGE 1
    .const   >DATA PAGE 1
    .sysmem >DATA PAGE 1
    .stack   >DATA PAGE 1
}
```

(3) 运行程序，选择“view”→“graph”→“time/frequency…”。设置对话框中的参数：其中“Start Address”设为“x_re”，“Acquisition buffer size”和“Display Data size”都设为“64”，并且把“DSP Data Type”设为“32-bit floating point”，观察输入信号“x_re”的波形；同样方法观察输出信号“y_re”的波形，如图5-15所示。

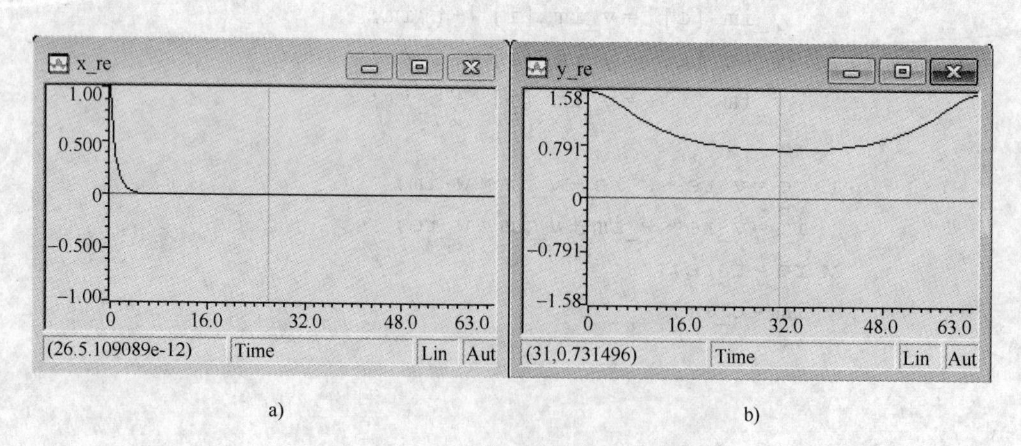

a) b)

图5-15 64点FFT的输入和输出波形

a) x_re波形 b) y_re波形

5.4　小结

本章主要讲述如何利用'C54x 系列 DSP 实现数字信号处理的算法，并结合数字信号处理和通信中最常见、最具有代表性的应用，介绍通用数字信号处理算法的 DSP 实现方法。

本章首先分别介绍了各个算法的基本机构或基本原理，然后在原理的基础上进行程序编写，给出了在 CCS 开发环境中利用 C 语言实现 FIR 滤波器、LMS 自适应滤波器算法以及 FFI 算法，并且有的算法也给出了利用 MATLAB 实现算法的程序，都给出了实现该算法的仿真波形图。FIR 滤波器的设计利用了两种方法，可以使读者对程序的编写和设计能力有所提升。可以知道在'C54x 系列 DSP 的 CCS 开发环境中可以利用 C 语言实现各种算法，本章只是对数字信号处理算法当中的部分进行了实现。读者也可以尝试利用 CCS 开发环境实现其他的数字信号处理算法，并且也可以进行相应的仿真，这对读者自己的编程能力肯定会有很大的提高。

思考题与习题

1. 数字信号处理算法主要有哪些?
2. FIR 滤波器的基本结构是什么? 利用 MATLAB 和 CCS 开发环境实现 FIR 滤波器有什么不同?
3. LMS 自适应滤波器的基本原理是什么? 如何利用 CCS 开发环境实现该算法?
4. 利用 CCS 开发环境进行 FFT 算法时需要注意什么问题? 如何实现?
5. 除了上面的算法实现，还能利用 CCS 开发环境实现其他的数字信号处理算法吗?
6. 与其他的实现方法相比，利用 CCS 开发环境实现有什么优点和缺点?

第6章　'C54x系列DSP的外设及应用

为了满足数据处理的需要，'C54x系列DSP除了提供哈佛结构的总线、功能强大的CPU以及大范围的地址空间的存储器外，还提供了必要的外部设备部件。本章将主要介绍定时器、主机接口、DSP、DMA控制器等外设以及各自的应用。

6.1　定时器

'C54x系列DSP的定时器是一个16位的软件可编程定时器，它是一个减1计数器，可用于事件计数器和产生相应中断，一般定时器/计数器能够对许多系统时钟周期计数和产生一个周期性中断，该中断可用于产生精确的采样频率。并且片内定时器/计数器有助于提高DSP器件性能。

6.1.1　定时器的工作原理

片内定时器是一个软件可编程定时器，可以用来周期地产生中断，'C54x系列DSP的定时器功能框图如图6-1所示。

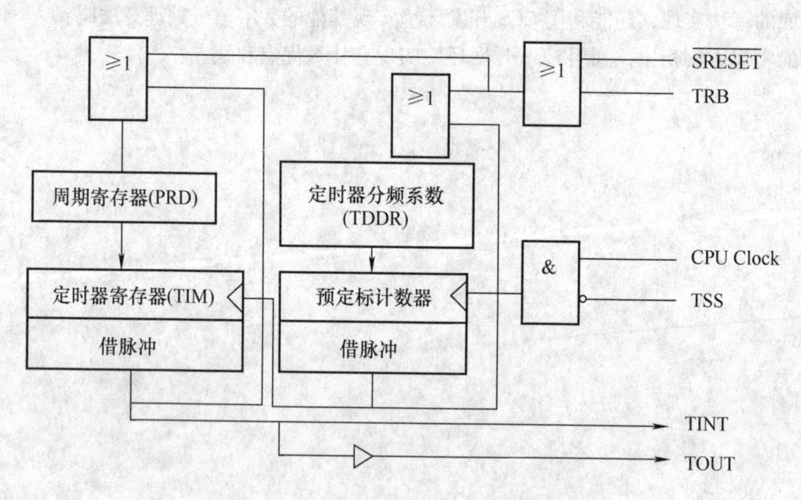

图6-1　'C54x系列DSP的定时器功能框图

'C54x系列DSP的定时器是一个16位的可编程定时器，主要由3个寄存器组成：定时器寄存器（Timer Register，TIM）、定时器周期寄存器（Timer Period Registers，PRD）和定时器控制寄存器（Timer Control Registers，TDR）。这3个寄存器都是16位存储器映像寄存器，它们在数据存储器中的地址分别为0024H、0025H、0026H。其中，TIM是一个减1计数器；PRD用于存放时间常数；TCR中包含定时器的控制位和状态位。'C54x系列DSP的控制寄存器TCR各位的定义如图6-2所示。

15~12	11	10	9~6	5	4	3~0
Res	Soft	Free	PSC	TRB	TSS	TDDR

图 6-2　'C54x 系列 DSP 的控制寄存器 TCR

'C54x 系列 DSP 的控制寄存器 TCR 各位的说明如下：

Res：保留位，读成 0。

Soft、Free：用于控制调试程序断点操作情况下的定时器状态，这两位结合起来使用。当 Soft = 0、Free = 0 时，定时器立即停止工作；当 Soft = 1、Free = 0 且计数器减到 0 时，定时器停止工作；当 Soft = x、Free = 1 时，定时器继续运行。

PSC：定时器预定标计数器。这是一个减 1 计数器，当 PSC 减到 0 后，TDDR 寄存器的值装载到 PSC 寄存器，TIM 减 1。PSC 可被 TCR 读取，PSC 的作用相当于预分频器。

TRB：定时器重新加载位，用来复位片内定时器。当 TRB = 1 时，TIM 寄存器装入 PRD 寄存器中的数，并且预定标计数器 PSC 装入 TDDR 寄存器中的值。TRB 总是读成 0。

TSS：定时器停止状态位，用于停止或启动定时器。当 TSS = 0 时，定时器启动；当 TSS = 1 时，定时器停止。

TDDR：定时器分频系数。按此分频系数对 CLKOUT 进行分频，以改变定时周期。当 PSC = 0 时，TDDR 寄存器的值装载到 PSC 寄存器中。

定时器可访问的寄存器有 3 个：TIM、PRD、TCR。TIM 和 PRD 这两种寄存器共同工作，提供定时器的当前计数值。在正常情况下，当 TIM 减到 0 后，PRD 中的时间常数自动地加载到 TIM。当系统复位（$\overline{\text{SRESET}}$ = 1）或定时器复位（TRB = 1）时，PRD 中的时间常数重新加载到 TIM。在'C54x 系列 DSP 中，定时器定时周期通过 16 位的 PRD 寄存器和一个 4 位分频器比率来控制，后者由 TCR 的 TDDR 位说明。

定时器产生中断的中断周期和中断速率的计算公式分别如下：

$$定时周期 = \text{CLKOUT} \times (\text{TDDR}+1) \times (\text{PRD}+1)$$

$$\text{TINT}(\text{RATE}) = \frac{1}{\text{CLKOUT} \times (\text{TDDR}+1)(\text{PRD}+1)}$$

式中，CLKOUT 是 DSP 芯片时钟周期，TDDR 和 PRD 分别为定时器的分频系数和时间常数。

TINT 请求信号将中断标志寄存器（IFR）中的 TINT 位置 1，用于向 CPU 申请中断，可以利用中断屏蔽寄存器（IMR）来禁止或允许该请求。当系统不用定时器时，应设置中断屏蔽寄存器（IMR）的相应位来屏蔽 TINT。

对定时器的初始化主要有以下几个步骤：

（1）将 TCR 中的 TSS 位置 1，关闭定时器。所对应的指令是

```
STM    #10010H, TCR
```

（2）加载 PRD。所对应的指令是

```
STM    #0100H, PRD;
```

（3）重新加载 TCR（使 TDDR 初始化；令 TSS = 0，以接通 CLKOUT；重新加载 TRB 位，置 1，以使 TIM 减到 0 后重新加载 PRD），启动定时器。所对应的指令是

```
STM    #0C20H, TCR
```

若要开放定时器中断，必须（假定 INTM = 1）有：

（1）将 IFR 中的 TINT 位置 1，清除尚未处理完的定时器中断。所对应的指令是

```
STM    #0008H, IFR
```

（2）将 IMR 中的 TINT 位置 1，开放定时器中断。所对应的指令是

```
STM    #0008H, IMR
```

（3）将 STI 中的 INIM 位置 0，从整体上开放中断。所对应的指令是

```
RSBX    INTM
```

6.1.2 定时器的应用

【例 6-1】 设 TMS320C5402 的工作频率为 100MHz，设置定时器 0 的定时周期为 2s，每检测到一次中断，计数值 ms 就加 1，利用查询方式每计 1000 个数就令 XF 引脚的电平翻转一次，在 XF 引脚输出一矩形波，使 LED 指示灯不停地闪烁。

通过定时器的中断周期公式可计算出 TDDR = 15，PRD = 1249。因定时器 2s 中断一次，故每 1s XF 引脚电平翻转一次来实现 LED 指示灯不停闪烁的目的。

定时器中断服务程序如下：

```
interrupt void  timer0()  //中断函数
{
   ms++;
}
while(1)                  //循环函数
{
     while(ms<1000);      //长时间定时 1000ms
     ms=0;
     asm("  RSBX  XF");   //使用内嵌的汇编指令 asm()将 XF 清 0
     while(ms<1000);      //长时间定时 1000ms
     ms=0;
     asm("  SSBX  XF");   //使用内嵌的汇编指令 asm()将 XF 引脚置位
}
```

2s 程序代码如下：

```
     #include"cpu_reg.h"
   int j;
   int ms;
   ioport unsigned portf000;
   int motor; void main ()
{
     asm ("   STM #0000h, CLKMD");
     while (*CLKMD & 0x01);
     asm ("   STM #97FFh, CLKMD"); //设置 CPU 运行频率=100MHz
/*   40C7h: 5*clkin  =100M
     30c7h: 4*clkin  =80M
```

```
20c7h: 3 * clkin   =60M
10C7h: 2 * clkin   =40M * /
asm (" stm  #4240h, SWWSR");
                                    //等待片上的程序
asm (" stm  #00a0h, PMST  ");       //MP/MC =0, IPTR =001, ovly =0
asm (" stm  #0802h, BSCR  ");
asm (" STM  #0h, IMR");             //中断屏蔽寄存器 IMR
   asm (" STM  #0010h, TCR");
                                    //关定时器，定时控制寄存器 TCR (地
                                      址 0026H)。
   asm (" STM  #04C1h, PRD");
                                    //2s，定时周期寄存器 PRD (地址
                                      0025H)。
   asm (" STM  #0C2fh, TCR");       //TCR =最后 4 位
   asm (" STM  #0008h, IFR");
   asm (" ORM  #0008h, * (IMR)");   //开中断，中断屏蔽寄存器 IMR
   asm (" RSBX  INTM");             //状态控制寄存器 ST1 中的中断标志
                                    //位 INTM 位清 0，开放全部中断
   ms =0;
   while (1)
{
   while (ms <100);                 //LED_flash
   ms =0;
   asm (" RSBX  XF");               //位复位
   motor =0x8; for (j =0; j <6; j ++) {
   portf000 =motor; / * send drive pluse to motor * /motor =motor >>1;
   if (motor = =0x0)
   motor =0x8; / * 只有低 4 位有效 * / }
   while (ms <100);
   ms =0;
   asm (" SSBX  XF ");              //位置位
   motor =0x8; for (j =0; j <6; j ++) {
   portf000 =motor; / * send drive pluse to motor * /motor =mo-
   tor >>1;
   if (motor = =0x0)
   motor =0x8; / * 只有低 4 位有效 * /
}
   }
}
```

```
    interrupt void  timer0 ()
{
    ms ++;
}
```

6.2 主机接口

'C54x系列DSP片内有一个主机接口（Host Port Interface，HPI），HPI是一种高速、异步并行接口，通过它可以连接到标准的微处理器总线。通过TMS320C54x的主机接口，可以高速访问'C54x系列DSP的片内存储器，这样便于与其他主机之间进行信息交换。HPI是以主处理器为主、DSP为从的主从结构。

6.2.1 HPI的结构

HPI主要由5个部分组成，图6-3是HPI的结构框图。

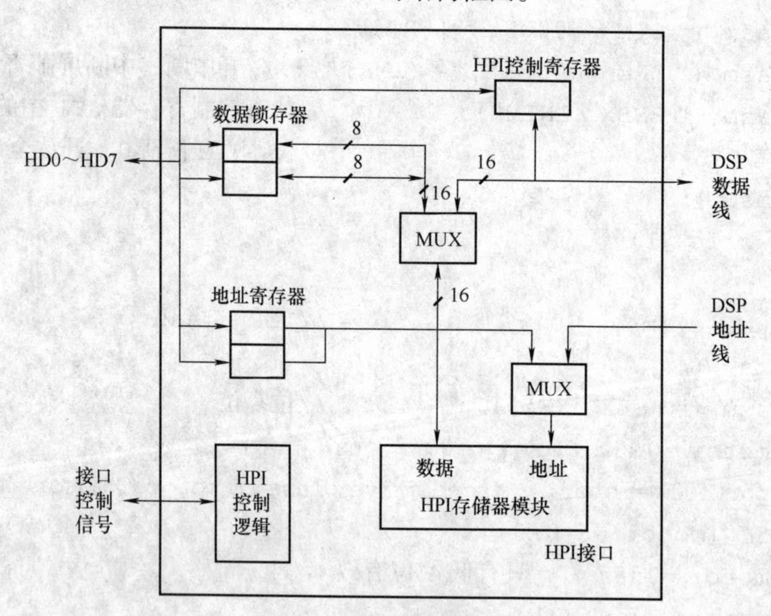

图6-3 HPI的结构框图

HPI存储器（DARAM）：用于'C54x系列DSP与主机间传送数据，地址范围为1000H～17FFH，也可以用作通用的双寻址数据RAM或程序RAM。

HPI地址寄存器（HPIA）：由主机对其进行直接访问，存放当前寻址HPI存储单元的地址。

HPI数据锁存器（HPID）：由主机对其进行直接访问。如果进行的是读操作，则存放从HPI存储器读出的数据；如果进行的是写操作，则存放要写到HPI存储器的数据。

HPI控制寄存器（HPIC）：'C54x系列DSP和主机都能对其直接访问，用于主处理器与DSP相互连接，实现相互的中断请求。

HPI控制逻辑：用于处理HPI与主机之间的接口信号。

当'C54x 系列 DSP 与主机交换信息时，HPI 是主机的一个外部设备。在'C54x 系列 DSP 和主机传送数据时，HPI 能自动地将外部接口传来的连续的 8 位数组合成 16 位数后传送给'C54x系列 DSP。

HPI 有两种工作方式：共用寻址方式（SAM）和仅主机寻址方式（HOM）。在共用寻址方式下，'C54x 系列 DSP 和主机都能访问 HPI 存储器，HPI 支持设备与'C54x 系列 DSP 之间的高速传送数据，HPI 支持的传输速度为 $(f_d n)/5$。其中，f_d 为 CLKOUT（'C54x 系列 DSP 的主频率）；n 是主机每进行一次外部寻址的周期数，通常 $n=4$（或 3）。若在仅主机寻址方式下，仅仅只能让主机寻址 HPI 存储器，且访问的速度更快，主机每 50ns 寻址一个字节（160Mbit/s），且与'C54x 系列 DSP 的时钟频率无关。

6.2.2　HPI 设计

图 6-4 是'C54x 系列 DSP 的 HPI 与主机的连接框图。HPI 提供了灵活而方便的接口，接口外围电路简单。'C54x 系列 DSP 的 HPI 与主机相连时，几乎不需要附加其他的逻辑电路。

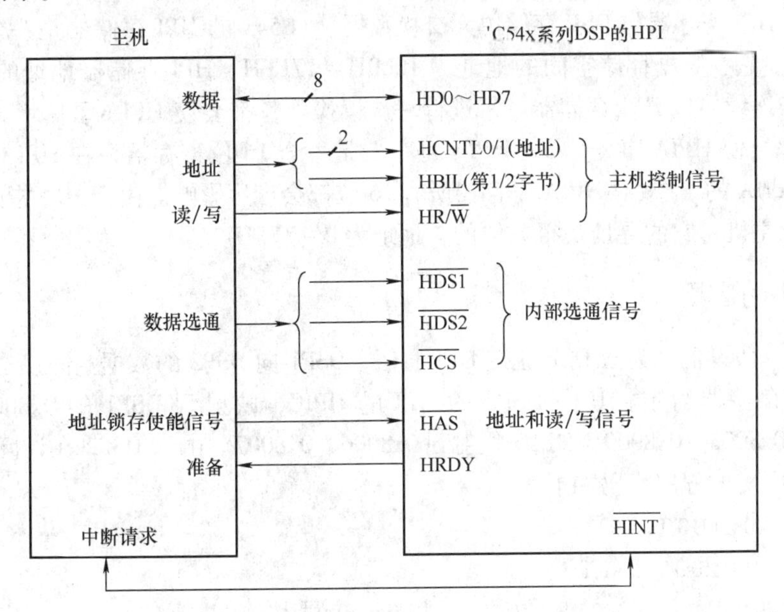

图 6-4　'C54x 系列 DSP 的 HPI 与主机的连接框图

HPI 信号的名称和功能如下：

（1）数据总线：HD0 ~ HD7，数据总线的宽度为 8 位。当不传送数据或切断所有输出时，数据总线均为高阻态。

（2）地址总线：具体分为 HBIL、HCNTL0、HCNTL1 和 HR/$\overline{W}$地址线。

其中 HCNTL0 和 HCNTL1 为主机控制信号，用来选择主机所要寻址的 HPIA 寄存器或 HPI 数据锁存器或 HPIC 寄存器。当 HCNTL0 = 0、HCNTL1 = 0 时，表示主机可以读/写 HPIC 寄存器；当 HCNTL0 = 0、HCNTL1 = 1 时，表示主机可以读/写 HPID 锁存器，每读一次，HPIA 事后增 1，每写一次，HPIA 事先增 1；当 HCNTL0 = 1、HCNTL1 = 0 时，表示主机可以读/写 HPIA 寄存器；当 HCNTL0 = 1、HCNTL1 = 1 时，表示主机可以读/写 HPID 锁存器。

HBIL 为字节识别信号，用来识别主机传送过来的是第 1 个字节还是第 2 个字节。

HR/$\overline{\text{W}}$为读/写信号，高电平表示主机要读 HPI，低电平表示写 HPI。

（3）控制线：具体分为$\overline{\text{HDS1}}$、$\overline{\text{HDS2}}$、$\overline{\text{HCS}}$和$\overline{\text{HAS}}$控制线。

其中$\overline{\text{HDS1}}$和$\overline{\text{HDS2}}$为数据选通信号，在主机寻址 HPI 周期内控制 HPI 数据的传送。$\overline{\text{HDS1}}$和$\overline{\text{HDS2}}$信号与$\overline{\text{HCS}}$一起产生内部选通信号。

$\overline{\text{HCS}}$为片选信号。如果 HPI 的使能输入端，在每次寻址期间必须为低电平，而在两次寻址之间也可以停留在低电平。

$\overline{\text{HAS}}$为地址选通信号。

（4）握手线：具体分为 HRDY 和$\overline{\text{HINT}}$。

HRDY 用于控制 HPI 是否准备好。高电平表示 HPI 已准备好执行一次数据传送；低电平表示 HPI 正忙于完成当前事务。

$\overline{\text{HINT}}$为 HPI 中断输出信号，受 HPIC 寄存器中的$\overline{\text{HINT}}$位控制。当'C54x 复位时为高电平，EMU1/$\overline{\text{OFF}}$低电平时为高阻状态。

主机对 HPI 的访问由外部和内部两部分组成。外部访问由主机与 HPI 寄存器交换数据。内部访问时，HPI 寄存器与 DSP 存储单元交换数据。'C54x 的 HPI 存储器是一个 2K×16 位字的 DARAM。它在数据存储空间的地址为 1000H～17FFH。HPI 存储器地址的自动增量特性，可以用来连续寻址 HPI 存储器。每进行一次读操作，都会使 HPIA 事后增 1；每进行一次写操作，都会使 HPIA 事先增 1。HPIA 寄存器是一个 16 位寄存器，在 HPIA 中，只有低 11 位有效。HPIA 的增/减对 HPIA 寄存器所有 16 位都会产生影响。由于 HPI 指向 2K 字的存储空间，因此主机对它的寻址是很方便的，地址为 0～7FFH。

6.2.3 HPI 的应用

【例 6-2】 假设下列为双 DSP 通过 HPI 通信，DSP1 向 DSP2 的数据空间发送数据，并读回到 DSP1 的存储器当中。其中 DSP2 的 HPI 的 HPIC，映射到 DSP1 的 0x8000、0x8001；HPIA 映射到 0x8008、0x8009；HPID 映射到 0x8006、0x8007。由于 DSP2 在访问过程不需要操作，所以 DSP1 的程序代码如下：

```
    STM   0x1000,AR1
      ST    0x00,*AR1
      PORTW  *AR1,  0x8000      ;将 0x00 写入 HPIC 高位
      ST    0x00,  *AR1
      PORTW  *AR1,0x8001        ;高低位都写为 0x00
      NOP
      ST    0x10,  *AR1
      PORTW  *AR1,  0x8008      ;将 0x10 写入 HPIA 高位
      ST    0x20,*AR1
      PORTW  *AR1,0x8009        ;将 0x20 写入 HPIA 低位
      NOP                       ;地址为 0x1020
      NOP
      NOP
Loop:
```

```
ST     0x1A, *AR1
NOP
PORTW  *AR1, 0x8006       ;将 0x1A 写入 DSP2 地址 0x1020 的高位
NOP
ST     0x2B, *AR1
PORTW  *AR1, 0x8007       ;将 0x2B 写入 DSP2 地址 0x1020 的低位
NOP
NOP
NOP
STM    0x1016, AR2
NOP
PORTR  0x8006, *AR2       ;将读到的数存入 0x1016 和 0x1017 两个单元
NOP                       ;每个为 8 位数
STM    0x1017,  AR2
NOP
PORTR  0x8007, *AR2
NOP
NOP
ST     0x36,  *AR1
NOP
PORTW  * AR1,   0x8006    ;利用自动增量模式将 0x3647 写入 DSP2
                           的 0x1060
NOP
ST     0x47,  *AR1
NOP
POPTW  *AR1,  0x8007
NOP
NOP
NOP
STM    0x1018, AR2
NOP
PORTR  0x8006, *AR2       ;将 DSP2 中的数通过 HPI 读到 DSP1 的 0x1018
                          ;和 0x1019 中,此时 DSP1 两个单元中分别为两个
                          ;8 位数
NOP
STM    0x1019,AR2
NOP
PORTR  0x8007, *AR2
NOP
```

```
NOP
Hear   B hear
.end
```

6.3 缓冲串行口

'C54x 系列 DSP 具有高速、全双工串行口，串行口的功能是提供器件内外数据的串行通信，就是发送器将并行数据逐位移出而成为串行数据流，接收器将串行数据流以一定的时序和格式呈现在连接收/发的数据线上。

'C54x 系列 DSP 有 4 种类型的串行口：标准同步串行口（SPI）、缓冲串行口（BSP）、时分多路串行口（TDM）和多通道缓冲串行口（McBSP）。'C54x 系列 DSP 的所有串行口的收发操作都是双缓冲的，它们可以工作在任意低的时钟频率上。本节主要讨论缓冲串行口（BSP）。

6.3.1 标准同步串行口的结构和控制寄存器

当缓冲串行口工作在标准方式时，缓冲串行口的功能与标准串行口相同，因此有必要首先了解一下标准串行口，然后再讨论缓冲串行口。

图 6-5 是标准串行口的结构框图。由图可见，串行口由 16 位数据接收寄存器（DRR）、数据发送寄存器（DXR）、接收移位寄存器（RSR）、发送移位寄存器（XSR）以及控制电路组成。

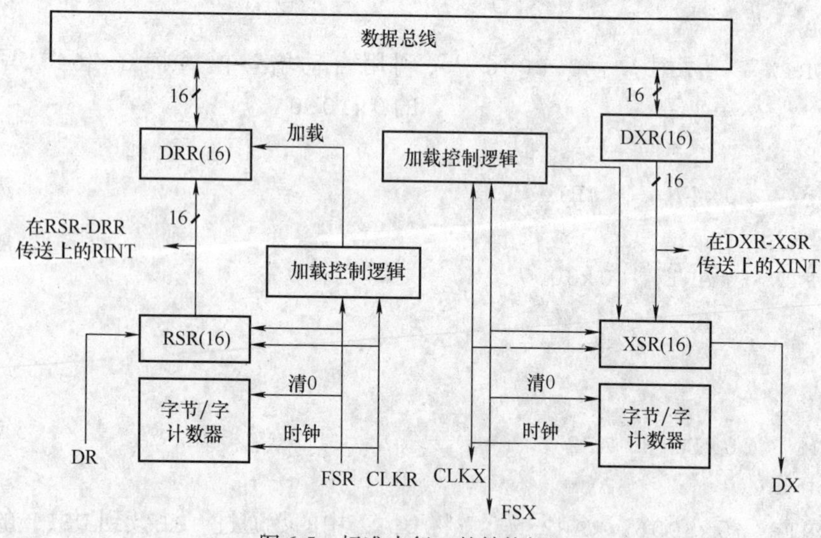

图 6-5 标准串行口的结构框图

其串行口各引脚的定义说明见表 6-1。

表 6-1 串行口各引脚的定义说明

引　脚	说　明	引　脚	说　明
CLKR	接收时钟信号	DX	串行发送数据
CLKX	发送时钟信号	FSR	接收时的帧同步信号
DR	串行接收数据	FSX	发送时的帧同步信号

串行口可通过访问 3 个寄存器工作，这 3 个寄存器分别为串行口控制寄存器（SPC）、发送数据寄存器（DXR）和接收数据寄存器（DRR）。这 3 个寄存器都是 16 位的存储器映射寄存器。DXR 和 DRR 可在串行操作时分别用于发送和接收数据；标准同步串行口的操作是由串行口控制寄存器（SPC）决定的。SPC 的结构图如图 6-6 所示。

15	14	13	12	11	10	9	8
Free	Soft	RSRFULL	$\overline{\text{XSREMPTY}}$	SRDY	RRDY	IN1	IN0
R/W	R/W	R	R	R	R	R	R

7	6	5	4	3	2	1	0
$\overline{\text{RRST}}$	$\overline{\text{XRST}}$	TXM	MCM	FSM	FO	DLB	Res
R/W	R/W	R/W	R/W	R/W	R/W	R/W	R

图 6-6　SPC 的结构图

由图 6-6 可知，SPC 有 16 个控制位，其中 7 位是只读（R），其余 9 位可以读/写（R/W）。

SPC 寄存器各控制位的功能说明如下：

Free、Soft：仿真控制位。当 Free = 0、Soft = 0 时，立即停止串行口时钟，结束传送数据；当 Free = 0、Soft = 1 时，接收数据不受影响，若正在发送数据，则等到当前字发送完成后停止发送数据；当 Free = 1、Soft = 1 或 0 时，表示使串行口不受仿真调试断点的影响。

RSRFULL：接收移位寄存器满标志位。当 RSRFULL = 1 时，表示 RSR 已满。当下列 3 种情况同时发生时将使 RSRFULL 变成有效（RSRFULL = 1）：即上一次从 RSR 传到 DRR 的数据还没有读取、RSR 已满和一个帧同步脉冲已出现在 FSR 端；当下列 3 种情况之一发生时将使 RSRFULL 变成无效（RSRFULL = 0）：即读取 DRR 中的数据、串行口复位和 TMS320C54x 复位时。

$\overline{\text{XSREMPTY}}$：发送移位寄存器空标志位。当下列 3 种情况之一发生时将会使$\overline{\text{XSREMPTY}}$变成低电平：即上一个数有 DXR 传送到 XSR 后、DXR 还没有被加载和 XSR 中的数已经移空。

SRDY：发送准备就绪位。当 SRDY 位由 0 变到 1，立即产生一次发送中断（XINT），表示 DXR 中的内容已经复制到 XSR，可以向 DXR 加载新的数据字。

RRDY：发送就绪位。当 RRDY 由 0 变到 1，立即产生一次接收中断（RINT），表示 RSR 中的内容已经复制到 DRR，可以从 DRR 中取数了。

IN1：输入引脚 1。当允许 CLKX 引脚作为位输入引脚时，IN1 位反映了 CLKX 引脚的当前状态。

IN0：输入引脚 0。当允许 CLKR 引脚作为位输入引脚时，IN0 位反映了 CKLR 引脚的当前状态。

$\overline{\text{RRST}}$、$\overline{\text{XRST}}$：接收复位标志位和发送复位标志位。这两个标志位都是低电平有效，当$\overline{\text{RRST}}$ = $\overline{\text{XRST}}$ = 0 时，串行口处于复位状态；当$\overline{\text{RRST}}$ = $\overline{\text{XRST}}$ = 1 时，串行口处于工作状态；当$\overline{\text{RRST}}$ = $\overline{\text{XRST}}$ = MCM（时钟方式位） = 0 时，由于不必输出 CLKX，可使 TMS320C54x 的功耗进一步降低。

TXM：发送方式位，用于设定帧同步脉冲 FSX 的来源。当 TXM = 0 时，将 FSX 设置成输入，由外部提供帧同步脉冲；当 TXM = 1 时，将 FSX 设置成输出，每次发送数据的帧同步脉冲由内部产生。

MCM：时钟方式位，用于设定 CLKX 的时钟源。当 MCM =1 时，片内时钟频率是 CLKOUT 频率的1/4，将 CLKX 配置成输出，采用内部时钟；当 MCM =0 时，将 CLKX 配置成输入，采用外部时钟。

FSM：帧同步方式位。当 FSM =1 时，串行口工作在字符组方式，每发送/接收一个字都要求一个帧同步脉冲 FSX/FSR。当 FSM =0 时，串行口工作在连续方式，在给出初始帧同步脉冲之后不需要帧同步脉冲。这一位规定了串行口工作时，在初始帧同步脉冲之后是否还要求帧同步脉冲 FSX 和 FSR。

FO：数据宽度标志位。当 FO =1 时，数据按 8 位字节发送，首先传送 MSB。当 FO =0 时，发送和接收的数据都是 16 位字。用该位来规定串行口发送/接收数据的字长。

DLB：数字自循环测试方式位。当 DLB =1 时，片内通过一个多路开关，将 DR 和 FSR 分别与 DX 和 FSX 相连。若在 DLB =1 的情况下，MCM =1（选择片内串行口时钟 CLKX 为输出），CLKR 由 CLKX 驱动；MCM =0（CLKX 从外部输入），CLKR 由外部 CLKX 信号驱动。当 DLB =0 时，禁止使用该功能，则串行口工作在正常方式，此时 DR、FSR 和 CLKR 都从外部加入。

Res：保留位。此位总是读成 0。

6.3.2 BSP 的结构和控制寄存器

缓冲串行口（Buffered Serial Port，BSP）即在标准同步串行口的基础上增加了一个自动缓冲单元（ABU）。BSP 是一种增强型标准串行口，它是全双工的，并有两个可设置大小的缓冲区。缓冲串行口支持高速的传送，可减少中断服务的次数。

BSP 串行口共有 6 个寄存器：分别是数据接收寄存器（BDDR）、数据发送寄存器（BDXR）、控制寄存器（BSPC）、控制扩展寄存器（BSPCE）、数据接收移位寄存器（BRSR）、数据发送移位寄存器（BXSR）。在标准模式时，BSP 利用自身专用的数据发送寄存器、数据接收寄存器、串行口控制寄存器进行数据通信，也利用附加的控制扩展寄存器（BSPCE）处理它的增强功能和控制 ABU。BSP 发送和接收移位寄存器不能用软件直接存取，但是具有双缓冲能力。

BSP 的结构框图如图 6-7 所示。

BSP 是一种增强型串行口。ABU 利用独立于 CPU 的专用总线，让串行口直接读/写 TMS320C54x 内部存储器。这样可以使串行口处理事务的开销最省，并能达到最快的数据率。BSP 有非缓冲方式和自动缓冲方式。当缓冲串行口工作在非缓冲方式时，BSP 传送数据与标准串行口一样，都是在软件控制下经中断进行的；当工作在自动缓冲方式时，串行口直接与 TMS320C54x 内部存储器进行 16 位数据传送。

ABU 具有自身的自循环寻址寄存器组，每个都与地址产生单元无关。在自动缓冲寻址时，使用 ABU 可以编程缓冲区的长度和起始地址，可以产生缓冲满中断，并可以在运行中停止缓冲功能。

BSP 在标准串行口的基础上新增了像可编程串行时钟、帧同步信号的正负机型和选择时钟等功能。在原有的 8、16 位数据转换之外新增加了 10、12 位数据转换。这些特殊的功能操作都是由控制扩展寄存器（BSPCE）决定的。BSPCE 的结构图如图 6-8 所示。

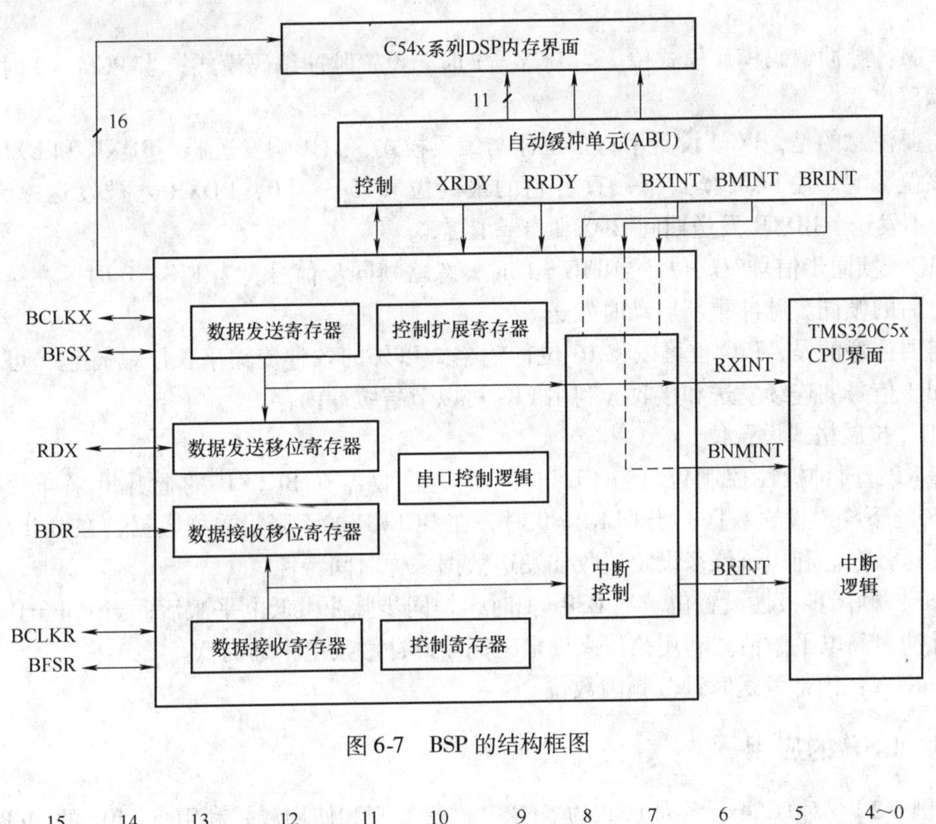

图 6-7　BSP 的结构框图

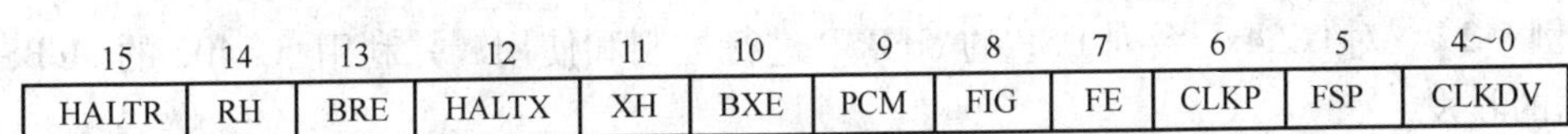

15	14	13	12	11	10	9	8	7	6	5	4~0
HALTR	RH	BRE	HALTX	XH	BXE	PCM	FIG	FE	CLKP	FSP	CLKDV

图 6-8　BSPCE 的结构图

BSPCE 寄存器各控制位的功能说明如下：

HALTR：自动缓冲停止位。当 HALTR = 1 时，缓冲区接收到一半数据时，自动缓冲停止。此时 BRE 清 0，串行口继续以标准模式工作；当 HALTR = 0 时，缓冲区接收到一半数据时继续操作。

RH：接收缓冲区半满标志位。当 RH = 1 时，表示后半部分缓冲区满，当前接收的数据正存入前部分缓冲区；当 RH = 0 时，表示前半部分缓冲区满，当前接收的数据正存入后半部分缓冲区。

BRE：自动接收使能控制位。当 BRE = 1 时，允许自动接收；当 BRE = 0 时，禁止自动接收，串行口以标准模式进行工作。

HALTX：自动发送禁止位。当 HALTX = 1 时，若一半缓冲区发送完成后，自动缓冲停止，此时 BRE 清 0，串行口继续以标准模式进行工作；当 HALTX = 0 时，若一半缓冲区发送完成后，自动缓冲继续工作。

XH：发送缓冲禁止位。当 XH = 1 时，缓冲区后半部分发送完成，当前发送数据取自缓冲区的前半部分；当 XH = 0 时，缓冲区前半部分发送完成，当前发送数据取自缓冲区的后半部分。

BXE：自动发送使能位。当 BXE = 1 时，允许自动发送；当 BXE = 0 时，禁止自动发送。

PCM：脉冲编码模块模式位。当 PCM = 1 时，设置脉冲编码模式；当 PCM = 0 时，清除脉冲编码模式。

需要注意的是，PCM 设置串行口工作与编码模式，只影响发送器。BDXR 和 BXSR 转换不受该位影响。在 PCM 模式下，只有它的最高位（15）为 0，BDXR 才被发送；为 1 时，BDXR 不发送。BDXR 发送期间 BDX 处于高阻态。

FIG：帧同步信号忽略位。当 FIG = 1 时，忽略帧同步信号；当 FIG = 0 时，在第一个帧脉冲之后的帧同步脉冲重新启动时发送。

需要注意的是，FIG 位可以将 16 位传输格式以外的各种传输字长压缩打包，可用于外部帧同步信号的连续发送和接收。利用 FIG 可以节省缓冲内存。

FE：扩展格式设置位。

CLKP：时钟极性控制位。当 CLKP = 1 时，接收器在 BCLKR 的上升沿采样数据，在 BCLKR 的下降沿发送数据；当 CLKP = 0 时，在 BCLKR 的下降沿采样数据，在 BCLKR 的上升沿发送数据。利用该位来设定接收和发送数据采样时间特性。

FSP：帧同步极性设置位。当 FSP = 1 时，帧同步脉冲由低电平激活；当 FSP = 0 时，帧同步脉冲由高电平激活。利用该位来设定帧同步脉冲触发电平的高低。

CLKDV：内部发送时钟分频因数位。

6.3.3 BSP 的应用

【例 6-3】 对'C54xx 系列 DSP 的 McBSP 进行控制和使用，并利用'C5402 的 McBSP1 实现数据的收发。

所有的'C54x 系列 DSP 都提供了串行口，大多数都支持缓冲串行口。BSP 能与串行设备，如编/译码器、串行 A-D 和 D-A 转换器等直接通信。BSP 支持 8 位、10 位、12 位或 16 位数据单元的发送，同时允许程控串口通信的时钟频率。从'C5402 开始，'C54xx 提供了统一的多通道缓冲串口（McBSP）。

串行口初始化包括两个部分：串行口收发中断的设置和串行口寄存器的初始化。如果利用 DES5402PP 实验板来实现该功能，需要将 DES5402PP 实验板的串行口 1 设置为单相帧，字长为 16 位，发送 CLOCK 由内部 CPU 时钟产生，频率为 500kHz，并输出。同时串行口接收时钟也使用该信号。发送帧同步信号由发送位移寄存器自动产生，同时也提供给串行口接收电路。具体设置参见下面的代码：

```
STM   #0,MCBSP1_SPSA        ; 选择 SPCR11
STM   #2000h, MCBSP1_SPSD   ; 在 DRR 中接收 sign_extend
STM   #1, MCBSP1_SPSA       ; 选择 SPCR20
STM   #100h, MCBSP1_SPSD
STM   #2, MCBSP1_SPSA       ; 选择 RCR10
STM   #40h, MCBSP1_SPSD     ; 每个字 16 位
STM   #3, MCBSP1_SPSA       ; 选择 RCR20
STM   #40h, MCBSP1_SPSD
STM   #4, MCBSP1_SPSA       ; 选择 XCR10
```

```
STM    #40h, MCBSP1_SPSD    ; 每个字16位
STM    #5, MCBSP1_SPSA      ; 选择 XCR20
STM    #0, MCBSP1_SPSD
STM    #6, MCBSP1_SPSA      ; 选择 SRGR1
STM    #1C8h, MCBSP1_SPSD   ; CLKG =100MHz/200 =500kHz
STM    #7, MCBSP1_SPSA      ; 选择 SRGR2
STM    #2000h, MCBSP1_SPSD  ; 抽样速率产生器时钟
                            ; 从 CPU 时钟驱动
                            ; 0x8, 0x9, 0xa, 0xb, 0xc, 0xd all =0x0
STM    #0eh, MCBSP1_SPSA    ; 选择 PCR0
STM    #0a0eh, MCBSP1_SPSD
RPT    #0ffh
NOP
STM    #0h, MCBSP1_SPSA
STM    #2001h, MCBSP1_SPSD  ; 使能接收！
STM    #1, MCBSP1_SPSA
STM    #1c1h, MCBSP1_SPSD   ; 使能发送！
STM    #0, DXR11
```

串行口收发中断的设置包括中断屏蔽寄存器（IMR）的设置，即允许串行口 1 的发送和接收中断，同时设置 PMST，指定中断向量表的位置，以便正确响应中断。

6.4 DMA 的控制与操作

TI 公司早先推出的 'C54x 系列 DSP 大多没有 DMA 控制器。后来，在 C5402、C5410、C5420 等多种 DSP 芯片内部集成了 DMA 控制器，应用比较广泛。DMA 控制器有 6 个可独立编程的 DMA 通道，每个 DMA 通道可以进行不同内容的 DMA 操作。由于 DMA 控制器可以在无须 CPU 干扰的情况下，完成存储器不同块间的数据传输。DMA 控制器允许数据在内部传输、片内外设或外部设备之间传输，而不需要 CPU 的参与。也就是说，DMA 控制器可以在不占用 CPU 资源的情况下，实现数据的自由传送。因为 DMA 控制器传输和 CPU 运算独立进行、互不影响，这样可以减轻 CPU 的负担，使 CPU 的高速运算能力得到充分的发挥，在实时性要求比较高的场合具有更大的意义。

6.4.1 DMA 控制器的工作原理

1. DMA 请求

首先是 CPU 对 DMA 控制器进行初始化，并向 I/O 接口发出操作命令，然后由 I/O 发出 DMA 请求。

2. DMA 响应

DMA 控制器对 DMA 请求判别优先级及屏蔽，向总线裁决逻辑提出总线请求。当 CPU 执行完当前总线周期即可释放总线控制权。此时，总线裁决逻辑输出总线应答，表示 DMA

控制器已经响应，在进行数据传输之前，CPU 还必须把源地址和目的地址等必需的参数写入 DMA 控制器，然后再通过 DMA 控制器通知 I/O 接口开始 DMA 传输数据。

3. DMA 传输

DMA 控制器获得总线控制权后，CPU 即刻挂起或只执行内部操作，由 DMA 控制器输出读写命令，直接控制 RAM 与 I/O 接口进行传输，在传送过程中不需要中央处理器的参与。但是，一旦 CPU 需要使用 DMA 控制器所占用的总线时，DMA 控制器就必须立即把总控制权交还给 CPU。

4. DMA 结束

DMA 控制器的所有功能都是通过寄存器在系统时钟控制下完成的。当完成规定的成批数据传送后，DMA 控制器即释放总线控制权，并向 I/O 接口发出结束命令。当 I/O 接口收到结束命令后，一方面停止 I/O 设备的工作，另一方面向 CPU 提出中断请求。最后，带着本次操作结果及转台继续执行原来的程序。

6.4.2 DMA 控制器的应用

【例 6-4】 程序存储器到数据存储器的 DMA 传送。

从程序存储器到数据存储器的 DMA 传送的具体要求如下：

传送方式 多帧传送方式
初始源地址 180F0H（程序空间）
初始目的地址 40F0H（数据空间）
初始传送字数 2000H 单字（16 位）
自动初始化源地址 180F0H（程序空间）
自动初始化目的地址 20F0H（数据空间）
自动初始化单元计数值 2000H 个单字（16 位）
自动初始化帧计数值 000H（1 帧）
同步事件 无
使用通道 DMA 通道 3

本例要求用 DMA 方式将程序空间的一块数据传送至数据空间。当第一块数据传送完成之后，DMA 通道用全局重新加载寄存器（DMGSA、DMGDA、DMGCR、DMGFR）的内容进行自动初始化，并再次开始传送。全局重新加载寄存器规定数据空间的目的地址为 20F0h，取代第一块传送时的 40F0h。

```
STM     DMSRCP,DMSA                 ;设置源程序页为 1
STM     #1H,DMSDN
STM     DMSRC5,DMSA                 ;设置源地址为 8000H
STM     #8000H,DMSDN                ;程序空间地址 180F0H 的低 16 位
STM     DMDST0,DMSA                 ;设置目的地址为 40F0H
STM     #40F0H,DMSDN
STM     DMCTR5,DMSA                 ;设置传送次数为 2000H 次
STM     #(2000H-1),DMSDN
STM     DMSFC5,DMSA                 ;设置同步事件和帧计数寄存器
```

```
STM     #0000000000000000b,DMSDN
        ;0000                (DSYN)     无同步事件
        ;    0               (DBLW)     单字方式(16 位)
        ;     000            (保留)
        ;        00000000    (帧计数)   帧计数器=0H(一帧)
STM     DMMCR5,DMSA                     ;设置传送方式控制寄存器
STM     #0000000100000101b,DMSDN
        ;1                   (AUTOINIT) 自动初始化允许
        ; 0                  (DINM)     不发生中断
        ;  0                 (IMOD)     N/A
        ;   0                (CTMOD)    多帧方式
        ;    0               (保留)
        ;     001            (SIND)     操作完成后源地址递增
        ;        00          (DMS)      源地址在程序空间
        ;          0         (保留)
        ;           001      (DIND)     操作完成后目的地址递增
        ;              01    (DMD)      目的地址在数据空间
STM     DMGSA,DMSA                      ;设置全局源地址为 8000H
STM     #8000H,DMSDN                    ;程序空间地址 180F0H 的低 16 位
STM     DMGDA,DMSA                      ;设置全局目的地址为 20F0H
STM     #20F0H,DMSDN
STM     DMGCR,DMSA                      ;设置全局单元计数值,移动 2000H 个字
STM     #(1000H-1),DMSDN
STM     DMGFR,DMSA
STM     #0000000000000000b,DMSDN
        ;00000000                       ;(保留)
        ;        00000000               ;(全局帧计数值)
STM     #0001000000010000b,DMPREC       ;设置通道优先级和使能控制寄存器
STM     ;0                   (FREE)     硬件仿真停止时 DMA 停止
        ; 0                  (保留)
        ;  100000        (DPRC[5-0])    通道 4、3、2、1、0 为低优先级
        ;                               通道 5 为高优先级
        ;        00          (INTOSEL)  N/A
        ;          100000    (DE[5-0])  禁止使用通道 4、3、2、1、0
        ;                               允许使用通道 5
```

6.5　小结

本章讲述了'C54x 系列 DSP 的片内外设，由于'C54x 系列 DSP 完善的体系结构，并配

备了功能强大的指令系统，使得处理器处理速度快、适应性强。通过本章的学习，要求读者深刻理解'C54x 系列 DSP 各个外设的结构和工作原理。本章还对各个外设的应用附加了应用程序代码，有助于读者对外设有一个更好的掌握。

'C54x 系列 DSP 的片内外设都有 I/O 接口、一个定时器、一个发生器、一个软件可编程等待状态发生器和一个可编程块切换逻辑。不同的处理器还有不同类型的串行口、主机接口（HPI）、DMA 控制器等。本章主要针对定时器、主机接口、串行口和 DMA 控制器 4 个片内外设进行了详细的阐述，并对这几个外设进行了应用编程。

学好 DSP 的外设是掌握 DSP 应用技术的重要环节，学好 DSP 的外设可以使读者今后能够正确使用 DSP 并发挥 DSP 的技术优势，也为以后的软件编程打下基础。希望读者通过本章的学习能够对'C54x 系列 DSP 的外设及编程模型有一个全面的了解。

思考题与习题

1. 什么是哈佛结构？哈佛结构的优点是什么？
2. 'C54x 系列 DSP 片内共有多少内部寄存器？这些寄存器是否采用了存储器映射结构？
3. 'C54x 系列 DSP 的片内外设主要有哪些？
4. 定时器包括几个存储器映射寄存器？映射到数据存储空间的地址格式多少？
5. 主机结构有几种分类？
6. 什么是串行口？'C54x 系列 DSP 有几种类型的串行口？各种类型的串行口各有什么区别？
7. 什么是直接存储器？直接存储器由哪些寄存器组成及基本特点有哪些？
8. 'C54x 系列 DSP 芯片上电复位后，INTM 控制位的值为多少？这种状态对 DSP 的中断系统有什么作用？

第 7 章　DSP 系统的工程应用

本章主要介绍'C54x 系列 DSP 与存储器和外围电路的接口方法，以及 TMS320C5416 DSP 开发板的应用，重点讲解 TMS320C5416 系统板上扩展器件液晶显示屏（LCD）、普通语音 A-D 与 D-A 转换、数字图像基本处理等应用。

7.1　'C54x 系列 DSP 与存储器及外部设备的接口方法

图 7-1 是'C54x 系列 DSP 与存储器及外部设备的一种接口电路。

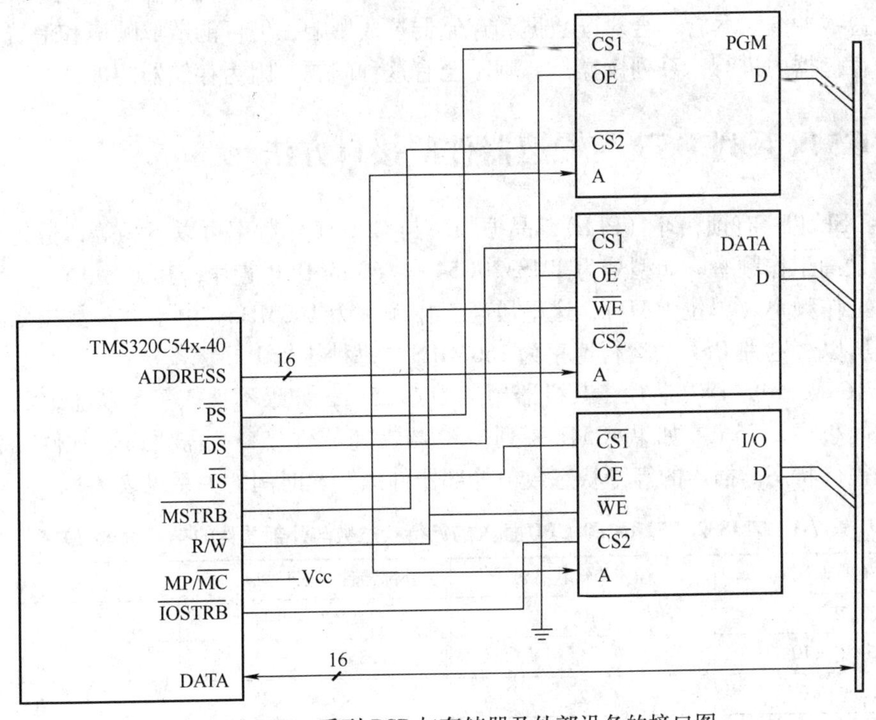

图 7-1　'C54x 系列 DSP 与存储器及外部设备的接口图

所有'C54x 系列 DSP 的外部数据存储器地址线和 I/O 地址线都是 16 位，可以寻址 64KB 的数据空间和 64KB 的 I/O 空间。TMS320C5416 外部程序存储器有 23 根地址线，可以寻址 8MB 的程序空间。

选择存储器，要考虑的因素有存取时间、容量和价格等因素。在 DSP 应用中，存储器的存取时间（即速度）指标十分重要。如果所选存储器的速度跟不上 DSP 的要求，那就不能正常工作。在扩展存储器时，存储器的存取时间大小比较重要。如果存储器是慢速器件，必须用软件或硬件的方法为 DSP 插入等待状态。

那么与 DSP 相接口的存储器的存取时间要求是如何决定的呢？图 7-2 所示为'C54x 系列 DSP 读操作时序图。

一般地，由于'C54x 系列 DSP 内部读或写指令绝大多数是单周期指令，而外部零等待状态读或写指令也是单周期内执行的。假设机器周期为 25ns 和 15ns，可以将单个机器周期内完成的读操作分成三段：地址建立时间、数据有效时间和存储器存取时间。

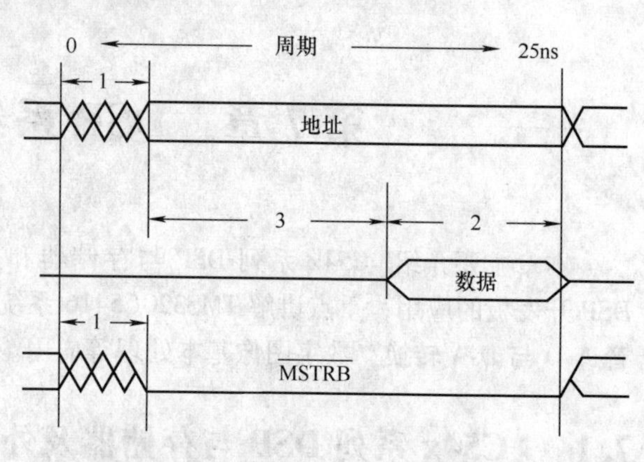

图 7-2 'C54x 系列 DSP 读操作时序图

在这种情况下，要求外部存储器的存取时间小于 60% 的机器周期，即分别小于 15ns 和 9ns。

另外，如果用多片外部存储器，又跨过某片存储器进行一系列的读操作，那么由于上一片存储器还未完全释放（存在延迟），可能会造成总线冲突。尽管不会对读数据和存储器造成影响，但可能造成噪声和浪费电源。如果在一片存储器内进行一系列读操作，则不会有这种问题，因为存储器的地址线不改变。

7.2 'C54x 系列 DSP 与慢速器件的接口方法

由于 DSP 芯片有锁相环（PLL），晶振频率与 CPU 工作频率可以不相等，但每种型号的 CPU 均有最高工作频率。如型号为 TMS320C5416-160 的 DSP 芯片，其尾数 160 表示 CPU 运行的最高工作频率（单位为 Hz），这里最高工作频率为 160MHz。由于大多数指令都是单周期指令，所以，这种 DSP 的运行速率为 160MIPS（每秒执行 1.6 亿条指令）。

一个 160MIPS 的 DSP 芯片，其机器周期为 6.25ns，如果不插入等待状态，就要求外部的存取时间小于 3.75ns。如果'C54x 系列 DSP 与慢速器件接口，需要通过软件或者硬件的方法插入等待状态。插入的等待状态数与外部器件的存取时间的关系见表 7-1。

表 7-1 TMS320C5416-160 CPU 插入的等待状态数与外部器件的存取时间的关系

外部器件存取时间 t_a/ns	插入等待状态数	外部器件存取时间 t_a/ns	插入等待状态数
3.75	0	$22.5 < t_a \leqslant 28.75$	4
$3.75 < t_a \leqslant 10$	1	$28.75 < t_a \leqslant 35$	5
$10 < t_a \leqslant 16.25$	2	$35 < t_a \leqslant 41.25$	6
$16.25 < t_a \leqslant 22.5$	3	$41.25 < t_a \leqslant 47.5$	7

7.2.1 软件等待状态设置

'C54x 系列 DSP 片内有一个软件等待状态寄存器（SWWSR），可以用来设置等待状态，其数据存储器映射地址为 0x0028，它由 6 个部分组成，最高位为保留位，或外部扩展程序存储器地址控制位，见表 7-2。

表 7-2 软件等待状态寄存器（SWWSR）

15	14~12	11~9	8~6	5~3	2~0
保留/XPA	I/O	Hi Data	Low Data	Hi Prog	Low Prog

该寄存器由 6 个部分组成。

（1）保留/XPA：对 TMS320C5416 等可扩展程序存储器的 DSP 芯片，此位是扩展程序存储器地址控制位。保留/XPA =0，不扩展；保留/XPA =1，所选的程序存储器地址由程序字段决定。其他芯片为保留位。

（2）I/O：0x0000 ~0xFFFF，I/O 存储空间插入的等待状态数。

（3）Hi Data：0x8000 ~0xFFFF，数据存储空间插入的等待状态数。

（4）Low Data：0x0000 ~0x7FFF，数据存储空间插入的等待状态数。

（5）Hi Prog：0x8000 ~0xFFFF，程序存储空间插入的等待状态数。

（6）Low Prog：0x0000 ~0x7FFF，程序存储空间插入的等待状态数。

也就是说，可以通过软件为以上 5 个存储空间分别插入 0 ~7 个软件等待状态。例如，利用以下指令：

```
STM#349B,SWWER    ;0 011 010 010 011 011
```

就可以为程序空间和 I/O 空间插入 3 个等待状态，为数据空间插入 2 个等待状态。

复位时，SWWSR =0x7FFF，所有的程序、数据和 I/O 空间都被插入 7 个等待状态。复位后，再根据实际情况，用 STM 指令进行修改。

当插入 2 ~7 个等待状态，且 CPU 执行到最后一个等待状态时，引脚信号将变成低电平。利用该信号，用户可以根据需要插入硬件等待状态。

【例 7-1】 试为 TMS320C5416-160 配置：

高地址程序存储器(EPROM)：16K ×16 位，30ns

高地址数据存储器(SRAM)：16K ×16 位，22ns

画出系统的接口连线图。

解：假设程序存储器和数据存储器都是一种芯片，它们分别有两个片选信号，分别接到 TMS320C5416-160 的空间选择端和选通信号。根据题目要求画出系统的接口连线图如图 7-3 所示。

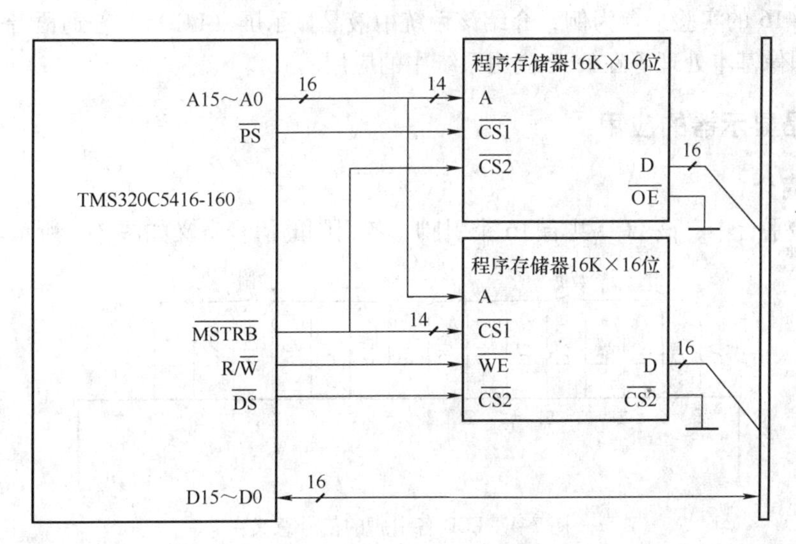

图 7-3　【例 7-1】接口图

由于程序存储器存取时间为 30ns，数据存储器存取时间为 22ns，根据表 7-1，程序存储器 0x8000 ~ 0xFFFF 地址范围内应插入 5 个等待状态；数据存储器 0x8000 ~ 0xFFFF 地址范围内应插入 3 个等待状态。因此，软件等待状态寄存器（SWWSR）应配置为表 7-3。

表 7-3 本例中软件等待状态寄存器（SWWSR）

15	14 ~ 12	11 ~ 9	8 ~ 6	5 ~ 3	2 ~ 0
保留/XPA	I/O	Hi Data	Low Data	Hi Prog	Low Prog
0	000	011	000	101	000

7.2.2 硬件等待状态设置

在下列情况下，需要插入硬件等待状态：

（1）要求插入 7 个以上状态。

（2）在一个存储区中有两种以上的存取速度。

'C54x 系列 DSP 有两个引脚和用于等待状态的处理。引脚可用于外部器件是否已经做好传送数据的准备。当软件等待状态大于 1 个状态时，且执行到最后一个软件等待状态时，变为低电平，CPU 采样信号，若为 1，表示外部器件已准备好；若为 0，表示外部器件还没准备好，CPU 自动插入一个等待状态（所有外部地址线、数据线以及控制线均延长一个机器周期），之后，再次监测信号。

如果不需插入硬件等待状态，只需将引脚与相连即可。

7.3 TMS320C5416 实验系统的应用

这一节重点介绍'C54x 系列 DSP 在实际系统中的应用。本书中使用的实验平台为北京百科融创教学仪器设备有限公司的 RC-DSP-Ⅲ实验开发系统，因此以'C54x 系列 DSP 主流芯片 TMS320C5416 的实验平台为例，介绍该系统中液晶显示屏（LCD）、普通语音 A-D 与 D-A 转换、数字图像基本处理等在 DSP 应用系统中的应用。

7.3.1 液晶显示器的应用

1. LCD 简介

在本实验平台中，该 LCD 共有 16 个引脚，各引脚的信号意义如图 7-4 所示。

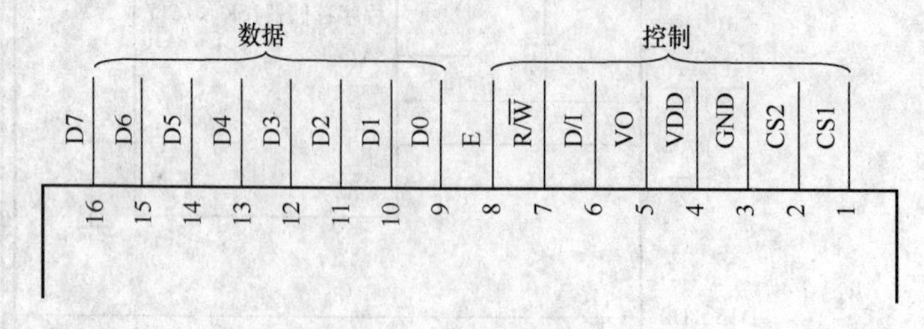

图 7-4 LCD 各引脚的信号意义

各个引脚的功能见表 7-4。

表7-4 LCD各引脚的功能

引脚号	引脚名称	电平	功能
1	CS1	H/L	L：选择芯片（左半屏）信号
2	CS2	H/L	L：选择芯片（右半屏）信号
3	GND	0	电源地
4	VDD	5V	5V
5	VO	—	液晶驱动电压
6	D/I	H/L	D/I＝' H'，表示DB0～DB7为显示数据 D/I＝' L'，表示DB0～DB7为显示指令数据
7	R/$\overline{W}$	H/L	＝' H'，E＝' H' 数据被读到DB0～DB7 ＝' L'，E＝' H' →' L'，数据被写到IR或DR
8	E	H/L	E＝' L'，E信号的下降沿锁存DB0～DB7 E＝' H'，DDRAM数据读到DB0～DB7
9～16	DB0～DB7	H/L	数据线

LCD的使用注意事项如下：

（1）液晶分左右半屏，通过CS0、CS1控制，CS0或CS1其中一个置0的同时另一个置1，其中置1的将被选中。

（2）RS和R/$\overline{W}$配合使用情况见表7-5。

表7-5 RS和R/$\overline{W}$配合使用情况表

RS	R/$\overline{W}$	功能
0	0	指令码写入指令缓冲器
	1	读取忙碌旗标(busy flag)(DB7)与地址计数器(AC)(DB0→DB7)
1	0	将数据写入DDRAM或CGRAM内存（DR→DDRAM/CGRAM）
	1	自DDRAM或CGRAM读取数据（DDRAM/CGRAM→DR）

（3）向LCD里写指令或数据前应先写指令相应的位置，对行、列、页的选择写命令时，由于命令字的位都有标志，所以写时LCD会自动识别。

（4）E在每次写数据或指令前都是变高，写入数据或指令后使E变低锁存。

（5）LCD的扭曲度可以通过调节VDD和VO之间的可调电阻得到。

2. C5416芯片I/O接口的两类寄存器

（1）控制寄存器和数据方向寄存器。使用方法如下：首先确定引脚的功能，即I/O控制寄存器，为0表示I/O功能；为1表示基本功能。本实验使用I/O功能。

（2）引脚被配置为I/O功能，就需要确定它的方向：输入还是输出。为1表示是输出引脚，否则是输入引脚。对于I/O功能的输入或输出是通过读写相应的数据方向寄存器来实现。输入引脚对应读操作；输出引脚对应写操作。本试验使用写操作。

3. LCD与TMS320C5416的接口电路

LCD与DSP的接口电路如图7-5所示。

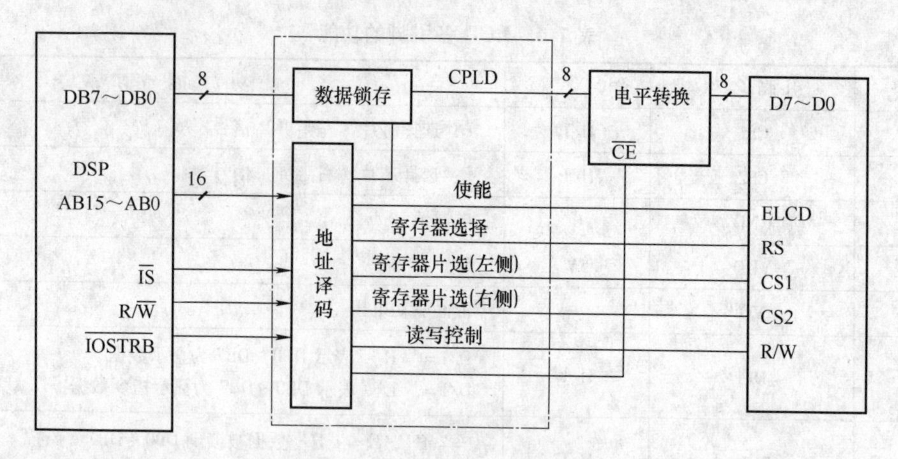

图 7-5 LCD 与 DSP 的接口电路

LCD 与 DSP 通过 CPLD 内数据锁存器锁存，并通过电平转换器与 LCD 芯片相连。CPLD 内地址译码器输出锁存器锁存控制信号、电平转换片选信号、LCD 的使能信号、左显示器、右显示器选择信号、读写控制信号等。显示的数据通过锁存器及电平转换器在控制信号作用下写入到左显示器或右显示器的显示缓冲单元。

4. LCD 显示缓冲存储器数据与像素点的关系

LCD 显示模块中有显示缓冲存储器，其数据比特位（二进制位）分别对应屏幕显示的像素，两片 LCD 像素大小为 64 ×64，向显示缓冲存储器写入数值即可改变显示图形。当比特位为 1 时，显示黑点；当比特位为 0 时，则不显示。

显示缓冲存储器比特位与实际像素点之间的关系见表 7-6。

表 7-6 显示缓冲存储器比特位与实际像素点之间的关系

列 行	左侧显示内存				右侧显示内存			
	0	1	…	63	0	1	…	63
0	DB0	DB0	DB0	DB0	DB0	DB0	…	DB0
1	DB1	DB1	DB1	DB1	DB1	DB1	…	DB1
…	…	…	…	…	…	…	…	…
7	DB7	DB7	DB7	DB7	DB7	DB7	…	DB7
8	DB0	DB0	DB0	DB0	DB0	DB0	…	DB0
9	DB1	DB1	DB1	DB1	DB1	DB1	…	DB1
…	…	…	…	…	…	…	…	…
15	DB7	DB7	…	DB7	DB7	DB7	…	DB7
…	…	…	…	…	…	…	…	…
63	DB7	DB7	…	DB7	DB7	DB7	…	DB7

5. LCD 相关寄存器及控制字

（1）LCD 相关寄存器

1）LCD 控制寄存器：映射到 I/O 空间 0x8001。该寄存器可写打开、关闭 LCD 控制字；

设置起始行、操作页、操作列等。

2）LCD 辅助寄存器：映射到 I/O 空间 0x8002。该寄存器与控制寄存器配合可完成控制字的写操作。

3）左显示数据缓冲器：映射到 I/O 空间 0x8003。该缓冲器可写入左 LCD 显示的列数据。

4）右显示数据缓冲器：映射到 I/O 空间 0x8004。该缓冲器可写入右 LCD 显示的列数据。

5）显示/控制模块控制寄存器：映射到 I/O 空间 0x8000。

（2）LCD 控制字

LCD 控制字见表 7-7。

表 7-7 LCD 控制字

控 制 字	功 能
0x3F	打开 LCD
0x3E	关闭 LCD
0x0c0 + 起始行取值，其中起始行取值范围为 0 ~ 63	设置起始行
0xB0 + 页号，页号的范围为 0 ~ 7	设置操作页
0x40 + 列号，列号的范围为 0 ~ 63	设置操作列

6. LCD 显示的 C 语言实现

下面给出一个以 C 语言编写 LCD 液晶显示程序，源程序如下（其中“百科融创”等字样的代码由字模软件生成）：

```
#include"LCDTEST.h"
#define NULL -1;

char NumTab[] = {
//--文字： 百 --
//--宋体 24； 此字体下对应的点阵为:宽 x 高 =32x32 --
    0x00,0x00,0x00,0x04,0x04,0x0C,0x0C,0x0C,0x0C,0x0C,0x04,0x04,
0x04,0x06,0x06,0x06,
    0x07,0x03,0x02,0x02,0x02,0x03,0x03,0x03,0x03,0x03,0x01,0x01,
0x01,0x00,0x00,0x00,
    0x00,0x00,0x00,0x00,0x00,0x00,0x00,0x00,0x00,0x07,0x0F,0x0F,
0x0C,0x0C,0x04,0x04,
    0xC4,0xE4,0x7C,0x0C,0x02,0x03,0x03,0x04,0x00,0x00,0x00,0x00,
0x00,0x00,0x00,0x00,
    0x00,0x00,0x00,0x00,0x00,0x00,0x00,0x00,0x00,0x00,0xFF,0xFF,
0x01,0x01,0x21,0x21,
    0x21,0x21,0x21,0x21,0x31,0xFF,0xFF,0x00,0x00,0x00,0x00,0x00,
0x00,0x00,0x00,0x00,
```

```
    0x00,0x00,0x00,0x00,0x00,0x00,0x00,0x00,0x00,0x00,0xC0,0xF0,
0x80,0x00,0x00,0x00,
    0x00,0x00,0x00,0x00,0x00,0xE0,0xC0,0x00,0x00,0x00,0x00,0x00,
0x00,0x00,0x00,0x00,

//--文字： 科 --
//--楷体_GB231224；  此字体下对应的点阵为：宽x高=32x32  --
    0x00, 0x00, 0x00, 0x00, 0x00, 0x00, 0x00, 0x3F, 0x7F, 0x60,
0x00, 0x01, 0x01, 0x01, 0x01, 0x00,
    0x00, 0x18, 0x1C, 0x0C, 0x05, 0x07, 0x02, 0x02, 0x01, 0x01,
0x00, 0x00, 0x00, 0x00, 0x00, 0x00,
    0x00, 0x01, 0x01, 0x01, 0x01, 0x01, 0x01, 0xFF, 0xFF, 0x00,
0x00, 0x8C, 0x8C, 0x08, 0x08, 0x00,
    0x20, 0x31, 0x33, 0x13, 0xFF, 0xFF, 0x1F, 0x09, 0x0C, 0x0C,
0x0C, 0x04, 0x06, 0x04, 0x00, 0x00,
    0x00, 0x00, 0x00, 0x80, 0x80, 0x80, 0x80, 0xFF, 0xFF, 0x80,
0x80, 0xC0, 0x40, 0x40, 0x40, 0x40,
    0x40, 0x00, 0x00, 0x00, 0xE0, 0xFF, 0x00, 0x80, 0xC0, 0x70,
0x10, 0x08, 0x04, 0x02, 0x02, 0x00,
    0x00, 0x00, 0x00, 0x00, 0x00, 0x00, 0x00, 0xC0, 0xFE, 0x00,
0x00, 0x00, 0x00, 0x00, 0x00, 0x00,
    0x00, 0x00, 0x00, 0x00, 0x00, 0xF0, 0xE0, 0x00, 0x00, 0x00,
0x00, 0x00, 0x00, 0x00, 0x00, 0x00,

//--文字：  融 --
//--楷体_GB231224；  此字体下对应的点阵为：宽x高=32x32  --
    0x00, 0x00, 0x00, 0x00, 0x00, 0x00, 0x00, 0x00, 0x18, 0x1F,
0x30, 0x00, 0x00, 0x00, 0x00, 0x00,
    0x00, 0x08, 0x08, 0x08, 0x08, 0x0C, 0x0C, 0x0C, 0x04, 0x04,
0x04, 0x00, 0x00, 0x00, 0x00, 0x00,
    0x00, 0x00, 0x00, 0x18, 0x3F, 0x31, 0x31, 0x11, 0x10, 0xFF,
0x10, 0x08, 0x08, 0x0F, 0x0C, 0x00,
    0x01, 0x03, 0xC3, 0xF1, 0x99, 0x89, 0x89, 0x49, 0x7D, 0x60,
0x00, 0x00, 0x01, 0x00, 0x00, 0x00,
    0x00, 0x00, 0x02, 0x0F, 0x1E, 0x34, 0x04, 0x84, 0x86, 0xFE,
0x82, 0x83, 0x83, 0xC3, 0x03, 0x02,
    0xFE, 0xFF, 0x00, 0x08, 0x48, 0xE8, 0x1F, 0x08, 0x78, 0xC4,
0x84, 0xFE, 0xFF, 0x00, 0x00, 0x00,
    0x00, 0x00, 0x00, 0x80, 0x00, 0x00, 0x00, 0x00, 0x00, 0x00,
```

```
0x00, 0x00, 0x00, 0x00, 0x00, 0x00,
   0x00, 0xE0, 0x70, 0x40, 0x40, 0x00, 0x00, 0x00, 0x00, 0x00,
0x00, 0x00, 0xE0, 0x00, 0x00, 0x00,

//--文字:    创 --
//--楷体_GB231224;    此字体下对应的点阵为: 宽x高=32x32    --
   0x00, 0x00, 0x00, 0x00, 0x00, 0x1F, 0x3F, 0x20, 0x00, 0x00,
0x00, 0x00, 0x00, 0x00, 0x00, 0x00,
   0x00, 0x01, 0x01, 0x1F, 0x1E, 0x07, 0x01, 0x00, 0x00, 0x00,
0x00, 0x00, 0x00, 0x00, 0x00, 0x00,
   0x00, 0x00, 0x00, 0x00, 0x00, 0xFF, 0xE0, 0x00, 0x00, 0x00,
0x7F, 0xFF, 0x80, 0x00, 0x20, 0xE0,
   0xC0, 0xC3, 0x87, 0x06, 0x02, 0x82, 0xC2, 0x72, 0x3B, 0x0E,
0x06, 0x03, 0x01, 0x00, 0x00, 0x00,
   0x00, 0x00, 0x00, 0x00, 0x00, 0xFF, 0x00, 0x00, 0x00, 0x00,
0xF0, 0xF0, 0x00, 0x00, 0x01, 0x07,
   0x00, 0x80, 0xF8, 0x1C, 0x10, 0x00, 0x00, 0x07, 0xFF, 0x00,
0x00, 0x00, 0x00, 0x80, 0x40, 0x00,
   0x00, 0x00, 0x00, 0x00, 0x00, 0xF8, 0xFC, 0x38, 0x30, 0x20,
0x40, 0x00, 0x00, 0x00, 0xC0, 0xC0,
   0xC0, 0x40, 0x60, 0x60, 0x40, 0xC0, 0xC0, 0x80, 0x00, 0x00,
0x00, 0x00, 0x00, 0x00, 0x00, 0x00
};

void InitDSP ()
{
   Int i;
   *CLKMD=0x0;
   while (*CLKMD & 0x0001) {};
   *CLKMD=0xf7e0;
   for (i=0; i<1000; i++);
   *PMST=0x00E3;
   *SWWSR=0x7000;
   *SWCR=0x1;
}

void delay (void)                    //延时函数
{
   int i;
```

```
    for (i =0; i <10000; i ++);
}

void OTUI1 (char data)                    //将指令送给 LCD 的右半屏
{
//  for (;;)
    noporti1 =data;                       //5002  LCD_E =0
    asm ( " nop " );
    asm ( " nop " );
    asm ( " nop " );
    asm ( " nop " );
    inport1 =data;                        //5012  LCD_E =1
    asm ( " nop " );
    asm ( " nop " );
    asm ( " nop " );
    asm ( " nop " );
    noporti1 =data;                       //5002  LCD_E =0 形成 LCD_E 的下跳沿!!!
}

void OTUI2 (char data)                    //将指令送给 LCD 的左半屏
{
    noporti2 =data;                       //5001  LCD_E =0
    asm ( " nop " );
    asm ( " nop " );
    asm ( " nop " );
    asm ( " nop " );
    inport2 =data;                        //5011  LCD_E =1
    asm ( " nop " );
    asm ( " nop " );
    asm ( " nop " );
    asm ( " nop " );
    noporti2 =data;                       //5001  LCD_E =0 形成 LCD_E 的下跳沿!!
}

void OUTD1 (char data)                    //将数据送给 LCD 的右半屏
{
    noportd1 =data;                       //5005  LCD_E =0
    asm ( " nop " );
    asm ( " nop " );
```

```
    asm ( " nop " );
    asm ( " nop " );
    dataport1 =data;                    //5015   LCD_E =1
    asm ( " nop " );
    asm ( " nop " );
    asm ( " nop " );
    asm ( " nop " );
    noportd1 =data;                     //5005   LCD_E =0 形成 LCD_E 的下跳沿!!!
}

void OUTD2 (char data)                  //将数据送给 LCD 的左半屏
{
    noportd2 =data;                     //5006   LCD_E =0
    asm ( " nop " );
    asm ( " nop " );
    asm ( " nop " );
    asm ( " nop " );
    dataport2 =data;                    //5016   LCD_E =1
    asm ( " nop " );
    asm ( " nop " );
    asm ( " nop " );
    asm ( " nop " );
    noportd2 =data;                     //5006   LCD_E =0 形成 LCD_E 的下跳沿!!!
}

void display_cs0 (void)                 //清右半屏
{
    int i, j;
    OTUI1 (0xc0);                       //起始行对应行
    for (j =0; j <8; j ++)
    {
    OTUI1 (0xbf -j);                    //确定初始页
    OTUI1 (0x40);                       //确定初始列
    for (i =0; i <65; i ++)
    OUTD1 (0x00);
    }
}

void display_cs1 (void)                 //清左半屏
```

```
{
    int i, j;
    OTUI2 (0xc0);                          //起始行对应行
    for (j =0; j <8; j ++)
    {
    OTUI2 (0xbf - j);                      //确定初始页
    OTUI2 (0x40);                          //确定初始列
    for (i =0; i <65; i ++)
    OUTD2 (0x00);
    }
}


void LCDinit (void)                        // 初始化 LCD
{
    OTUI1 (0x3e);                          //关右半屏显示
    OTUI2 (0x3e);                          //关左半屏显示
    OTUI1 (0x3F);                          //开右半屏显示
    OTUI2 (0x3F);                          //开左半屏显示
    display_cs0 ();                        //清右半屏
    display_cs1 ();                        //清左半屏
}

void Display4 (char data, int Row)         //将要显示的数据在右半屏显示
{
    int i, j, PageNum;
    int * TabDatap;
    data * =128;
    TabDatap= (int * ) &NumTab [0];
    TabDatap + =data;
    PageNum =0xBD;
    for (j =0; j <4; j ++)
    {
      OTUI1 (Row);                         //确定显示的行
      OTUI1 (PageNum);                     //确定显示的页
      OTUI1 (0xc0);                        //确定显示的列
      for (i =0; i <32; i ++)
       {
        OUTD1 ( * (TabDatap + j * 32 + i)); //将字模送到右半屏显示
```

```
      }
      PageNum--;
    }
}

void Display5 (char data, int Row)              //将要显示的数据在左半屏显示
{
    int i, j, PageNum;
    int * TabDatap;
    data * =128;
    TabDatap= (int * ) &NumTab [0];
    TabDatap + =data;
    PageNum =0xBD;
    for (j =0; j <4; j ++)
    {
        OTUI2 (Row);                             //确定显示的行
        OTUI2 (PageNum);                         //确定显示的页
        OTUI2 (0xc0);                            //确定显示的列
        for (i =0; i <32; i ++)
         {
          OUTD2 ( * (TabDatap +j * 32 +i));    //将字模送到左半屏显示
        }
        PageNum--;
      }
}
void Display (void)
{
    int i;

    Display5 (0, 0x60);                         //左半屏显示" 百"
      for (i =0; i <10; i ++)
        delay ();
    Display5 (1, 0x40);                         //左半屏显示" 科"
      for (i =0; i <10; i ++)
        delay ();
    Display4 (2, 0x60);                         //右半屏显示" 融"
      for (i =0; i <10; i ++)
        delay ();
```

```
    Display4 (3, 0x40);                         //右半屏显示"创"
      for (i =0; i <10; i ++)
    delay ();

    display_cs1 ();                             //清屏
    display_cs0 ();

    Display5 (1, 0x60);                         //左半屏显示"科"
      for (i =0; i <10; i ++)
        delay ();
    Display5 (2, 0x40);                         //左半屏显示"融"
      for (i =0; i <10; i ++)
        delay ();
    Display4 (3, 0x60);                         //右半屏显示"创"
      for (i =0; i <10; i ++)
        delay ();

    display_cs0 ();                             //清屏
    display_cs1 ();

    Display5 (2, 0x60);                         //左半屏显示"融"
      for (i =0; i <10; i ++)
        delay ();
    Display5 (3, 0x40);                         //左半屏显示"创"
      for (i =0; i <10; i ++)
        delay ();

    display_cs0 ();                             //清屏
    display_cs1 ();

    Display5 (3, 0x60);                         //左半屏显示"创"
      for (i =0; i <10; i ++)
        delay ();

    display_cs0 ();                             //清屏
    display_cs1 ();
}
/**********************************/
/* main                           */
```

```
/*************************************/
void main (void)
{
   asm (" SSBX INTM ");                     //屏蔽所有中断
   InitDSP ();
   commandport =0x0;
   asm ( " nop " );
   asm ( " nop " );
   //    for (;;)
   //inport1 =0x3f;
   LCDinit ();                              //初始化液晶屏
   for (;;)
   {
      Display ();                           //显示
   }

}
```

其中，LCDTEST.h 的代码如下：

```
#define IMR (volatile unsigned int *) 0x0000 //Interrupt mask register
#define IFR (volatile unsigned int *) 0x0001 // Interrupt flag register
#define PMST (volatile unsigned int *) 0x001D
#define CLKMD (volatile unsigned int *) 0x0058
#define SWCR   (volatile unsigned int *) 0x002B
#define SWWSR (volatile unsigned int *) 0x0028
#define BSCR   (volatile unsigned int *) 0x0029
#define commandport port2000
ioport unsigned commandport;
#define noporti1 port5002
ioport unsigned noporti1;
#define noporti2 port5001
ioport unsigned noporti2;
#define noportd2 port5005
ioport unsigned noportd2;
#define noportd1 port5006
ioport unsigned noportd1;

#define inport2 port5011
```

```
ioport unsigned inport2;
#define inport1 port5012
ioport unsigned inport1;
#define dataport1 port5016
ioport unsigned dataport1;
#define dataport2 port5015
ioport unsigned dataport2;
#define keyscanport port5040
ioport unsigned keyscanport;
```

7.3.2 普通语音 A-D 与 D-A 转换实验

1. DSP 的 McBSP 基础

TMS320C5416 提供了 3 个高速、全双工、多通道缓存串行口。它提供了双缓存的发送寄存器和三缓存的接收寄存器，具有全双工的同步或异步通信功能，允许连续的数据流传输；数据发送和接收有独立可编程的帧同步信号；能够与工业标准的解码器、模拟接口芯片或其他串行 A-D 与 D-A 设备（如 TLC320AD50、TLV320AIC10 和 TLV320AIC23 等）、SPI 设备等直接相接；支持外部时钟输入或内部可编程时钟；每个串行口最多可支持 128 通道的发送和接收；串行字长度可选，包括 8 位、12 位、16 位、20 位、24 位和 32 位；支持 m 律和 A 律数据压缩扩展。

McBSP 通过 7 个引脚（DX、DR、CLKX、CLKR、FSX、FSR 和 CLKS）与外部设备接口。DX 和 DR 引脚完成与外部设备进行通信时数据的发送和接收，由 CLKX、CLKR、FSX、FSR 实现时钟和帧同步的控制。由 CLKS 来提供系统时钟。发送数据时，CPU 和 DMA 控制器将要发送的数据写到数据发送寄存器（DXR），在 FSX 和 CLKX 作用下，由 DX 引脚输出。接收数据时，来自 DR 引脚的数据在 FSR 和 CLKR 作用下，从数据接收寄存器（DRR）中读出数据。接收和发送帧同步脉冲即可以由内部采样速率产生器产生，也可以由外部脉冲源驱动，McBSP 分别在相应时钟的上升沿和下降沿进行数据检测。

串行口的操作由串行口控制寄存器（SCR）和引脚控制寄存器（PCR）来决定；接收控制寄存器（RCR）和发送控制寄存器（XCR）分别设置接收和发送的各种参数，如帧长度、接收数据长度等。

2. TLC320AD50 的结构

TLC320AD50 是 TI 公司生产的一款语音信号模数/数模转换芯片。该芯片使用过采样（Over Sampling）技术提供从数字信号到模拟信号（D-A）和模拟信号到数字信号（A-D）的高分辨率低速信号转换。此外，该芯片内含抗混叠滤波器和重构滤波器的模拟接口芯片，且有一个能与许多 DSP 芯片相连的同步串行接口（Synchronous Serial Interface，SSI）。该芯片还包括两个串行的同步转换通道（用于各自的数据传输），在 D-A 之前有一个插入滤波器（Interpolation Filter），在 A-D 之后有一个抽取滤波器（Decimation Filter），由此可降低 TLC320AD50 自身的噪声。此外，TLC320AD50 还具有片内时序和控制功能。

TLC320AD50 的特点如下：

1）输入信号：单端信号输入，幅度在 1 ~4V。

2）输出信号：单端信号输出，幅度在 1 ~4V。

3）提供了串行接口，方便与 DSP 连接。

4）单一 5V 电源供电，也可以同时使用 5V 模拟电源和 3V 模拟电源供电。

5）通用 16 位数据格式，也可以采用 2 的补码数据格式。

6）具有多种可选的采样频率。

7）工作温度范围从 -40 ~85℃。

8）最大工作功耗为 100mW。

3. TLC320AD50 内部寄存器及其作用

TLC320AD50 具有 7 个可编程的内部寄存器，通过软件编程能随时控制 TLC320AD50 的采样频率、模拟输入及输出的增益等。

（1）控制寄存器 0（CR0）：不执行任何操作，但是 CR0 能够响应握手通信请求而不改变其他控制寄存器的值。

（2）控制寄存器 1（CR1）：控制 TLC320AD50 的软件重启，选择数字反馈以及 D-A 转换器的模式。

（3）控制寄存器 2（CR2）：选择模拟反馈以及 A-D 转换器的模式，并且包括 TLC320AD50 内部 FIR 滤波器的溢出标志。

（4）控制寄存器 3（CR3）：包含主设备连接从器件个数的信息。（当某个器件向其他器件发送信息时，称为主器件，而某器件从其他器件接收信息时，称为从器件。）

（5）控制寄存器 4（CR4）：选择输入和输出放大器的增益，确定 TLC320AD50 的采样频率，选择 PLL 模式。

（6）控制寄存器 5、6（CR5、CR6）：工业测试使用。

4. TLC320AD50 与 DSP 的接口

TLC320AD50 与 TMS320C5416 是以 SPI 方式连接的。TLC320AD50 工作在主机模式（ = 1），提供 SCLK（数据移位时钟）和 FS（帧同步脉冲）。TMS320C5416 工作于 SPI 方式的从机模式，BCLKX1 和 BFSX1 为输入引脚，在接收数据和发送数据时都是利用外界时钟和移位脉冲。TLC320AD50 与 DSP 的硬件接口如图 7-6 所示。

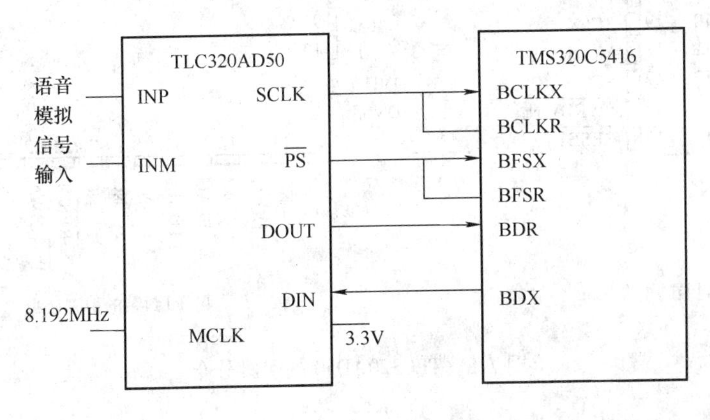

图 7-6　TLC320AD50 与 DSP 的硬件接口图

5. TLC320AD50 的通信协议

TLC320AD50 的通信有两种格式：一次通信格式和二次通信格式。

一次通信格式的 16 位都用来传输数据。DAC 的数据长度由寄存器 1 的 D0 位决定。启动和复用时，默认值为 15 +1 位模式，最后一位要求二次通信。如果工作在 16 位传输模式，则必须由 FC（参考表 7-8 引脚介绍）产生二次通信请求。

二次通信格式则用来初始化和修改 TLC320AD50 内部寄存器的值。在二次通信中可以通过向 DIN 写数据来初始化。

系统复位后，必须通过 DSP 的 DX 口向 TLC320AD50 的 DIN 写数据，如果采用一片 TLC320AD50，只需初始化其寄存器 1、寄存器 2 和寄存器 4。

由于通信数据长度为 16 位，初始化时应通过 RCR1 和 XCR1 设置 McBSP 的传输数据长度为 16。考虑到 TLC320AD50 复位后至少经过 6 个 MCLK 才可以脱离复位，故可以在此时间内初始化 DSP 的串行口。

普通 A-D、D-A 语音模块控制及原理图如图 7-7所示。

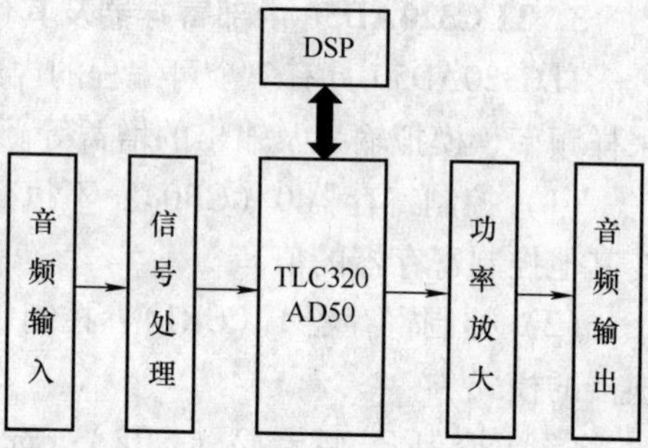

DSP
音频输入
信号处理
TLC320AD50
功率放大
音频输出

图 7-7 普通 A-D、D-A 语音模块控制及原理图

6. TLC320AD50 的引脚分布（见图 7-8）

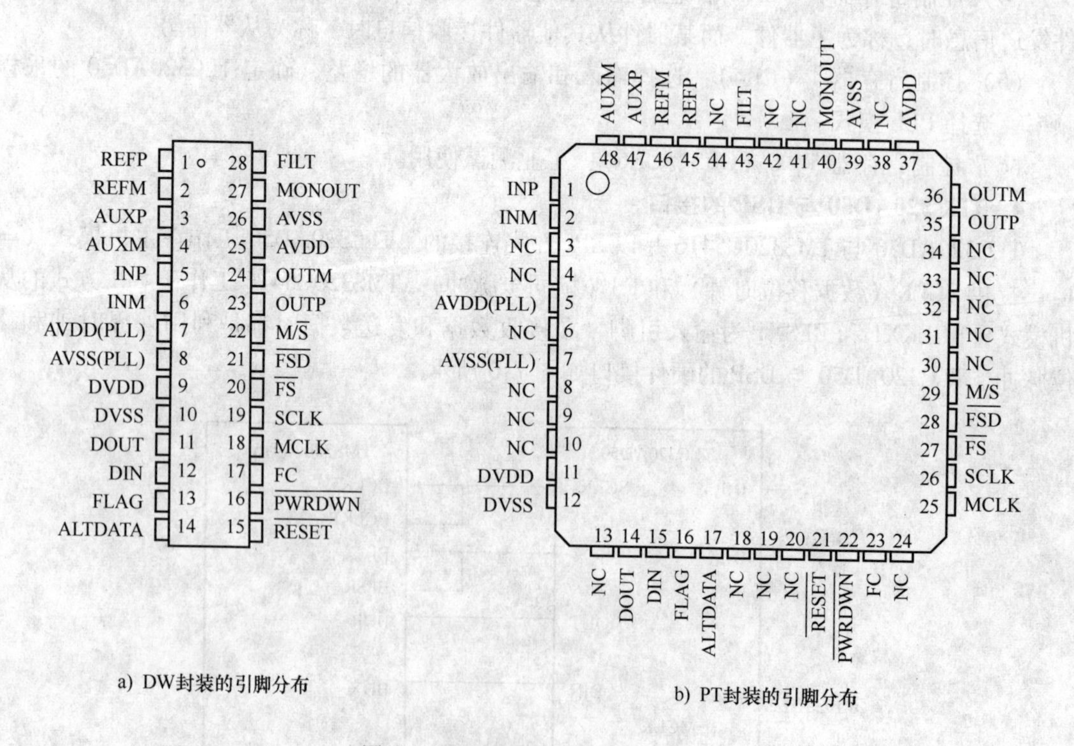

a) DW封装的引脚分布

b) PT封装的引脚分布

图 7-8 TLC320AD50 的引脚分布

PT 封装的 TLC320AD50 的各个引脚说明见表 7-8。

表 7-8　PT 封装的 TLC320AD50 的各个引脚说明

引脚 名称	编号 PT	编号 DW	I/O	说明
ALTDATA	17	14	I	交换数据。当 TLC320AD50 二次通信时，如果该引脚处于使能状态，则可以使用 Control 2 寄存器将此引脚的信号发送到 DOUT 引脚
AUXM	48	4	I	辅助模拟输入放大器的反相输入端。此引脚需要一个外部的 *RC* 抗混叠滤波器
AUXP	47	3	I	辅助模拟输入放大器的同相输入端。此引脚需要一个外部的 *RC* 抗混叠滤波器
AVDD	37	25	I	模拟 A-D 通道的电源
AVDD（PLL）	5	7	I	用于内部 PLL 电路的模拟通道电源
AVSS	39	26	I	模拟地
AVSS（PLL）	7	8	I	用于内部 PLL 电路的地
DIN	15	12	I	数据输入端。和 SCLK 的同步信号配合使用，该引脚从处理器接收数字信号，从而转换成模拟信号输出，该引脚也可以接收命令信息，当未被激活时该引脚呈高阻状态
DOUT	14	11	O	数据输出端。和 SCLK 的同步信号配合使用，该引脚从信号源接收模拟信号，从而转换成数字信号输出，当未被激活时该引脚呈高阻状态
DVDD	11	8	I	数字电源（可以是 5V 或者 3V）
DVSS	12	10	I	数字地
FC	23	17	I	二次通信请求信号。如果该引脚为高，第一次通信之后，立即进行第二次通信，从而可实现处理器和 AD50 之间的通信。此时，也可以从 FC 写入一些控制字。AD50 在第一次通信后的上升沿读取 FC 的状态，以便确认是否进行第二次通信
FILT	43	28	O	带隙滤波器（Bandgap Filter）。FILT 用于带隙基准的去耦，并提供 3.2V 电压。最佳的电容是 0.1μF 的陶瓷电容。该电压节点只能加载一个高阻抗的直流负载
FLAG	16	13	O	输出标志。在电话方式（Phone Mode）时，FLAG 的内容是 Control 2 寄存器所设置的值
$\overline{\text{FS}}$	27	20	I/O	帧同步信号。主机方式时，该引脚为输出引脚；从机方式时，该引脚为输入引脚。当变低，DIN 开始接收数据且 DOUT 开始发送数据。在主机方式中，数据传输过程中，保持低电平状态。在从机方式，由外部产生，该引脚至少保持一个 SCLK 时间的低电平状态以便启动数据传送
$\overline{\text{FSD}}$	28	21	O	帧同步信号延迟输出。该引脚用于从设备与主设备的帧同步时序同步。连接到从器件的引脚，它与主器件信号具有同样的宽度，但在时间上延迟寄存器中所编程的移位时钟个数；该引脚用于多个 AD50 设备
INM	2	6	I	模拟调制器的反相输入端。INM 需要一个外部的 *RC* 抗混叠滤波器

（续）

引脚				说明
名称	编号		I/O	
	PT	DW		
INP	1	5	I	模拟调制器的同相输入端。INP 需要一个外部的 *RC* 抗混叠滤波器
M/$\overline{S}$	29	22	I	主/从方式选择输入端。当为高电平时，器件是主器件；当它为低电平时，器件是从器件
MCLK	28	18	I	主机时钟。MCLK 输出模拟接口电路的内部时钟
MONOUT	40	27	O	监视输出端。MONOUT 为高阻抗输出时，可以监视模拟输入。可以使用 Control 2 寄存器改变 AD50 的增益或者静噪
OUTM	36	24	O	DA 的反相输出端。OUTM 输出可以在差分或单端时接 600Ω 的负载电阻。OUTM 与 OUTP 在功能上相同但有互补性。OUTM 也可以单独用于单端工作
OUTP	35	23	O	DA 的同相输出端。OUTP 输出端可以在差分或单端时接 600Ω 的负载电阻。OUTP 也可以单独用于单端工作
$\overline{\text{PWRDWN}}$	22	16	I	省电控制端。当被拉低时，AD50 进入省电方式，串行接口被禁止，且大部分高速时钟也被禁止，但所有的寄存器保持不变；当重新被拉到高电位时，AD50 不需要重新启动即可恢复全功率工作。不但能复位计数器而且能保留已编程的寄存器的内容
REFM	46	2	O	电压基准滤波器的负输入端。REFM 是为内部带隙基准的低通滤波器用的。REFM 最好连接 0.1μF 的陶瓷电容。在 REFM 处的电压值为 0V
REFP	45	1	O	电压基准滤波器的正输入端。REFP 是为内部带隙基准的低通滤波器用的。REFP 最好连接 0.1μF 的陶瓷电容。在 REFP 处的电压值为 3.2V；REFP 只能用一个高阻抗的直流负载加载
$\overline{\text{RESET}}$	21	15	I	复位端。复位功能用来将内部的寄存器初始化为它们的默认值。相应地，串行口可被配置成默认状态
SCLK	26	19	I/O	移位时钟。在帧同步时间间隔内，SCLK 使数据在其同步下从 DIN 或者 DOUT 引脚读写数据。当配置为输出状态时（M/$\overline{S}$ 为高电平），SCLK 在内部将帧同步信号频率乘上 256 倍产生采样时钟；当配置为输入状态时（M/$\overline{S}$ 为低电平），SCLK 信号由外部设备产生，但必须与主时钟和帧同步信号同步

7. TLC320AD50 的设置与应用

在 TLC320AD50 正常工作前，必须对它进行正确的初始化。初始化操作的主要工作是配置 TLC320AD50 的 4 个控制寄存器 CR1 ~ CR4。控制寄存器的读写是通过二次通信来实现的。在二次通信中，D0 ~ D7 为写入控制寄存器的数据或者从控制寄存器读出的数据，D8 ~ D12 的内容决定选择哪个控制寄存器，D13 位决定是读操作还是写操作。TLC320AD50 的 D8 ~ D13 位确定的操作情况见表 7-9。

表 7-9　TLC320AD50 的 D8 ~ D13 位确定的操作情况

D13	D12	D11	D10	D9	D8	寄存器操作
0	0	0	0	0	0	空操作
0	0	0	0	0	1	写 CR1
0	0	0	0	1	0	写 CR2
0	0	0	0	1	1	写 CR3
0	0	0	1	0	0	写 CR4
1	0	0	0	0	0	空操作
1	0	0	0	0	1	读 CR1
1	0	0	0	1	0	读 CR2
1	0	0	0	1	1	读 CR3
1	0	0	1	0	0	读 CR4

控制寄存器 1 中各个控制位的功能说明见表 7-10。

表 7-10　TLC320AD50 控制寄存器 1 中各个控制位的功能说明

D7	D6	D5	D4	D3	D2	D1	D0	功能说明
1	—	—	—	—	—	—	—	软件复位
0	—	—	—	—	—	—	—	软件复位无效
—	1	—	—	—	—	—	—	软件设置 Power Down
—	0	—	—	—	—	—	—	软件设置 Power Down 无效
—	—	1	—	—	—	—	—	选择 AUXP 和 AUXM 为模拟输入端
—	—	0	—	—	—	—	—	选择 INP 和 INM 为模拟输入端
—	—	—	1	—	—	—	—	选择监视 AUXP 和 AUXM
—	—	—	0	—	—	—	—	选择监视 INP 和 INM
—	—	—	—	1	1	—	—	监视放大器增益为 -18dB①
—	—	—	—	1	0	—	—	监视放大器增益为 -8dB①
—	—	—	—	0	1	—	—	监视放大器增益为 0dB①
—	—	—	—	0	0	—	—	监视放大器关闭
—	—	—	—	—	—	1	—	数字回放有效
—	—	—	—	—	—	0	—	数字回放无效
—	—	—	—	—	—	—	1	16 位 D-A 模式
—	—	—	—	—	—	—	0	(15+1)位 D-A 模式

① 如果 TLC320AD50 是差分输入，增益在此基础上再减去 6dB。

TLC320AD50控制寄存器2中各个控制位的功能说明见表7-11。

表7-11 TLC320AD50控制寄存器2中各个控制位的功能说明

D7	D6	D5	D4	D3	D2	D1	D0	功能说明
x	—	—	—	—	—	—	—	FLAG输出值
—	1	—	—	—	—	—	—	电话模式有效
—	0	—	—	—	—	—	—	电话模式无效
—	—	x	—	—	—	—	—	FIR抽取溢出标志
—	—	—	1	—	—	—	—	16位A-D模式
—	—	—	0	—	—	—	—	(15+1)位AD模式
—	—	—	0	—	x	0	0	保留
—	—	—	1	—	0	0	0	保留
—	—	—	—	—	1	—	—	保留
—	—	—	—	1	—	—	—	模拟回放有效
—	—	—	—	0	—	—	—	模拟回放无效

TLC320AD50控制寄存器3中各个控制位的功能说明见表7-12。

表7-12 TLC320AD50控制寄存器3中各个控制位的功能说明

D7	D6	D5	D4	D3	D2	D1	D0	功能说明
—	—	x	x	x	x	x	x	在和之间的SCLK时钟个数
x	x	—	—	—	—	—	—	从设备的个数（最大为3个）

TLC320AD50控制寄存器4中各个控制位的功能说明见表7-13。

表7-13 TLC320AD50控制寄存器4中各个控制位的功能说明

D7	D6	D5	D4	D3	D2	D1	D0	功能说明
—	—	—	—	1	1	—	—	模拟输入增益无效
—	—	—	—	1	0	—	—	模拟输入增益12dB
—	—	—	—	0	1	—	—	模拟输入增益6dB
—	—	—	—	0	0	—	—	模拟输入增益0dB
—	—	—	—	—	—	1	1	模拟输出增益无效
—	—	—	—	—	—	1	0	模拟输入增益-12dB
—	—	—	—	—	—	0	1	模拟输入增益-6dB
—	—	—	—	—	—	0	0	模拟输入增益0dB
—	x	x	x	—	—	—	—	采样频率选择①
1	—	—	—	—	—	—	—	旁通内部倍频电路
0	—	—	—	—	—	—	—	内部倍频电路有效

① 如果控制寄存器4的第7位为0，AD50的采样时钟由式MCLK/（128×N）确定；如果控制寄存器4的第7位为1，AD50的采样时钟由式MCLK/（512×N）确定。其中N由控制寄存器的第4~6位控制，第4~6位的状态对应的N值见表7-14。

表 7-14　控制寄存器 4 中第 4 ~ 6 位对应的 N 值

D6	D5	D4	N
0	0	0	8
0	0	1	1
0	1	0	2
0	1	1	3
1	0	0	4
1	0	1	5
1	1	0	6
1	1	1	7

TLC320AD50 控制寄存器的设置必须在二次通信中完成。TLC320AD50 有硬件和软件两种方式启动二次通信，下面介绍硬件方式启动 TLC320AD50 的二次通信过程。硬件启动过程如下：C5416 通过其内部寄存器将 XF 引脚变为高电平，从而控制 TLC320AD50 的 FC 引脚到高电平，然后向缓冲串口写一个 16 位的控制字，低 8 位是 TLC320AD50 的控制寄存器初始化值，高 8 位选择所要初始化的控制寄存器及操作。整个过程如图 7-9 所示。

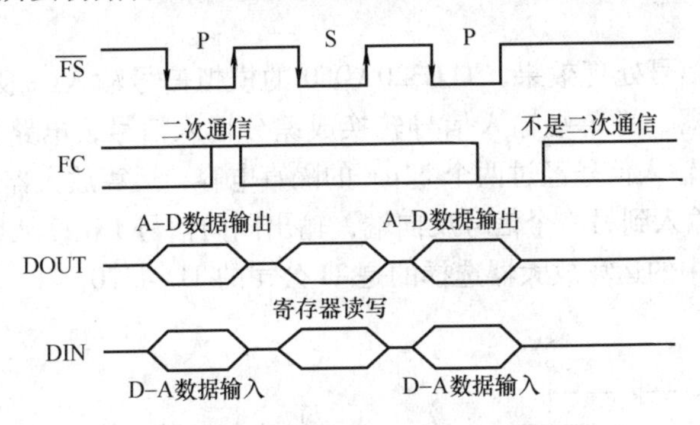

图 7-9　启动 TLC320AD50 二次通信时序

TLC320AD50 的工作过程可分为 A-D 通道工作过程和 D-A 通道工作过程。A-D 通道把模拟信号转换成数字信号，并以二进制补码形式表示。当帧同步信号有效时（FS 为低电平），16 位（或者 15 位）数字信号在 SCLK 的上升沿输出到 DOUT 引脚，一位数据对应一个 SCLK 周期。传输时序如图 7-10 所示。

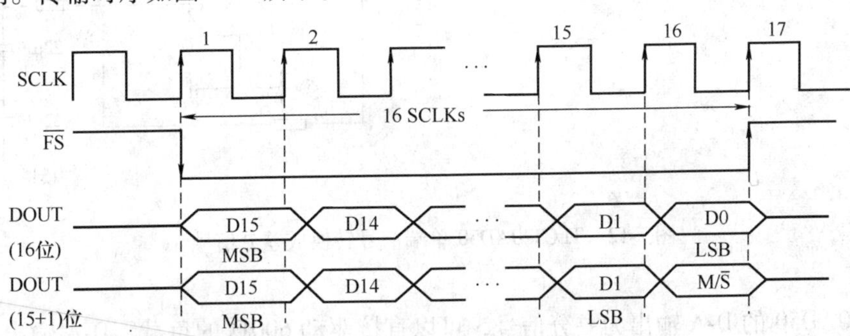

图 7-10　TLC320AD50 的 A-D 通道数据传输时序

TLC320AD50 的 D-A 通道把送入的数字信号转换成模拟信号。在 SCLK 的作用下，数字信号通过 DIN 引脚进入 D-A 通道，每个 SCLK 的下降沿输入一位数字信号。D-A 将输入的数字信号转换成模拟信号输出，D-A 通道数据传输时序如图 7-11 所示。

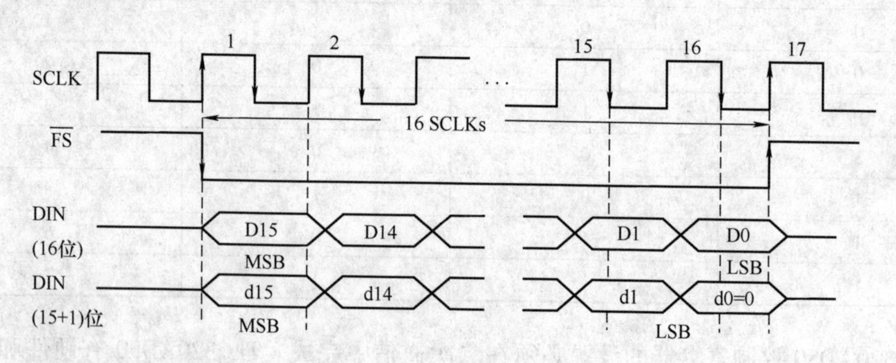

图 7-11 TLC320AD50 的 D-A 通道数据传输时序

TLC320AD50 的前后端信号处理包括两个处理电路：输入模拟信号的处理电路和依据输出模拟信号的处理电路。这两个处理电路的主要作用是将信号进行处理，使之更加适合 A-D 和 D-A 的要求。

为了达到更好的信号处理效果，TLC320AD50 的模拟信号输入一般采用差分输入方式，即使用两个运算放大器，将单端输入信号转换成差分输入信号，电路连接如图 7-12 所示。由图 7-12 可知，单端输入信号经过两个 22μF 的隔直电容，运算放大器的反向端，再输出反向信号 IMP；IMP 再输入到另一个信号反向端，输出同向信号 INP，从而形成差分输入信号 INP 和 IMP。图 7-12 中的运算放大器选择的是 TI 公司的 TLC4520。

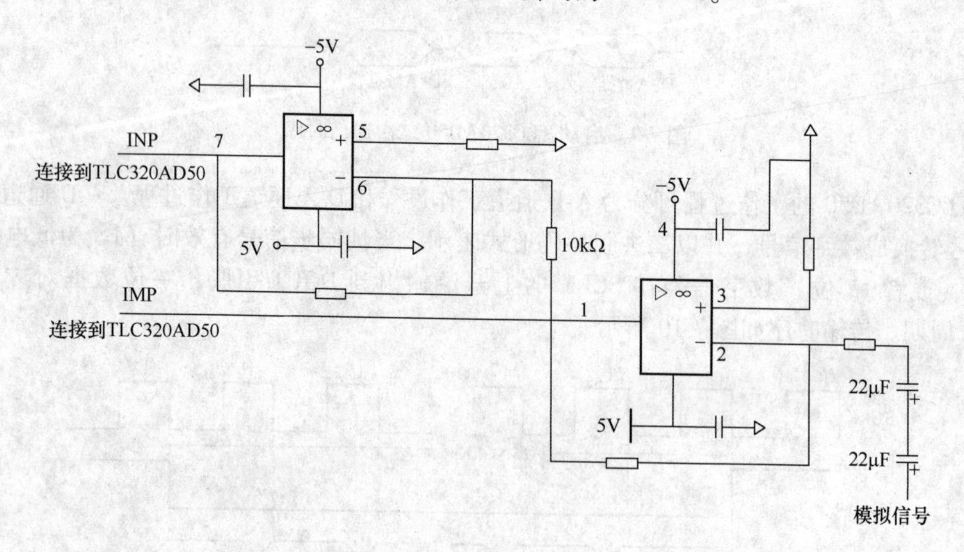

图 7-12 TLC320AD50 单端信号转换成差分信号

TLC320AD50 的 D-A 输出为差分信号，可以直接驱动 600Ω 的负载。D-A 输出处理电路如图 7-13 所示。

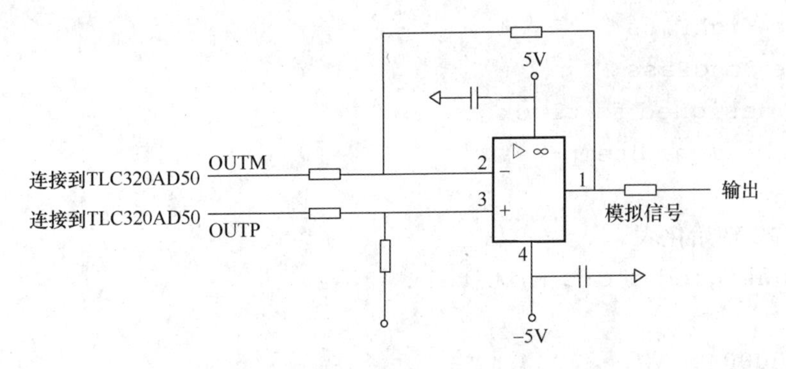

图 7-13　TLC320AD50 的 D-A 输出处理电路

8. DSP 和 TLC320AD50 的硬件连接

DSP 和 TLC320AD50 的硬件连接有多种方法，但常用的是采用 DSP 的缓冲串行口和 TLC320AD50 连接，连接方法如图 7-14 所示。DSP 为主设备，TLC320AD50 为从设备的连接方法为：TLC320AD50 的时钟信号由 C5416 的定时器 0 输出提供，时钟频率可以通过修改定时器 0 的设置而改变。TLC320AD50 的 FC 引脚连接到 C5416 的 XF（通用 I/O 引脚），用于控制第二次串行通信。TLC320AD50 的 DIN（数据输入引脚）和 DOUT（数据输出引脚）分别接 C5416 缓冲串行口 0 的 DX0 和 DR0 引脚。TLC320AD50 的 SCLK（移位时钟输出）连接 C5416 的 CLKR0（缓冲串行口 0 的接收时钟引脚），帧同步信号 FS 连接 C5416 缓冲串行口 0 的 FRX0。

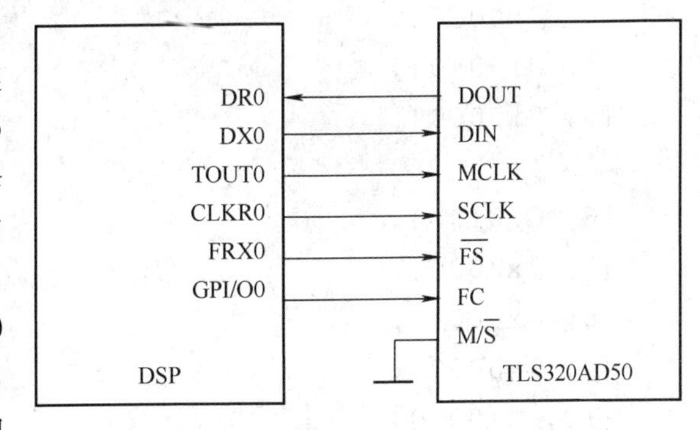

图 7-14　TLC320AD50 与 DSP 的连接

9. DSP 和 TLC320AD50 的软件连接

（1）对 DSP 的寄存器以及缓冲串行口进行初始化，包括 DSP 定时器 0 的初始化，以确保 TOUT0 引脚能输出正确的时钟信号到 TLC320AD50，TLC320AD50 再根据该时钟信号采样。

（2）通过 DSP 的缓冲串行口和 XF 引脚对 TLC320AD50 进行初始化，再设置 TLC320AD50 的 4 个控制寄存器。

（3）设置 DSP 的中断，从缓冲串行口读取数据。如果此时从缓冲串行口连续地读取数据，就可以在 CSS 中查看读取数据是否正确。

（4）通过缓冲串口，直接将采样数据送到 TLC320AD50 的 D-A 单元，进行 D-A 转换。

10. 普通语音 A-D 与 D-A 转换的 C 语言实现

下面给出一个以 C 语言编写的普通语音 A-D 与 D-A 转换程序，源程序如下：

```
#include "5410reg.h"
#include "stdio.h"

#define fc_clock port2000
#define LowPass 0
```

```
#define HighPass 1
#define BandPass 2
ioport unsigned fc_clock;
ioport unsigned temp;

//McBSP2 初始化表
const unsigned short init_tblx [] [2] =
{
{0, 0x0000},
{1, 0x0200},
//上两目使 McBSP1 处于复位状态
{2, 0x0040},
{3, 0x0000},
{4, 0x0040},
{5, 0x0000},

{6, 0x0101},
{7, 0x2000},
{8, 0x0000},
{9, 0x0000},
{10, 0x0000},
{11, 0x0000},
{12, 0x0000},
{13, 0x0000},
{14, 0x000c},
//下两目使 McBSP 开始工作
{0, 0x0001},
{1, 0x0043}

};

short * init_tbl = (short * ) init_tblx;
int mtmp;
int Type;

void Delay ()
{
    int temp, ft;
    for (ft =0; ft <100; ft ++)
```

```
    for (temp =0; temp <1000; temp ++) ;
}


void ShortDelay ()
{
    int tmp;
    for (tmp =0; tmp <100; tmp ++) ;
}
void MainDelay (unsigned int count)
{
    int tmp;
    for (tmp =0; tmp < count; tmp ++);
}


void initMCBSP ()
{
int i, j;
    for (i =0; i <17; i ++)
     {
        SPSA0 =init_tbl [i *2 +0];
        MCBSP0  =init_tbl [i *2 +1];
    }
    Delay ();
}

void initDMA ()
{
        IMR =0X1000;              //DMA4 通道中断使能

    asm (" rsbx intm");           //开放所有可屏蔽中断

    DMSA =0x0014;                 //选择 DMA4 通道
    DMSRC1 =0x0031;               //设置串行口 1 接收端为 DMA 事件的源地址
    DMDST1 =0x2000;               //设置 DMA 事件的目的地址
    DMCTR1 =0x3000;               //设置直接传送数据个数
    DMSFC1 =0x5000;               //设置 DMA 为多帧模式，源地址不调整目的地
                                    址按 57h 的值调整
```

```
    DMSA =0x0020;
    DMIDX0 =0x0001;              //设置目的地址为自动加 1 调整
    DMPERC =0x1090;              // 设置通道 4 为高优先级并使能通道 4

}

void WriteAD50 (unsigned int Data)
{
    int tmp;
    tmp=fc_clock;
    while ( (fc_clock&0x40) = =0) ;
    asm (" nop");
    asm (" nop");
    fc_clock =0x12;
    asm (" nop");
    tmp=fc_clock;
    while ( (tmp&0x40)) tmp=fc_clock;
    tmp=fc_clock;
    while ( (tmp&0x40) = =0) tmp=fc_clock;
    fc_clock=0x2;
    asm (" nop");
    asm (" nop");
    DXR10 =Data;                 //给 TLC320AD50 的寄存器编程
    SPSA0 =0x0001;
    while (  (MCBSP0&0x0002) = =0); //数据是否被 TLC320AD50 接收
    asm (" nop");
    asm (" nop");
    ShortDelay ();
    asm (" nop");
}

void initAD50 ()
{
    WriteAD50 (0x0180);          //给 TLC320AD50 的寄存器 1 编程，使其复位
    ShortDelay ();
    asm (" nop");
    WriteAD50 (0x0101);          //TLC320AD50 脱离复位并且设置寄存器 1，使
                                   INP、INM 为输入
    asm (" nop");
```

```
    WriteAD50 (0x0210);       //设置TLC320AD50寄存器2，使电话模式无效
    asm (" nop");
    WriteAD50 (0x0420);        //设置TLC320AD50寄存器4，使采样频率
                                 为10.667kHz
    asm (" nop");
    asm (" nop");
    WriteAD50 (0x0312);       //设置TLC320AD50寄存器3，使带0个从机
    asm (" nop");
}

void initDSP ()
{
    volatile unsigned int *CLKMD = (volatile unsigned int *) 0x58;
    int i;
    *CLKMD =0;
    while ( (*CLKMD&1) = =1);
    *CLKMD =0x17EF;
    while ( (*CLKMD&1) = =0);
    asm (" ssbx intm");
    fc_clock =0x2;
    asm ( " nop " );
    asm ( " nop " );
    i =fc_clock;
    asm ( " nop " );
    asm ( " nop " );
    PMST =0xFFE3;
    IFR =0x3fff;
}

void main ()
{
    int i;
    static int inbuff [512];
    initDSP ();
    initMCBSP ();
    initAD50 ();
    initDMA ();
    i =fc_clock;
    asm ( " nop " );
```

```
    asm ( " nop " );
    i =0;
    for (;;)
     {
        SPSA0 =0x0000;
        while ( (MCBSP0&0x0002) = =0);
        mtmp =DRR10;
        inbuff [i ++] =mtmp;
        if (i = =512)
            i =0;
        DXR10 =mtmp;
     }
}
```

7.3.3 数字图像基本处理实验

数字图像是指经过数字化转换并可以用数字表示、处理的图像。像素（或像元，Pixel）是数字图像的基本元素。像素是在模拟图像数字化时对连续空间进行离散化得到的，每个像素具有整数行（高）和列（宽）位置坐标，同时每个像素都具有整数灰度值或颜色值，其中横向的点数称为水平分辨率，纵向的称为垂直分辨率。

数字图像的每个像素通常用 8 位数据表示，因此，数字图像有 256 个灰度级，其范围为 0 ~255，其中 0 对应黑色，255 对应白色。

数字图像按一定的格式进行存储，BMP 格式就是最常用的格式之一。HMP 图像文件是 Microsoft Windows 系统的图像格式，它由 BMP 图像文件头和图像数据阵列两部分组成。图像数据阵列记录了图像的每个像素值。图像数据的存储是从图像的左下角开始逐行扫描图像，即从左到右、从下而上，将图像的像素值一一记录下来，从而形成了图像数据阵列。

数字图像处理（Digital Image Processing）是通过计算机对图像进行去除噪声、增强、复原、分割、提取特征等处理的方法和技术。

一般来讲，对图像进行处理（或加工、分析）的主要目的有 3 个方面：

（1）提高图像的视感质量，如进行图像的亮度、彩色变换，增强、抑制某些成分，对图像进行几何变换等，以改善图像的质量。

（2）提取图像中所包含的某些特征或特殊信息，这些被提取的特征或信息往往为计算机分析图像提供便利。提取特征或信息的过程是模式识别或计算机视觉的预处理。提取的特征可以包括很多方面，如频域特征、灰度或颜色特征、边界特征、区域特征、纹理特征、形状特征、拓扑特征和关系结构等。

（3）图像数据的变换、编码和压缩，以便于图像的存储和传输。

不管是何种目的的图像处理，都需要由计算机和图像专用设备组成的图像处理系统对图像数据进行输入、加工和输出。

数字图像处理常用方法有以下 6 个方面：

（1）图像变换。由于图像阵列很大，直接在空间域中进行处理，涉及计算量很大。因此，往往采用各种图像变换的方法，如傅里叶变换、沃尔什变换、离散余弦变换等间接处理技术，将空间域的处理转换为变换域处理，不仅可减少计算量，而且可获得更有效的处理（如傅里叶变换可在频域中进行数字滤波处理）。新兴研究的小波变换在时域和频域中都具有良好的局部化特性，它在图像处理中也有着广泛而有效的应用。

（2）图像编码压缩。图像编码压缩技术可减少描述图像的数据量（即位数），以便节省图像传输、处理时间和减少所占用的存储器容量。压缩可以在不失真的前提下获得，也可以在允许的失真条件下进行。编码是压缩技术中最重要的方法，它在图像处理技术中是发展最早且比较成熟的技术。

（3）图像增强和复原。图像增强和复原的目的是为了提高图像的质量，如去除噪声、提高图像的清晰度等。图像增强不考虑图像降质的原因，突出图像中所感兴趣的部分。如强化图像高频分量，可使图像中物体轮廓清晰，细节明显；如强化低频分量可减少图像中噪声影响。图像复原要求对图像降质的原因有一定的了解，一般讲应根据降质过程建立“降质模型”，再采用某种滤波方法，恢复或重建原来的图像。

（4）图像分割。图像分割是数字图像处理中的关键技术之一。图像分割是将图像中有意义的特征部分提取出来，其有意义的特征有图像中的边缘、区域等，这是进一步进行图像识别、分析和理解的基础。虽然已研究出不少边缘提取、区域分割的方法，但还没有一种普遍适用于各种图像的有效方法。因此，对图像分割的研究还在不断深入之中，是图像处理中研究的热点之一。

（5）图像描述。图像描述是图像识别和理解的必要前提。作为最简单的二值图像可采用其几何特性描述物体的特性，一般图像的描述方法采用二维形状描述，它有边界描述和区域描述两类方法。对于特殊的纹理图像可采用二维纹理特征描述。随着图像处理研究的深入发展，已经开始进行三维物体描述的研究，提出了体积描述、表面描述、广义圆柱体描述等方法。

（6）图像分类（识别）。图像分类（识别）属于模式识别的范畴，其主要内容是图像经过某些预处理（增强、复原、压缩）后，进行图像分割和特征提取，从而进行判决分类。图像分类常采用经典的模式识别方法，有统计模式分类和句法（结构）模式分类，近年来新发展起来的模糊模式识别和人工神经网络模式分类在图像识别中也越来越受到重视。

在本书中，将进行图像旋转和图像阈值分割两个图像处理的实验。

1. 图像的旋转处理

（1）实验原理

下面推导一下旋转运算的变换公式。如图 7-15 所示，(x_0, y_0)点经过旋转度后坐标变成(x_1, y_1)。

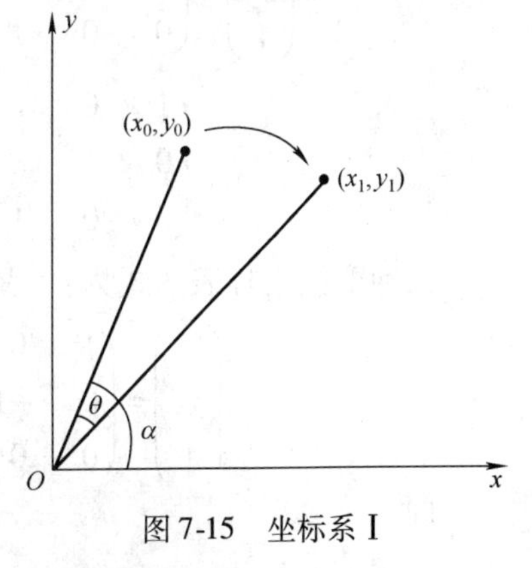

图 7-15　坐标系 I

在旋转前：

$$\begin{cases} x_0 = r\cos\alpha \\ y_0 = r\sin\alpha \end{cases}$$

旋转后：

$$\begin{cases} x_1 = r\cos(\alpha - \theta) = r\cos\alpha\cos\theta + r\sin\alpha\sin\theta = x_0\cos\theta + y_0\sin\theta \\ x_2 = r\sin(\alpha - \theta) = r\sin\alpha\cos\theta + r\cos\alpha\sin\theta = -x_0\sin\theta + y_0\cos\theta \end{cases}$$

$$\begin{pmatrix} x_1 \\ y_1 \\ 1 \end{pmatrix} = \begin{pmatrix} \cos\theta & \sin\theta & 0 \\ -\sin\theta & \cos\theta & 0 \\ 0 & 0 & 1 \end{pmatrix} \begin{pmatrix} x_0 \\ y_0 \\ 1 \end{pmatrix}$$

其逆运算如下：

$$\begin{pmatrix} x_0 \\ y_0 \\ 1 \end{pmatrix} = \begin{pmatrix} \cos\theta & -\sin\theta & 0 \\ \sin\theta & \cos\theta & 0 \\ 0 & 0 & 1 \end{pmatrix} \begin{pmatrix} x_1 \\ y_1 \\ 1 \end{pmatrix}$$

上述旋转是绕坐标轴原点进行的，如果是绕一个指定点旋转，则先要将坐标系平移到该点，进行旋转，然后再平移回到新的坐标原点。

现在将坐标系Ⅰ平移到坐标系Ⅱ处，基中坐标系Ⅱ的原点在坐标系Ⅰ中的坐标为（a，b）。如图 7-16 所示。

两种坐标系坐标变换矩阵表达式为：

$$\begin{pmatrix} x_{\text{II}} \\ y_{\text{II}} \\ 1 \end{pmatrix} = \begin{pmatrix} 1 & 0 & -a \\ 0 & -1 & b \\ 0 & 0 & 1 \end{pmatrix} \begin{pmatrix} x_{\text{I}} \\ y_{\text{I}} \\ 1 \end{pmatrix}$$

其逆变换转换矩阵表达式为：

$$\begin{pmatrix} x_{\text{I}} \\ y_{\text{I}} \\ 1 \end{pmatrix} = \begin{pmatrix} 1 & 0 & a \\ 0 & -1 & b \\ 0 & 0 & 1 \end{pmatrix} \begin{pmatrix} x_{\text{II}} \\ y_{\text{II}} \\ 1 \end{pmatrix}$$

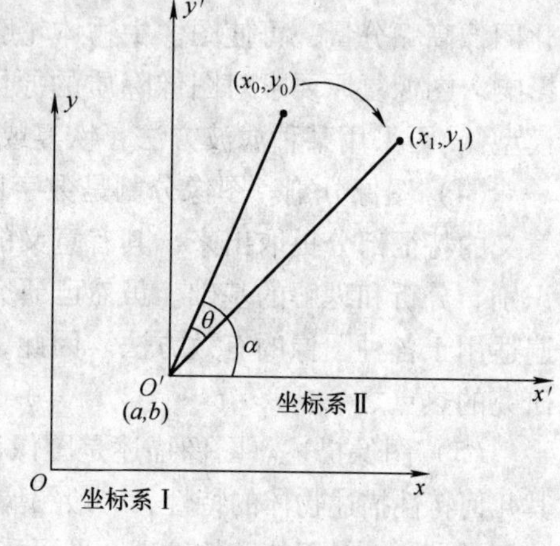

图 7-16　坐标系Ⅱ

假设图像未旋转时中心坐标为（x_0，y_0），旋转后中心坐标为（x_1，y_1）（在新的坐标系下，以旋转后新图像左上角为原点），则旋转变换矩阵表达式为：

$$\begin{pmatrix} x_1 \\ y_1 \\ 1 \end{pmatrix} = \begin{pmatrix} 1 & 0 & c \\ 0 & -1 & d \\ 0 & 0 & 1 \end{pmatrix} \begin{pmatrix} x'_{1\text{II}} \\ y'_{1\text{II}} \\ 1 \end{pmatrix} = \begin{pmatrix} 1 & 0 & c \\ 0 & -1 & d \\ 0 & 0 & 1 \end{pmatrix} \begin{pmatrix} \cos\theta & \sin\theta & 0 \\ -\sin\theta & \cos\theta & 0 \\ 0 & 0 & 1 \end{pmatrix} \begin{pmatrix} x_{1\text{II}} \\ y_{1\text{II}} \\ 1 \end{pmatrix}$$

$$= \begin{pmatrix} 1 & 0 & c \\ 0 & -1 & d \\ 0 & 0 & 1 \end{pmatrix} \begin{pmatrix} \cos\theta & \sin\theta & 1 \\ -\sin\theta & \cos\theta & 0 \\ 0 & 0 & 1 \end{pmatrix} \begin{pmatrix} 1 & 0 & -a \\ 0 & -1 & b \\ 0 & 0 & 1 \end{pmatrix} \begin{pmatrix} x_0 \\ y_0 \\ 1 \end{pmatrix}$$

其逆变换矩阵表达式为：

$$\begin{pmatrix} x_0 \\ y_0 \\ 1 \end{pmatrix} = \begin{pmatrix} 1 & 0 & a \\ 0 & -1 & b \\ 0 & 0 & 1 \end{pmatrix} \begin{pmatrix} \cos\theta & -\sin\theta & 0 \\ \sin\theta & \cos\theta & 0 \\ 0 & 0 & 1 \end{pmatrix} \begin{pmatrix} 1 & 0 & c \\ 0 & -1 & d \\ 0 & 0 & 1 \end{pmatrix} \begin{pmatrix} x_1 \\ y_1 \\ 1 \end{pmatrix}$$

即

$$\begin{pmatrix} x_0 \\ y_0 \\ 1 \end{pmatrix} = \begin{pmatrix} \cos\theta & \sin\theta & -c\cos\theta - d\sin\theta + a \\ -\sin\theta & \cos\theta & c\sin\theta - d\cos\theta + b \\ 0 & 0 & 1 \end{pmatrix} \begin{pmatrix} x_1 \\ y_1 \\ 1 \end{pmatrix}$$

因此，

$$\begin{cases} x_0 = x_1\cos\theta + y_1\sin\theta + c\cos\theta - d\sin\theta + a \\ y_0 = -x_1\sin\theta + y_1\cos\theta + c\sin\theta - d\cos\theta + b \end{cases}$$

（2）实验步骤

1）打开工程并编译链接，然后加载程序并将待处理的位图文件复制到文件夹 Debug 中。

2）运行程序，查看运行结果并和原图进行对比，如图 7-17 所示。

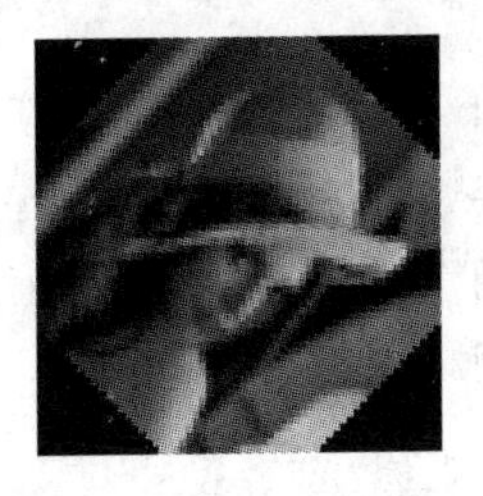

图 7-17　图像旋转结果比较

（3）源程序介绍

```
#include "stdio.h"
#include "stdlib.h"
#include "std.h"
char bfHeader[1078];
int w,h,nw,nh;
unsigned int len;
char imgdata[16384];
unsigned int data[128][128];
unsigned int newdata[128][128];
Bool flag[128][128];
unsigned int k;
char c[9];
void main()
{
    FILE * fp1, * fp2;
    w =0;
    h =0;
    len =16384;
    fp1 =fopen("C:\\ti\\myprojects\\test7_2\\Lena.bmp"," rb");
    if (fp1 = =NULL)
    {
        printf (" 打开文件出错\n");
        exit (1);
```

```
}
fseek (fp1, 0, SEEK_SET);
fread (bfHeader, sizeof (char), 1078, fp1);
fseek (fp1, 1078, SEEK_SET);
fread (imgdata, sizeof (char), len, fp1);
fclose (fp1);
for (w =0; w <128; w ++)                    //将图像的一维数组变换为矩阵
{
   for (h =0; h <128; h ++)
    {
      data [w] [h] = (unsigned int) imgdata [w *128 +h];
      flag [w] [h] =FALSE;
      newdata [w] [h] =0;
   }
}
for (w =0; w <128; w ++)                    //图像的旋转
{
   for (h =0; h <128; h ++)
    {
      nw = (int) (64 -0.866 * (64 -w) +0.5 * (h -64));
      nh = (int) (0.5 * (64 -w) +0.866 * (h -64) +64);
      if (nw <0) nw =0;
      if (nw >127) nw =127;
      if (nh <0) nh =0;
      if (nh >127) nh =127;
      newdata [nw] [nh] =data [w] [h];
      flag [nw] [nh] =TRUE;
   }
}
for (w =1; w <127; w ++)
{
   for (h =1; h <127; h ++)
    {
      if (flag [w] [h] = =FALSE)
       {
         if (flag [w] [h +1] = =TRUE)
          {
            newdata [w] [h] =newdata [w] [h +1];
          }
```

```
            else
             {
                if (flag [w-1] [h] ==TRUE)
                 {
                   newdata [w] [h] =newdata [w-1] [h];
                }
                else
                 {
                   if (flag [w] [h-1] ==TRUE)
                    {
                      newdata [w] [h] =newdata [w] [h-1];
                   }
                   else
                    {
                      if (flag [w+1] [h] ==TRUE)
                       {
                         newdata [w] [h] =newdata [w+1] [h];
                      }
                      else newdata [w] [h] =0;
                   }
                }
             }
          }
       }
    }
    for (w=0; w<128; w++)
    {
       for (h=0; h<128; h++)
        {
          imgdata [w*128+h] = (char) newdata [w] [h];
       }
    }
    fp2=fopen (" C: \\ti \\myprojects \\test7_2 \\test.bmp","
wb");
    if (fp2==NULL)
    {
       printf (" 打开文件出错\n");
       exit (1);
    }
```

```
fseek (fp2, 0, SEEK_SET);
fwrite (bfHeader, sizeof (char), 1078, fp2);
fseek (fp2, 1078, SEEK_SET);
fwrite (imgdata, sizeof (char), len, fp2);
fclose (fp2);
}
```

2. 图像阈值分割

(1) 实验原理

图像的阈值变换可以将一幅灰度图像转换成黑白二值图像。它的操作过程是先由用户指定一个阈值，如果图像中期权像素的灰度值小于该阈值，则将该像素的灰度值设置为0，否则灰度值设置为255。

设图像为$f(x)$，二值化后的图像为$g(x, y)$，阈值为T，那么图像二值化阈值法的变换函数表达式为

$$f(x)=\begin{cases}0, & x<T\\ 255, & x\geqslant T\end{cases}$$

式中，T为指定的阈值。

(2) 实验步骤

1) 打开工程并编译链接，然后加载程序并将待处理的位图文件复制到文件夹Debug中。

2) 运行程序，查看运行结果并和原图进行对比，如图7-18所示。

图7-18 阈值分割结果比较

(3) 源程序介绍

```
#include "stdio.h"
#include "stdlib.h"
char bfType[18];
unsigned int w,h;
unsigned int len;
char imgdata[16384];
void main()
{
    FILE * fp;
    int i;
    w=0;
```

```
h =0;
len =0;
fp = fopen("C:\\ti\\myprojects\\test7_1 \ \LENA1.bmp"," rb");
if (fp = =NULL)
{
    printf (" 打开文件出错\n");
    exit (1);
}
fread (bfType, sizeof (char), 18, fp);
fread (&w, sizeof (unsigned int), 1, fp);
fseek (fp, 22, SEEK_SET);
fread (&h, sizeof (unsigned int), 1, fp);
printf (" 图像文件的大小为:%% d*%% d", w, h);
fseek (fp, 1078, SEEK_SET);
//len =w*h;
//imgdata = (char*) malloc (len);
fread (imgdata, sizeof (char), 4096, fp);
for (i =0; i <4096; i ++)
{
    if (imgdata [i] <128) imgdata [i] =0;
else imgdata [i] =255;
}
fclose (fp);
}
```

7.4 小结

本章主要介绍'C54x 系列 DSP 与存储器和外部电路的接口方法，以及 TMS320C5416 DSP 开发板的应用，并结合实验对'C54x 系列 DSP 开发板进行深入讲解。通过本章的学习，读者应能利用'C54x 系列 DSP 开发板进行硬件开发并能在此基础上进行深层次的硬件学习和开发。

思考题与习题

1. 'C54x 系列 DSP 的片内外设有哪些？
2. 简述'C54x 系列 DSP 的存储器分配方法。
3. 一个典型的 DSP 系统通常由哪些部分组成？画出原理框图。
4. 如何在 DSP 系统中实现看门狗功能？
5. 说明设计完整 DSP 系统的步骤。
6. 说明硬件调试过程及注意事项。
7. 说明软件设计流程。

参 考 文 献

[1] 戴明桢，周建江 . TMS320C54x DSP 结构、原理及应用［M］. 2 版 . 北京：北京航空航天大学出版社，2007.

[2] 彭启棕，李玉柏，管庆 . DSP 技术的发展和应用［M］. 北京：高等教育出版社，2002.

[3] 刘益成 . TMS320C54x DSP 应用程序设计与开发［M］. 北京：北京航空航天大学出版社，2002.

[4] 汪安民，陈明欣，朱明 . TMS320C54x DSP 实用技术［M］. 2 版 . 北京：清华大学出版社，2007.

[5] Texas Instruments Incorporated. TMS320C54x 系列 DSP 的 CPU 与外设［M］. 梁晓雯，裴小平，李玉虎，译 . 北京：清华大学出版社，2006.

[6] Texas Instruments Incorporated. TMS320C54x 系列 DSP 指令和编程指南［M］. 杨占昕，邓纶晖，余心乐，译 . 北京：清华大学出版社，2010.

[7] 江安民 . TMS320C54xx DSP 控制器原理及应用［M］. 北京：科学出版社，2002.

[8] 马永军，刘霞 . DSP 原理与应用［M］. 北京：北京邮电大学出版社，2008.

[9] 乔瑞萍，崔涛，胡宇平 . TMS320C54x DSP 原理及应用［M］. 2 版 . 西安：西安电子科技大学出版社，2011.

[10] 叶青，黄明，宋鹏 . TMS320C54x DSP 应用技术教程［M］. 北京：机械工业出版社，2011.

[11] 姜沫岐，许涵，俞鹏，等 . DSP 技术原理及应用教程［M］. 北京：北京航空航天出版社，2005.

[12] 张卫宁，栗华，马昕 . DSP 原理与应用教程［M］. 北京：科学出版社，2008.

[13] 朱铭锆，赵勇，甘泉 . DSP 应用系统设计［M］. 北京：电子工业出版社，2002.

[14] 彭启棕，管庆 . DSP 集成开发环境［M］. 北京：电子工业出版社，2004.

[15] 张雄伟，陈亮，余光辉 . DSP 集成开发与应用实例［M］. 北京：电子工业出版社 . 2000.

[16] 陈玉，王宗，张旭东 . TMS320 系列 DSP 硬件开发系统［M］. 北京：清华大学出版社，2008.

[17] 李绍胜，赵振涛 . TMS320C5000 系列开发应用技巧［M］. 北京：中国电力出版社，2007.

[18] 邹彦 . DSP 原理及应用［M］. 北京：电子工业出版社，2012.

[19] 郑玉珍 . DSP 原理及应用［M］. 北京：机械工业出版社，2012.

[20] 刘伟 . DSP 原理及应用［M］. 北京：电子工业出版社，2012.

[21] 汪春梅，孙洪波 . TMS320C55x DSP 原理及应用［M］. 北京：电子工业出版社，2014.

[22] 钱满义，高海林，申艳 . DSP 技术及其应用［M］. 北京：中国铁道出版社，2011.

[23] 张永祥，宋宇，袁慧梅 . TMS320C54 系列 DSP 原理及应用［M］. 北京：清华大学出版社，2012.

[24] 刘艳萍，李志军 . DSP 技术原理及应用教程［M］. 北京：北京航空航天大学，2012.